Christine Rapp, Norbert Bartsch

Waldgräser

Haupt Verlag

Christine Rapp, Norbert Bartsch

Waldgräser

Der Bestimmungsführer

Haupt
NATUR

Dr. Christine Rapp ist Biologin und Lehrkraft an der Fakultät für Forstwissenschaften und Waldökologie der Georg-August-Universität Göttingen.

Dr. Norbert Bartsch ist Forstwissenschaftler und lehrt in der Abteilung «Waldbau und Waldökologie der gemäßigten Zonen» an der Georg-August-Universität Göttingen. Er ist Autor verschiedener Lehrbücher zum Waldbau und zur Waldökologie.

Auf dem Umschlag (vorne) sind die folgenden Gräser abgebildet. Oben: Berg-Reitgras *(Calamagrostis arundinacea)*; Mitte: Weiße Hainsimse *(Luzula luzuloides)*; unten links: Blaugras *(Sesleria albicans)* und unten rechts: Sumpf-Segge *(Carex acutiformis)*.

1. Auflage 2016

Bibliografische Angaben der *Deutschen Nationalbibliothek*:
Die Deutsche Nationalbibliothek verzeichnet diese Publikation in der Deutschen Nationalbibliografie; detaillierte bibliografische Angaben sind im Internet über http://dnb.dnb.de abrufbar.

ISBN: 978-3-258-07957-8

Umschlaggestaltung: Pool Design, Zürich
Layout und Satz: tiff.any GmbH, Berlin

Printed in Germany

MIX
Papier aus verantwortungsvollen Quellen
FSC® C110508
www.fsc.org

www.haupt.ch

Vorwort

Das neue Bestimmungsbuch «Waldgräser» hat zwei Vorgänger. Vor einem Dreivierteljahrhundert wurden die «Waldgräser» von Herbert Hesmer und Jürgen Meyer unter Mitarbeit von Elisabeth von Gaisberg beim Schaper-Verlag (Hannover) veröffentlicht. Dieser Feldführer ermöglichte einem breiten Nutzerkreis durch Fotos der vollständigen Pflanze und wesentlicher Merkmale das Erkennen der wichtigsten Gräser, Seggen und Binsengewächse. Achtzehn Jahre nach der vierten und letzten Auflage hat Norbert Bartsch 1987 eine Neubearbeitung des Buches ebenfalls im Schaper-Verlag herausgebracht, von der 1994 eine zweite Auflage erschien. Mehr als 20 Jahre später liegt nun ein neues Bestimmungsbuch für die grasartigen Pflanzen im Wald aktualisiert und in einer zeitgemäßen Ausstattung vor.

Für die bildliche Darstellung wurden neue Farbfotos der Arten an ihrem Standort angefertigt. In einzelnen Fällen lässt sich durch das Foto der vollständigen Pflanze, dem Habitusbild, bereits die Art erkennen. Meist wird jedoch eine genauere Untersuchung der Pflanze anhand einzelner Merkmale notwendig sein. Von den Besonderheiten im Bauplan, auf die es bei der Bestimmung der betreffenden Art ankommt, enthält das Buch Farbfotos. Sie stellen die Details überwiegend in einer Vergrößerung dar, die sich mit einer üblichen Botanikerlupe erreichen lässt.

Erstmalig wurden alle grasartigen Pflanzen berücksichtigt, die in den ökologischen Artengruppen der «Forstlichen Standortsaufnahme» enthalten sind (Arbeitskreis Standortskartierung in der Arbeitsgemeinschaft Forsteinrichtung, 7. Auflage 2016). Arten mit geringer Waldbindung nach der Waldartenliste von Schmidt et al. (2011) wurden nicht mehr aufgenommen.

Jedes Artporträt enthält jetzt Angaben der Zeigerwerte nach Ellenberg (2001), zum Grad der Waldbindung nach der Waldartenliste und der Zugehörigkeit zu einer ökologischen Artengruppe. Die Artbeschreibungen wurden um die Rubrik «Wissenswertes und Verwendung» ergänzt. Die Bestimmungsschlüssel wurden präzisiert und erweitert. Für die Seggen liegt nun ein Schlüssel für die Bestimmung im vegetativen (nichtblühenden) Zustand vor.

Herrn Prof. Dr. Wolfgang Schmidt gilt unser besonderer Dank für Hinweise zu Standorten und für gemeinsame Waldgänge. Herrn Prof. Dr. Helge Walentowski danken wir für die Überlassung des Manuskripts der Neuauflage der «Forstlichen Standortsaufnahme» vor der Veröffentlichung. Auf Exkursionen in das Nordwestdeutsche Tiefland haben Dr. Martin Jansen und Frau Karola Naeder wertvolle Hinweise gegeben. Die Zeichnungen für das Kapitel «Aufbau der grasartigen Pflanzen» erstellte der Grafiker Wolfgang Tambour. Aufseiten des Verlags haben wir durch Dr. Martin Lind eine sehr angenehme Zusammenarbeit und ein großes Entgegenkommen bei der Buchgestaltung erfahren.

Christine Rapp und Norbert Bartsch
Göttingen, im Januar 2016

Einführung

Einführung

Die grasartigen Pflanzen zählen ökonomisch und ökologisch zu den bedeutendsten Pflanzengruppen. Die Familie der Süßgräser (Poaceae) hat mit über 10 000 Arten weltweit die fünfhöchste Artenanzahl einer Pflanzenfamilie, bei uns sogar die dritthöchste (Stützel 2015). Aus ihren Vorfahren haben sich im Laufe der Evolution und Domestikation die wichtigsten Nahrungslieferanten für die Menschheit entwickelt. Nicht nur die Getreide als Grundnahrungsmittel, sondern auch die Futterpflanzen für die Viehzucht sind die Basis der Welternährung. Angesichts des Artenreichtums der Familie erscheint es allerdings erstaunlich, dass nur wenige Arten diese besondere Stellung einnehmen. Franz Bley (1898), ein deutscher Botaniker und Illustrator, äußert sich folgendermaßen über die «Halmgewächse: Graminea»:

> «Der Mensch verdankt den Grasgewächsen unendlich viel. Aus den 4000 über alle Erdteile verbreiteten Arten hat er einige wenige, die sich durch mehlreiche Samen auszeichneten, in seine Obhut genommen, ihren Nährwert durch jahrtausendelange Pflege gesteigert und auf sie seine ganze Kultur gegründet.»

Unter den Waldgräsern befinden sich allerdings keine Arten, die es in dieser Hinsicht zu nennenswerter Nutzung gebracht haben. Nur der Flutende Schwaden oder Manna-Schwaden *(Glyceria fluitans)*, ein Süßgras, das unter anderem in Auenwäldern in großen Beständen auftritt, wurde in gewissem Umfang als Nahrungsmittel genutzt. Das Wildgetreide wurde vor allem in Ostdeutschland und Polen in den Flussniederungen gesammelt (Bastine 1963). Die Samen sind verhältnismäßig groß und wurden als Schwadengrütze oder Mannagrütze zubereitet. Während für die Waldhirse *(Milium effusum)* kein gesicherter Nachweis für die Verwendung als Nahrungsmittel vorliegt, wurde der Strandroggen *(Leymus arenaria)* auf Island als Getreide genutzt (Düll 2011). Die Gattungen *Leymus* und *Elymus* sind eng mit der Gattung *Triticum* (Weizen) verwandt. Die Hunds-Quecke

(Elymus caninus) wurde von Linné noch als *Triticum caninum* bezeichnet. Noch weniger geschätzt wurden die Arten der verwandten Familie der Sauer- oder Riedgräser (Cyperaceae). Wenn die Menschen keinen offensichtlichen und unmittelbaren Nutzen erkannten, wurden die Pflanzen zu Unkraut erklärt. Der Kommentar von Franz Bley aus dem Jahr 1898 zu diesen Pflanzen veranschaulicht diese Haltung:

> «Die Gattung der Seggen oder Riedgräser bereitet dem Landmann viel Kummer; ihr Auftreten zeigt einen nassen oder sandigen, zur Kultur wenig geeigneten Boden an, und sie selbst taugen weder grün noch getrocknet als Viehfutter.»

In der Landwirtschaft galt der Grundsatz: Aus Sauergraswiesen müssen Süßgraswiesen werden! Bestenfalls waren sie zur Streugewinnung geeignet. Zwar wurden auch die Binsen aus der Familie der Binsengewächse (Juncaceae) als Weideunkraut angesehen, sie dienten aber immerhin noch als Werkstoff für Flechtarbeiten.

Unter den Arten der in diesem Buch behandelten grasartigen Pflanzen sind keine offizinellen Arten, d. h. arzneilich verwendete und als Droge in Apotheken verfügbare Arten. Diese wurden in der Regel durch die Bezeichnung «officinalis» (früher: Offizin = Laborraum der Apotheke) im wissenschaftlichen Namen gekennzeichnet. In der Volksmedizin von einiger Bedeutung waren die Wurzeln der Strandsegge *(Carex arenaria)*, die als blutreinigendes Heilmittel unter der Bezeichnung «Radix Caricis arenariae» in Apotheken verkauft wurden.

Auch wenn scheinbar kein großer Nutzen von den Waldgräsern zu erwarten ist, haben es doch nicht wenige Arten geschafft, allein aufgrund ihrer Ästhetik aus ihrem Schattendasein hervor- und in der Öffentlichkeit, d. h. in Parks, Grünanlagen und Gärten, aufzutreten. Ein Pionier auf diesem Gebiet war Karl Foerster, der mit seinem Werk «Einzug der Gräser und Farne in die Gärten» (1998) und mit der nach ihm benannten Zierpflanze «Foersters Reitgras» (*Calamagrostis* x *acutiflora* «Karl Foerster»: heimischer Wildbastard der Waldgras-Eltern *C. epigejos* und *C. arundinacea*) dieser und anderen Arten zu einiger Bekanntheit und Verbreitung verhalf.

Welche Bedeutung den Waldgräsern vor allem im forstlichen Bereich zukommt, wird ausführlich im letzten Kapitel dieses Buches behandelt.

Pollen- und teilweise Blattfossilien der Angiospermen treten erstmalig in der frühen Kreide (ca. 140 Mio. Jahre BP) auf. Die Angiospermen sind möglicherweise als Sträucher gestörter Standorte im Unterwuchs feuchter Wälder in niedrigen geografischen Breiten entstanden (Kadereit 2014). Zu Beginn des Tertiärs (60 Mio. Jahre BP) konnten sie sich massiv ausbreiten und alle anderen bis dahin existierenden Pflanzengruppen mehr oder weniger auf Sonderstandorte zurückdrängen. Zu dieser Zeit gab es schon die meisten Familien, die heute noch die Vegetation der Erde bestimmen (Pfadenhauer 2014). Die Monokotyledonen umfassen ca. 22 % der Angiospermen-Arten.

Die ersten fossilen Gräser stammen aus der Zeit um 55 Mio. Jahre BP, sie sind also viel jünger als die ersten Fossilien von Blütenpflanzen (ca. 140 Mio. Jahre BP). Das Zeitalter vom Paläozän bis zum frühen Eozän (65–45 Mio. Jahre BP) wies eines der wärmsten Klimate während der gesamten Erdgeschichte auf, im Wesentlichen bedingt durch hohe Gehalte an Kohlendioxid (CO_2) und Methan. Die Temperatur der Ozeane soll um 9–12 °C höher gelegen haben als heute. Im Eozän (ab ca. 55 Mio. Jahre BP) begann ein Abkühlungsprozess, verbunden mit den niedrigsten CO_2-Konzentrationen, die jemals in der Erdgeschichte erreicht wurden (200 ppm in den Kältezeiten, 300 ppm in den Interglazialen). Es entstehen u. a. die Steppen im Inneren der Kontinente und die Savannen mit dominierendem C_4-Graswuchs unter einer lockeren Gehölzschicht (ca. 16–11 Mio. Jahre BP). C_4-Pflanzen sind photosynthetisch besonders leistungsfähig unter hoher Sonneneinstrahlung und niedriger CO_2-Konzentration. Sie nutzen ein anderes Enzym als die C_3-Pflanzen, um die Kohlendioxidmoleküle einzufangen und in organische Verbindungen umzuwandeln – ein Enzym, das CO_2 viel schneller aus der Luft aufnehmen kann als jenes, welches bei C_3-Pflanzen verwendet wird. Im mittleren Miozän (ca. 15 Mio. Jahre BP) entwickelten sich von Gräsern dominierte Ökosysteme zuerst in Nordamerika, etwas später auch in Afrika, gefolgt von den übrigen Kontinenten. Heute nehmen natürliche Grasländer (Steppen, Savannen, subtropisches Grasland) rund ein Drittel der Landoberfläche ein, sind also nach den Wäldern der zweithäufigste Vegetationstyp. Eine besondere Rolle kommt dem vermehrten Auftreten von Feuer zu, das Horstgräser begünstigt. David Beerling, der sich mit Vegetationsveränderungen der jüngeren Erdgeschichte beschäftigt, schreibt in seinem Buch «The Emerald Planet»: «Das Ausdehnen von Grasland vor Millionen von Jahren kann als ein Wechsel der Erde zu einem brennbaren Planeten betrachtet werden» (zitiert in Weber 2012). Des Weiteren gab es einen starken Einfluss durch pflanzenfressende Säugetiere, sodass von einer Koevolution von Grasländern und herbivoren Huftieren gesprochen werden kann (Pfadenhauer 2014). Sowohl Feuer als auch Beweidung behindern das Aufkommen von Gehölzen.

Systematik und Nomenklatur der grasartigen Pflanzen

Die Samenpflanzen, zu denen die grasartigen Pflanzen zählen, sind mit mindestens 250 000 nachgewiesenen Arten heute die bei Weitem artenreichste Pflanzengruppe. Um einen Überblick über diese große Formenfülle zu erhalten, werden die Pflanzen in Gruppen zusammengefasst und in ein hierarchisches System eingeordnet.

Die Grundeinheit der Systematik ist die **Art** (species = sp.). Zu einer Art werden alle Pflanzen gezählt, die in allen wesentlichen, erblich konstanten Merkmalen übereinstimmen und sich in diesen von anderen, nächstverwandten Arten unterscheiden. Formenreiche Arten lassen sich untergliedern in Unterarten (subspecies = ssp.), Varietäten (varietas = var.) und Formen (forma = f.). Von diesen intraspezifischen Einheiten werden im vorliegenden Buch nur die Unterarten berücksichtigt, und diese auch nur dann, wenn sie mit wenigen Merkmalen mit einiger Sicherheit zu bestimmen und in einem größeren Gebiet verbreitet sind.

Alle Arten, die bestimmte gemeinsame Merkmale erkennen lassen, die also näher miteinander verwandt sind, werden zur nächsthöheren systematischen Einheit, der **Gattung** (genus), zusammengefasst. Zwischen der Gattung und der höchsten Einheit im System der Pflanzen, dem Unterreich (subregnum) Chlorobionta oder «Viridiplantae», in dem sich der Übergang zu den höheren Landpflanzen vollzogen hat, werden noch weitere Kategorien eingeschoben, von denen in aufsteigender Reihe **Familie** (familia), **Ordnung** (ordo), **Klasse** (classis), **Unterabteilung** (subphylum) und **Abteilung** (phylum) die wichtigsten sind.

Ganz besonders in den letzten Jahrzehnten wandelten sich die Kriterien, nach denen diese Klassifizierung vorgenommen wird. Die ersten aufgestellten künstlichen Systeme stützten sich auf wenige willkürlich festgelegte morphologische Leitmerkmale, vor allem auf die Wuchsform und den Blütenbau. Durch Berücksichtigung einer größeren Anzahl von Kriterien ließen sich Verbesserungen erzielen, ohne dass man aber zu einem voll befriedigenden und allgemein anerkannten natürlichen System gelangt wäre. Nach Annahme der Abstammungslehre entstanden verschiedene phylogenetische Systeme, durch die versucht wurde, alle Ähnlichkeiten auf verwandtschaftliche Beziehungen und stammesgeschichtliche Zusammenhänge zurückzuführen. Viele Unklarheiten über die Zusammenhänge und die Rangordnungen innerhalb der Samenpflanzen beruhten darauf, dass diese sich überwiegend auf Blütenmerkmale stützten. Gerade im Blütenbau weisen aber die grasartigen Pflanzen Besonderheiten auf. Ihre Blüte hat sich an die Windbestäubung angepasst. Hierbei wurden die Blütenglieder stark zurückgebildet, wodurch das Erkennen der verwandtschaftlichen Beziehungen erschwert ist.

Die modernen Systeme beruhen auf den Untersuchungsergebnissen zahlreicher botanischer Arbeitsrichtungen und berücksichtigen alle bekannten Merkmale. Sie werden daher als synthetische Systeme bezeichnet. Neben den morphologischen Merkmalen haben in diesen Systemen Forschungsergebnisse der Anatomie, Genetik, Biochemie, Physiologie, Ökologie sowie Beiträge der Arealkunde und der Paläobotanik zunehmend Bedeutung für die Beurteilung der Ähnlichkeit und Verwandtschaft der Pflanzen erlangt.

Besonders umfassende Veränderungen in den Klassifikationssystemen sind in den letzten beiden Jahrzehnten durch die Ergebnisse molekularphylogenetischer Untersuchungen notwendig geworden. Heute basieren die Darstellungen der Verwandtschaftsbeziehungen innerhalb der Bedecktsamer (Angiospermen) überwiegend auf dem im Jahr 1998 erstmals publizierten und seither permanent aktualisierten und stark auf DNA-Sequenzen basierenden System der «Angiosperm Phylogeny Group» (APG). Inzwischen ist dieses System auch in Botanik-Lehrbücher aufgenommen worden, u. a. im «Strasburger. Lehrbuch der Pflanzenwissenschaften» (ab 36. Auflage, Bresinsky et al. 2008) und in «Systematische Botanik. Einheimische Farn- und Samenpflanzen» (Baltisberger et al. 2013).

Nach der APG III Systematik (Stevens 2001 onwards) sind die drei Familien der grasartigen Pflanzen, die in diesem Buch behandelt werden, der Ordnung Poales zugeordnet, die zusammen mit 10 weiteren Ordnungen die **Einkeimblättrigen** (Monokotyledonae) in der Unterabteilung **Samenpflanzen** (Spermatophytina) bilden. Innerhalb der Samenpflanzen zählen sie zu den **Bedecktsamern** (Angiospermae), die dadurch gekennzeichnet sind, dass ihre Samenanlagen immer in einem von den Fruchtblättern gebildeten Gehäuse, dem Fruchtknoten, eingeschlossen sind. Die Ordnung Poales umfasst 17 Familien, 934 Gattungen und mehr als 18 300 Arten.

Die monokotylen Pflanzen sollen im Folgenden kurz charakterisiert werden. Sie umfassen etwa 22 % der Bedecktsamer. Wie der Name schon sagt, besitzen sie nur ein Keimblatt (Kotyledon). Dies ist zwar das zuverlässigste Unterscheidungsmerkmal zu den dikotylen Pflanzen, die zwei Keimblätter aufweisen, ist aber höchstens im Jugendstadium der Pflanzen zu erkennen. An den ausgewachsenen Pflanzen finden sich charakteristische Merkmale an den Blättern. Sie sind bei den Monokotylen meist parallelnervig, ganzrandig und ungestielt, haben keine Nebenblätter und sitzen der Achse fast immer wechselständig mit breiter Basis oder Scheide auf. Die Blüten sind aus dreizähligen Wirteln aufgebaut. Sie bestehen normalerweise von außen nach innen aus zwei Kreisen mit Blütenhüllblättern (Perigon), zwei Kreisen mit Staubblättern und in der Mitte aus einem Kreis mit drei Fruchtblättern. Häufig finden sich jedoch Abweichungen von diesem Grundmuster als Folge von Rückbildungen einzelner Blütenglieder. Die Pollenkörner haben nur eine Keimöffnung. Die Primärwurzel ist sehr kurzlebig und wird durch zahlreiche Wurzeln aus der Sprossbasis ersetzt (Homorrhizie). Die Leitbündel in den Halmen und Wurzeln sind zerstreut angeordnet. Da die monokotylen Pflanzen kein Kambium besitzen, ist weder bei der Sprossachse noch bei den Wurzeln ein normales sekundäres Dickenwachstum möglich.

Die Benennung **(Nomenklatur)** der Pflanzen erfolgt in diesem Buch nach ihren wissenschaftlichen Namen, da diese international verständlich sind, deutsche Namen hingegen häufig regional variieren. Seitdem der schwedische Naturforscher Carl von Linné 1753 die heute allgemein gebräuchliche binäre Nomenklatur für alle Pflanzen einführte, besteht der wissenschaftliche Artname aus zwei Wörtern. Das erste (großgeschriebene) Wort ist der Gattungsname, das zweite (kleingeschriebene) der artbestimmende Zusatz (Art-Epithet) zum Gattungsnamen. Jede Pflanzenart hat nur einen korrekten wissenschaftlichen Namen, und zwar den ältesten, wirksam und gültig veröffentlichten Namen, wobei man bei den Gefäßpflanzen bis zur 1. Auflage der «Species Plantarum» von Linné (1753) zurückgeht. Dieser 1935 aufgestellte Prioritätsgrundsatz erwies sich als außerordentlich folgenschwer. Er führte dazu, dass eine sehr große Anzahl von Gattungs- und Artnamen geändert werden musste. Auch die grasartigen Pflanzen blieben von diesen Namensänderungen nicht verschont. Zur besseren Kennzeichnung einer Art oder auch jeder anderen höheren Kategorie wird der Name des Botanikers beigefügt, der die Pflanze oder Pflanzengruppe erstmalig beschrieb und benannte. Aus dieser Autorenangabe, die meist in Form einer Namensabkürzung hinter dem Art-Epithet steht, lässt sich jederzeit feststellen, wann und wo eine Pflanze erstmalig beschrieben, benannt und häufig auch abgebildet wurde. Diese Originalbeschreibung ist für alle systematischen Studien und Untersuchungen maßgeblich.

Die im vorliegenden Buch verwendeten Artnamen richten sich nach den Angaben der «Standardliste der Farn- und Blütenpflanzen Deutschlands» (Wisskirchen und Haeupler 1998) sowie nach «Zander – Handwörterbuch der Pflanzennamen» (Erhardt et al. 2014).

Aufbau der grasartigen Pflanzen

Einführung

Was ist ein Gras, was eine Segge, was eine Binse? Der englische Merkspruch enthält eine morphologische Besonderheit jeder Familie der grasartigen Pflanzen:

«Sedges (Cyperaceae) have edges,
rushes (Juncaceae) are round
and grasses (Poaceae) have nodes
from the top to the ground.»

Die unscheinbaren kleinen und schwach gefärbten Blüten und die große Ähnlichkeit im Habitus lassen das Bestimmen und Erkennen der grasartigen Pflanzen zunächst als schwierig erscheinen. Die Unterscheidung der einzelnen Arten erfordert einige botanische Grundkenntnisse über deren Aufbau und die wichtigsten morphologischen Merkmale. Die folgenden Abschnitte enthalten für jede Familie der grasartigen Pflanzen gesondert allgemeine Ausführungen über deren Wachstum sowie deren vegetative und generative Organe. In diesen Abschnitten werden auch die wissenschaftlichen Fachausdrücke erklärt, die in den Beschreibungen der Arten verwendet wurden. Ein alphabetisches Verzeichnis der Fachausdrücke befindet sich am Ende des Buches.

Bei der Beschreibung der Familien beginnen wir mit den Süßgräsern (Poaceae), da sie die artenreichste Gruppe darstellen und auch am bekanntesten und wirtschaftlich höchst bedeutsam sind. Sie werden daher auch besonders ausführlich behandelt. In den sich anschließenden Abschnitten über die Riedgrasgewächse (Cyperaceae) und die Binsengewächse (Juncaceae) wird hauptsächlich auf Unterschiede zum Bauplan der Süßgräser eingegangen.

Poaceae (Süßgräser)

Die Familie der Süßgräser umfasst 707 Gattungen mit zusammen 11337 Arten (Kadereit et al. 2014), davon sind etwa 70 Gattungen mit zusammen rund 270 Arten in Mitteleuropa heimisch. Weltweit steht die Familie an fünfter Stelle in Bezug auf die Artenanzahl und ist die drittwichtigste heimische Pflanzenfamilie (Stützel 2015).

Die Arten unterscheiden sich voneinander vor allem durch Anordnung, Form und Ausbildung der kleinen schuppenförmigen Blätter im Blütenstand (Spelzen). Die Zugehörigkeit zu einer Art wurde zumeist nach Unterschieden in Lebensdauer und Wuchsform sowie in Größe und Form der Triebe, Blätter und Blütenstände sowie deren Glieder festgelegt.

Kennzeichnend für die Süßgräser sind (s. Abb. 1):

- runde hohle Sprossachsen (Halme) mit deutlich erkennbaren Knoten an der Basis der Blattscheiden
- zweizeilige (distiche) Blattstellung (der Winkel zwischen zwei aufeinander folgenden Blättern beträgt 180 Grad)
- lange, meist offene Blattscheiden
- meist ein Blatthäutchen (Ligula) am Spreitengrund
- ein aus meist zahlreichen Teilblütenständen (Ährchen) zusammengesetzter Blütenstand.

Die Gräser variieren stark in ihrer Lebensdauer. Wenige Arten sind einjährige Pflanzen, die ihren Vegetationszyklus in einer Vegetationsperiode abschließen. In diesem Buch sind nur ausdauernde Arten vertreten. Diese Süßgräser, wie auch die Riedgras- und Binsengewächse, sind mehrjährige oder ausdauernde Pflanzen, die mehrere oder viele Jahre leben. Ausdauernde Gräser bilden im Jahr der Keimung in der Regel nur vegetative Triebe und besitzen auch in den folgenden Jahren neben Trieben, die Blütenstände tragen, stets eine größere Anzahl nichtblühender Triebe, die erst im nächsten Jahr oder noch später blühen.

Wurzeln

Alle Monokotylen entwickeln bei der Keimung des Samens eine Primärwurzel, die meistens frühzeitig abstirbt, da bei dieser Pflanzengruppe kein normales sekundäres Dickenwachstum stattfindet. Die Primärwurzel wird ersetzt durch sprossbürtige Nebenwurzeln, die insbesondere oberhalb eines Knotens in dichten Kränzen hervorbrechen (sekundäre Homorrhizie). Das Wurzelsystem besteht infolgedessen aus einer großen Zahl etwa gleichstarker, im Allgemeinen dünnfaseriger und kurzlebiger, bogenförmig herablaufender Nebenwurzeln, welche die oberen Bodenschichten meist außerordentlich intensiv durchwurzeln. Einige Gräser bilden schnurartig dicke, tiefreichende und langlebige Wurzelstränge. Es sind dies meist Arten, die in Symbiose mit Wurzelpilzen (Mykorrhiza) stehen. Mykorrhizierte Wurzeln haben u. a. *Nar-*

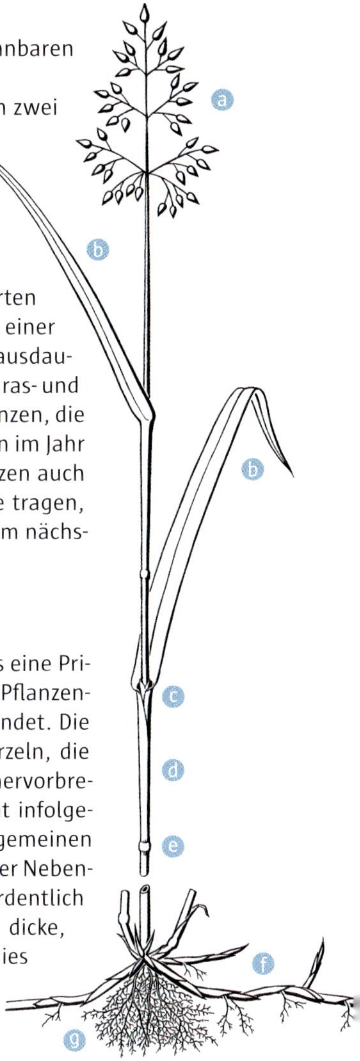

1 *Bauplan der Süßgräser: a: Blütenstand (Rispe), b: Blattspreite, c Spreitengrund mit Blatthäutchen, d: Blattscheide, e: Knoten, f: Ausläufer, g: Wurzeln*

dus stricta, Brachypodium pinnatum, Deschampsia cespitosa, Molinia caerulea und *Holcus lanatus*. Hochwüchsige Gräser entwickeln zuweilen ein äußerst tiefreichendes Wurzelsystem. So können die Wurzeln von *Arrhenatherum elatius* bis 1,50 m, die von *Calamagrostis epigejos* bis 2 m und die von *Phalaris arundinacea* sogar bis 3,50 m tief in den Boden eindringen.

Wuchsformen

Gräser verzweigen sich im Allgemeinen nur oberhalb der unteren, dicht über oder im Boden liegenden Halmknoten. Ausnahmen bilden z. B. *Phalaris arundinacea* und *Calamagrostis canescens*, deren Halme sich nicht selten auch hoch über dem Boden verzweigen. Die Seitentriebe werden in Knospen angelegt. Wie alle Samenpflanzen, können die Gräser Knospen nur in den Achseln von Blättern entwickeln. Bei den Gräsern befinden sie sich zwischen der Blattscheide und dem Halm.

Bei den Gräsern wird zwischen mehreren Verzweigungstypen unterschieden. Wenn der junge Seitentrieb die ihn umgebende Blattscheide an deren Basis durchbricht, spricht man von extravaginalem Wachstum. Auf diese Art verzweigen sich alle **Ausläufergräser**. Ausläufer sind entweder unterirdisch wachsende, mit häutigen Schuppen (Niederblättern) besetzte farblose oder braune Rhizome oder oberirdisch kriechende, beblätterte grünliche bis rötliche Stolonen. Die Ausläufer können beträchtliche Längen erreichen, ehe sie sich an den Knoten bewurzeln und Tochterpflanzen bilden. Ausläufergräser mit Stolonen sind u. a. *Poa trivialis* und *Agrostis stolonifera*. Weitreichende Rhizome entwickeln *Elymus repens, Poa pratensis* und *Calamagrostis epigejos*. Von den Wurzeln lassen sich die **Rhizome** an den schuppenartigen Niederblättern oder deren Narben, an der Ausbildung von Knospen und dem Fehlen der Wurzelhaube unterscheiden.

Bei den Rasengräsern durchbrechen die Seitentriebe ebenfalls die Blattscheiden, wachsen aber nur eine kurze Strecke horizontal, bevor sie sich aufrichten, bewurzeln und Halme und Blätter entwickeln. An den jungen Pflanzen wiederholt sich dieser Vorgang. Schließlich entsteht ein mehr oder weniger ausgedehnter Rasen. Typische **Rasengräser** sind *Poa nemoralis* und *Melica uniflora*.

Wenn die Seitensprosse unmittelbar nach dem Durchbrechen der Blattscheide in die Höhe wachsen, entsteht ein lockerer bis dichter Horst. Die **Horstgräser** breiten sich sehr langsam horizontal aus, sodass sie allein keine lückenlose Grasnarbe zu bilden vermögen. Stets dichte Horste entwickeln Gräser, bei denen die Seitentriebe die Blattscheiden nicht durchbrechen, sondern in diesen nach oben wachsen (intravaginaler Wuchstyp). Besonders geschlossene Horste mit sehr dicht neben- und übereinanderstehenden Seitentrieben sind für *Festuca ovina* und *Nardus stricta* kennzeichnend.

Halme

Die oberirdische Sprossachse, der Halm, setzt sich aus einer Reihe von Halmgliedern (Internodien) zusammen, die durch Knoten (Nodien) begrenzt sind. Die Internodien sind meist hohl und rund. Nur wenige Arten haben leicht zusammengedrückte Halme. Bei jungen Trieben sind die Internodien sehr kurz. Mit dem Teilungs- und Streckungswachstum der Halme werden vor allem die Abstände zwischen den oberen Knoten weiter, während die Internodien am Grund meist kurz bleiben. Bei einigen Arten (z. B. *Molinia caerulea*) sind die Knoten am Halmgrund gehäuft, sodass der Halm knotenlos zu sein scheint. Der Halm wird in den Knoten durch quergestellte Scheidewände unterbrochen, von denen sich die Gefäßbündel abzweigen, die vom Halm in das Blatt übergehen. Die Internodien sind meistens kahl, vor allem die von der Blattscheide umschlossenen Abschnitte. Die Knoten indessen sind nicht selten behaart.

Blätter

Die wichtigsten Merkmale für die Bestimmung der Gräser im nichtblühenden Zustand befinden sich am Blatt, das sich aus Blattscheide, Blatthäutchen und Blattspreite zusammensetzt.

Der Winkel zwischen zwei aufeinanderfolgenden Blättern beträgt bei den Süßgräsern stets 180 Grad. Diese Art der **Blattstellung** wird als zweizeilig bezeichnet und ist ein sicheres Unterscheidungsmerkmal gegenüber den Riedgras- und Binsengewächsen, die drei Blattreihen ausbilden. In der **Knospenlage** ist das junge Blatt entweder längs eingerollt oder um den Mittelnerv längs gefaltet. Es gibt auch Gräser, bei denen es gefaltet und zusätzlich an den Rändern eingerollt ist (unechte Faltung). Am sichersten lässt sich die Knospenlage am Triebquerschnitt erkennen. Bei Gräsern mit sehr schmalen borstenförmigen Blättern lässt sie sich häufig nicht eindeutig bestimmen.

Der Blattgrund ist bei den Gräsern verlängert und umhüllt schützend als **Blattscheide** die Wachstumszone des nächsthöheren Halmabschnittes, bei Blatttrieben das nächstjüngere Blatt. Die Blattscheide beginnt mit dem Knoten, der eine Blattbildung und somit keine Anschwellung des Halmes ist. Die Ränder der Blattscheiden sind meistens unverwachsen und überdecken sich. Bei einigen Arten der Gattungen *Bromus*, *Festuca*, *Glyceria* und *Melica* sind die Scheidenränder auf der ganzen Länge verwachsen. Auch bei diesen Arten können die Blattscheiden gelegentlich aufschlitzen, vor allem, wenn sich der Blütenstand aus ihnen herausschiebt. Während der Halm bis auf wenige Ausnahmen im Querschnitt rund und meist kahl ist, zeigen die Blattscheiden verschiedene Querschnitts- und Behaarungsmerkmale. Umscheidete Triebe können rund oder auch mehr oder weniger scharf zweischneidig zusammengedrückt sein *(Poa chaixii)*. Die Blattscheide kann kahl oder behaart, glatt oder rau sein und in seltenen Fällen erhabene Längsstreifen aufweisen. Besonders auffällig kann eine vom übrigen Teil der Blattscheide abweichende Behaarung oder Färbung des Knotens sein. Bei einigen im flachen Wasser wachsenden Gräsern sind die Längsnerven der Scheide und auch die Spreite durch grünliche Querstreifen verbunden. Die abgestorbenen, strohigen Blattscheiden des Vorjahres umhüllen bei einigen Arten mit charakteristischer Färbung die Triebe (Strohtunika). Besonders auffallend ist die Strohtunika bei *Nardus stricta*.

2 *Öhrchen bei Festuca gigantea*

Der Übergang von der Blattscheide zur Blattspreite, der **Spreitengrund**, bietet für die Bestimmung vieler Süßgräser unentbehrliche Merkmale. Unkorrekt ist es, die Ansatzstelle als Blattgrund zu benennen, da bei den Gräsern die Blattscheiden als Blattgrund anzusehen sind. Häufig hebt sich der Spreitengrund durch hellere, weißlich- oder gelbgrüne, gelegentlich auch durch bräunliche oder rötliche Färbung von der Blattspreite ab. Bei einigen Arten ist der Spreitengrund verbreitert, wellig aufgebogen oder zu zwei Fortsätzen, den **Öhrchen**, ausgewachsen, die den Halm in unterschiedlicher Länge und Breite krallen- oder hakenförmig umgreifen (*Festuca gigantea*, Abb. 2). *Leymus arenarius* und *Elymus repens* haben häufig stängelumfassende oder sich überlappende Öhrchen.

Am Spreitengrund findet sich bei fast allen Süßgräsern ein **Blatthäutchen** (Ligula), das dem Halm eng anliegt. Seine Form und Größe oder sein Fehlen sind zuverlässige Unterscheidungsmerkmale (Abb. 3 a–g). Bei einigen Arten ist das Blatthäutchen in Haare aufgelöst. Dieser Haarkranz kann entweder lückenlos (*Phragmites australis,* Abb. 3a) oder in einzelne Büschel aufgeteilt sein *(Molinia caerulea)*. Die Lage des Blatthäutchens kann von einem ganz schmalen, kaum sichtbaren Saum bis zu einem Mehrfachen der Breite des Spreitengrundes variieren. Die obere Kante des Blatthäutchens ist je nach Grasart häufig charakteristisch geformt. Meist ist sie vor der Mitte der Blattspreite am höchsten, bei einigen Arten hingegen ist sie überall gleich hoch oder an den Enden hochgezogen. Die obere Kante kann ganzrandig, auf verschiedene Weise gezähnt (Abb. 3c, g) oder tief gespalten sein. Eine Besonderheit hat *Melica uniflora* aufzuweisen: Auf der dem Spreitengrund entgegengesetzten Seite des Halmes befindet sich ein spornartiger Fortsatz der Blattscheide (Abb. 3b). Für die Benutzung des Blatthäutchens als Bestimmungsmerkmal sollten stets junge Triebe Verwendung finden, da das Blatthäutchen an älteren, vor allem halmtragenden Trieben nicht mehr die typischen Merkmale aufweist. Häufig sind die Blatthäutchen an älteren Trieben zerschlissen oder eingetrocknet.

Der obere, vom Halm abstehende Teil des Blattes ist die **Blattspreite**, häufig auch nur Blatt genannt. Drei Grundformen der Blattspreite herrschen bei den Süßgräsern vor:

- Die Blattspreite ist auf ihrer ganzen Länge annähernd gleich breit und verschmälert sich plötzlich in eine kurze, kahn- oder kapuzenförmige Spitze.
- Bereits unmittelbar hinter dem Spreitengrund beginnend nimmt die Breite gleichmäßig ab, sodass die Blattspreite fein ausläuft.
- Die Blattspreite ist etwa auf ihrer halben Länge am breitesten und verschmälert sich von dort allmählich zur Spitze und zum Spreitengrund hin.

Die Blattspreite ist meist flach ausgebreitet. Bei Gräsern trockener Standorte ist sie häufig steif und mehr oder weniger borstenförmig zusammengefaltet *(Nardus stricta, Festuca ovina)*. Die Blattoberfläche kann glatt oder rau, matt oder glänzend, behaart oder kahl sein. Häufig ist sie durch die längsverlaufenden Leitungsbahnen (Nerven, Adern) mit einer Struktur versehen, die sich aus Rippen und Rillen zusammensetzt. Die Rippen können im Querschnitt flach und rundlich oder hoch und spitz, durch Einlagerung von Kieselsäure scharf *(Deschampsia cespitosa)* oder auch ganz unregelmäßig gestaltet sein. Ungerippte Blattspreiten haben oft in der Mitte eine rillenförmige Vertiefung, die durch eine feine Wand geteilt ist. Eine derartige Doppelrille weisen alle *Poa*-Arten auf.

Auf der Mittellinie der Blattunterseite verläuft bei den meisten Arten eine Leiste, durch die die Blattunterseite ganz oder teilweise gekielt ist. Die Kielung kann stumpf-rundlich *(Molinia caerulea)* oder schmal und scharf *(Dactylis glomerata)* sein.

Blütenstände

Als Blütenstände oder Infloreszenzen werden die der Blütenbildung dienenden und dementsprechend veränderten Sprosssysteme der Samenpflanzen bezeichnet, die sich vom rein vegetativen Bereich der Pflanze mehr oder weniger deutlich absetzen. Bei den Süßgräsern bestehen sie aus mehreren Teilblütenständen, den Ährchen.

3 *verschiedene Ausprägungen von Blatthäutchen: a: Haarkranz bei Phragmites australis b: spornartiger Fortsatz der Blattscheide bei Melica uniflora c: mit gezähnter Kante bei Milium effusum d: lang zugespitzt bei Stipa capillata e: Außenseite behaart bei Phalaris arundinacea und bei f: Brachypodium pinnatum g: gestutzt und mit gezähnter Kante bei Anthoxanthum odoratum*

Neben den Grundformen Rispe, Traube und Ähre gibt es mannigfache Abwandlungen und kombinierte Formen. Die häufigsten Blütenstandsformen der Süßgräser sind in Abbildung 4 dargestellt.

Den stammesgeschichtlich wahrscheinlich ältesten Blütenstandstyp verkörpert die **Rispe** (Abb. 4a). Die übrigen Formen sind durch Verarmung aus diesem reich verzweigten Typ hervorgegangen. Bei der Rispe zweigen von der Hauptachse (Spindel) quirlig oder einzeln angeordnete Seitenäste ab, die sich weiter verzweigen und schließlich gestielte Ährchen tragen. Während der Blüte sind die Rispenäste meist ausgebreitet, sodass die Verzweigungsform gut zu erkennen ist. Vor und nach der Blüte ist die Rispe bei vielen Arten zusammengezogen, indem sich die Rispenäste senkrecht stellen und der Hauptachse anlegen. Bei einer ährenförmigen Rispe (Ährenrispe, rispige Scheinähre) sitzen die Ährchen dicht beisammen an kurzen Stielchen, die meist erst zu erkennen sind, wenn der Blütenstand zerlegt wird (Abb. 4e). Rispen, die lediglich zwei Ordnungen von Ästen aufweisen, werden auch als Doppeltraube bezeichnet.

Bei den **Trauben** (Abb. 4b) sitzen die Ährchen an langen Stielchen, die nicht verzweigt sind, aber an den Blütenstandsstufen zu mehreren vorhanden sein können. Bei den ährenförmigen Trauben (traubige Scheinähre) sind die Ährchen relativ kurz gestielt (Abb. 4d).

Die **Ähren** sind dadurch gekennzeichnet, dass die Ährchen mit höchstens 1–2 mm langen Stielchen an der unverzweigten Hauptachse sitzen (Abb. 4c). Die Ährchen sind meist wechselständig in zwei Reihen an der Achse auf stufenähnlichen Absätzen angeordnet. Bei den *Lolium*-Arten liegen die Ährchen der Achse mit der schmalen Seite an, bei den *Elymus*-Arten hingegen mit der breiten Seite.

Ährchen

Die Einzelblüten der Gräser sind zu Teilblütenständen, den Ährchen zusammengefasst (Abb. 5a). In einem Ährchen können zwischen einer und etwa 100 Blüten angeordnet sein. Das Ährchen und jede Einzelblüte werden von schuppenförmigen Blättern, den Spelzen, umhüllt. Wie die Laubblätter am Halm, so sitzen auch die **Spelzen** in zwei gegenständigen Reihen an der Ährchenachse. Am Grund des Ährchens befinden sich zwei blütenlose Hüllspelzen. Die Hüllspelzen können gleich oder verschieden gestaltet sein. Die untere Hüllspelze ist gewöhnlich schmaler und kürzer. Bei einigen Arten fehlt diese (Gattung *Lolium*).

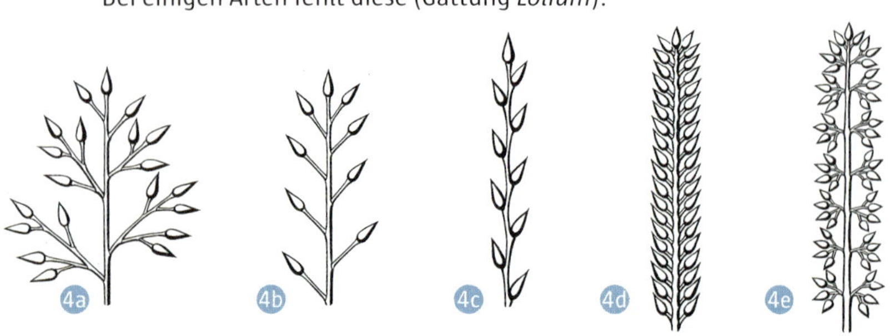

4 *Blütenstandtypen der Süßgräser: a: Rispe, b: Traube, c: Ähre, d: traubige Scheinähre, e: rispige Scheinähre*

Auf die Hüllspelzen folgen an der Ährchenachse je nach Blütenzahl eine bis viele Deckspelzen, die in ihrer Achse je eine Blüte tragen (Abb. 5b). An den Deckspelzen finden sich zuweilen Veränderungen, die der Ausbreitung der Samen dienen. So können sie am Grund verhärtet oder mit langen Haaren besetzt sein (*Calamagrostis*-Arten). Bei vielen Arten ist die Deckspelze mit einem borstenförmigen Fortsatz, einer Granne, versehen. Diese kann von der Basis, vom Rücken oder von der Spitze der Deckspelze ausgehen. Häufig ist sie gerade, geschlängelt oder gekniet und im unteren Teil gedreht. Die Hüllspelzen und die Deckspelzen liefern zahlreiche Unterscheidungsmerkmale durch ihre relative Größe, Form, Oberflächenbeschaffenheit, Nervatur und Behaarung. Der Deckspelze gegenüber steht gewöhnlich die meist zweikielige Vorspelze. Sie ist ein Verwachsungsprodukt der beiden äußeren seitlichen Perigonblätter.

Bei den Süßgräsern entsprechen die Spelzen nicht den Blütenhüllblättern (Perigonblätter). Die Hüllspelzen sind vielmehr den Hochblättern normaler Blütenstände und die Deckspelzen den Tragblättern gleichzusetzen.

«**H**üte **D**ich **v**or Gräsern!» Eselsbrücke für **H**üllspelze, **D**eckspelze, **V**orspelze (Weber 2012).

Wenn das Gras blüht, werden Deckspelze und Vorspelze durch die Tätigkeit zweier rundlicher Schwellkörper (Lodiculae) an der Basis des Fruchtknotens auseinandergedrängt und geben das Innere der meist zweigeschlechtigen (zwittrigen) **Blüte** frei (Abb. 5c). Die Schwellkörper werden als zwei der ursprünglich sechs Perigonblätter angesehen. Der Inhalt der Blütenspelzen besteht aus einem einfächerigen Fruchtknoten mit zwei häufig gefiederten Narbenästen, aus den zwei Schwellkörpern und aus drei Staubblättern. Die drei Staubblätter sind die des äußeren Kreises, der innere fehlt bei allen einheimischen Arten vollständig. Jedes Staubblatt setzt sich zusammen aus einem fadenartigen dünnen Stiel (Filament) und dem Staubbeutel (Anthere), der im Gegensatz zu den Riedgras- und Binsengewächsen niemals an der Basis mit dem Filament verbunden ist. Neben vollständig ausgebildeten Grasblüten finden sich alle Stufen der Rückbildung, eingeschlechtige, sterile und solche, die nur noch aus der Deckspelze bestehen.

Bei der **Frucht** der Süßgräser ist die Samenschale mit der Fruchtschale verbunden. Sie enthält eine einzige Samenanlage. Diese Sonderform der Nuss wird Karyopse genannt. Deck- und Vorspelze bleiben nach dem Zerbrechen der Ährenachse meist um die Karyopse geschlossen. Die Ausbildung von Grannen kann ausbreitungsbiologische Funktionen übernehmen (*Stipa*, Federgras).

5 *Ährchen und Blüte der Süßgräser: a: Ährchen mit 8 Blüten und 2 Hüllspelzen, b: Blüte mit Deckspelze und Vorspelze, c: männliche und weibliche Blütenorgane einer zwittrigen Blüte*

Cyperaceae (Ried- oder Sauergräser)

Die Familie besteht weltweit aus 98 Gattungen mit zusammen 5 430 Arten (Kadereit et al. 2014), davon sind 16 Gattungen heimisch (Stützel 2015). Die Gattung *Carex* umfasst weltweit ca. 2 000 Arten.

Vertreter der Gattungen *Carex* (Seggen), *Scirpus* (Simsen), *Eriophorum* (Wollgräser) und *Trichophorum* (Haarbinsen, Rasenbinsen) kommen auch im Wald vor. Hinsichtlich ihrer Standortansprüche zeigen die Riedgrasgewächse nicht die Variationsbreite der Süßgräser. Sie besiedeln meist feuchte bis nasse oder überschwemmte und sumpfige Böden. Wenige Arten haben sich an trockene Standorte angepasst und gedeihen selbst auf extremen Trockenböden bis hin zur Sanddüne *(Carex arenaria)*. Die Riedgrasgewächse sind ausdauernde, selten einjährige Pflanzen mit schmalen, parallelnervigen Blättern und kleinen unscheinbaren Blüten, die durch den Wind bestäubt werden. Da sie diese Eigenschaften mit den echten Gräsern gemeinsam haben, werden sie als grasartige Pflanzen bezeichnet.

Kennzeichnend für die Riedgrasgewächse sind:

- meist dreikantige, markhaltige und unverzweigte Stängel ohne Knoten
- dreizeilige Blattstellung (Winkel zwischen zwei aufeinander folgenden Blättern beträgt 120 Grad)
- geschlossene Blattscheiden
- oft ohne Blatthäutchen (meist unscheinbarer häutiger Saum)
- oft eingeschlechtige Blüten
- Ähren mit einem, meist langen Tragblatt.

Häufig sind die Blätter und Stängel steif und scharf, da in ihren Zellwänden Kieselsäure eingelagert ist. Abweichend von den Süßgräsern können bei den Cyperaceae an den Blattscheiden und -spreiten noch weitere Erkennungsmerkmale zur Bestimmung hinzugezogen werden, die vor allem im nichtblühenden Zustand hilfreich sind.

Die **Blattscheiden** haben durch den 3kantigen Stängel bedingt eine vordere, meist häutig ausgebildete Bauchscheidenwand gegenüber der Blattspreite und eine hintere, in der Regel krautige Rückenscheidenwand. Die

6 *Blattscheidenhautkragen bei Carex brizoides*

7 *Öhrchen bei Carex flacca*

8 *Netzfaseriger Zerfall der Blattscheide bei Carex acutiformis*

Bauchscheidenwand kann unterschiedlich in ihrer Beschaffenheit und Farbe sein. Wenn neben den parallel verlaufenden Leitbündeln Queradern vorliegen, ist die Bauchscheidenwand gitternervig. Bei einigen Seggen-Arten ist die Bauchscheidenwand zur Blattscheidenmündung hin verlängert. Wenn dieser häutige Fortsatz mit dem Blatthäutchen röhrig verwachsen ist und deutlich oberhalb der Ansatzstelle der Blattspreite endet, wird er als Hautkragen bezeichnet (*Carex brizoides*, Abb. 6). Sind an der Bauchscheidenwand links und rechts der Scheidenmündung zwei öhrchenartige Lappen ausgebildet, spricht man von Öhrchen (*Carex flacca*, Abb. 7). Bei den *Poaceae* sind die Öhrchen Fortsätze des Blattgrundes!

Die Verwitterung der grundständigen Blattscheiden kann unterschiedlich verlaufen. Die Bauchscheidenwand verwittert häufig schnell, da sie in der Regel häutig ausgebildet ist. Sie zerfällt dann lappig und hinterlässt kein Gefäßbündelnetz. Andernfalls zerfällt sie netzfaserig und die Leitbündel und die Queradern bleiben länger erhalten, da sie verwitterungsresistenter sind (*Carex acutiformis* Abb. 8). Wenn von den grundständigen Blattscheiden die Rückenscheidenwände mehrere Jahre erhalten bleiben, bildet sich eine Strohtunica, die die Triebe im nächsten Jahr umhüllt. Wenn über Jahre lediglich die Leitbündel erhalten bleiben, entsteht ein sogenannter Faserschopf.

Die **Blattspreiten** sind im Querschnitt flach, rinnig, und häufig knickrandig, d. h. doppelt gefaltet mit einem Kiel auf der Blattunterseite und (meist) 2 Kielen auf der Blattoberseite.

Bei einigen Arten (u. a. bei *Trichophorum cespitosum*) stehen die **Ährchen** einzeln an der Spitze des Stängels. Häufiger sind sie zu umfangreichen Blütenständen höherer Ordnung vereinigt. Diese können ährig, traubig, kopfig oder rispig sein. Die einzelnen Ährchen und die Äste des Blütenstandes befinden sich stets in den Achseln von Tragblättern (Hüllblättern, Deckblättern). Diese können laubblattartig oder klein und spelzenartig ausgebildet sein. Häufig umgeben sie den Stängel mit einer Blattscheide.

Eine häufige **Blütenstandsform** ist die Spirre. Bei ihr ist der kegelförmige Umriss der Rispe zu einem trichterförmigen Umriss abgewandelt. Die untersten und äußersten Äste des Blütenstandes sind verlängert, sodass die Ähren der Hauptachse von denen der Seitenäste überragt werden. Wiederholt sich dieses Verzweigungssystem ein- oder mehrmals, so spricht man von einer zusammengesetzten Spirre *(Scirpus sylvaticus, Luzula luzuloides)*.

Der Blütenstand der *Carex*-Arten setzt sich meist aus mehreren **Ähren** zusammen. Enthalten alle Ähren sowohl männliche als auch weibliche Ähren, so gehören die Pflanzen zu den gleichährigen Seggen (Homostachyae). Sind dagegen die Ähren eingeschlechtig, so spricht man von verschiedenährigen Seggen (Heterostachyae). In der Regel sind bei diesen Arten die oberen Ähren männlich, manchmal ist es auch nur die endständige Ähre. In selteneren Fällen kommt es vor, dass die endständige Ähre oder die oberste weibliche Ähre zweigeschlechtig ist.

Während bei den Süßgräsern fast immer zwei Hüllspelzen an der Basis jedes Ährchens sitzen, ist bei den Riedgrasgewächsen jede Blüte von einer **Hüllspelze** umgeben. In mehrblütigen Ähren sind die Hüllspelzen zweizeilig oder spiralig angeordnet.

Das Perigon, die **Blütenhülle** aus gleichartigen Hüllblättern, fehlt entweder vollständig oder ist zu Borsten reduziert. Die *Scirpus*-Arten haben noch zwittrige Blüten mit 6 widerhakigen Borsten, die an der Frucht verbleiben und ihrer Verbreitung dienen. Bei der Gattung *Eriophorum*, den Wollgräsern, tragen die Blüten einen Kranz zahlreicher feiner Perigonborsten, die bei der Fruchtreife zu einem Schopf langer, weißer Haare auswachsen (Fruchtausbreitung durch den Wind, Anemochorie). Die **Blüte** enthält 3 oder seltener 2 Staubblätter mit aufrechten oder herabhängenden Staubbeuteln. Anders als bei den Süßgräsern ist der Staubbeutel an seiner Basis mit dem Staubfaden verbunden. Der Fruchtknoten ist aus 2 oder 3 Fruchtblättern zusammengewachsen und hat dementsprechend 2 oder 3 Narben.

Einführung

Die eingeschlechtigen Blüten der Gattung *Carex* lassen keinerlei Andeutung einer Blütenhülle mehr erkennen. Die männliche Blüte besteht nur aus 3 Staubblättern, die in der Achsel eines spelzenartigen Tragblattes sitzen (Abb. 9a). Die weibliche Blüte befindet sich in der Achsel eines Tragblattes, das zu einer bauchigen Hülle, dem Schlauch (Utriculus), verwachsen ist (Abb. 9b). In dieser Fruchthülle befindet sich der zwei- oder dreikantige Fruchtknoten. Aus der Öffnung des Schlauches ragt der Griffel mit den 2 oder 3 Narben heraus. Die weibliche Blüte der Seggen ist ein blühender Seitentrieb, der von der Ährenachse abzweigt, und ist daher als ein einblütiges Ährchen anzusehen. Die Form des Schlauches ist für die einzelnen Arten charakteristisch und daher ein wichtiges Bestimmungsmerkmal. Der **Samen** der Riedgrasgewächse ist eine Nuss, die dreikantig oder abgeflacht ist, je nachdem, ob der Fruchtknoten aus 3 oder 2 Fruchtblättern mit je einer basal stehenden Samenanlage zusammengesetzt ist.

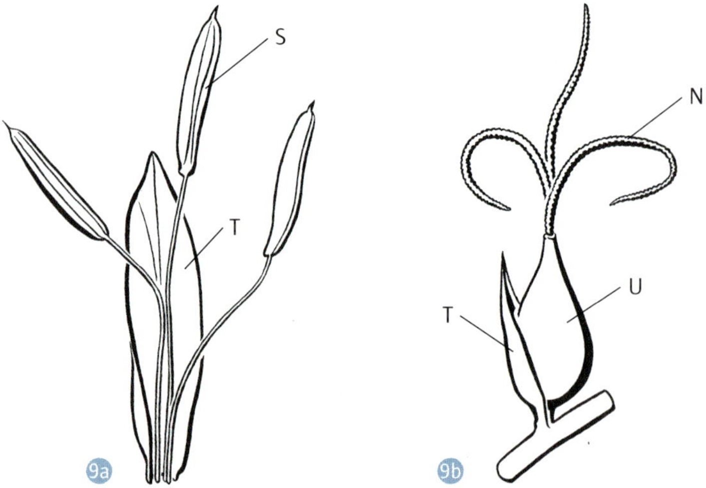

9 *Blüten der Gattung Carex: a: männliche Blüte mit spelzenartigem Tragblatt T und 3 Staubblättern S, b: weibliche Blüte mit Tragblatt T, Schlauch (Utriculus) U und 3 Narben N*

Juncaceae (Binsengewächse)

Die Familie umfasst 7 Gattungen mit zusammen 430 Arten (Kadereit et al. 2014), davon sind 2 Gattungen mit 50 Arten in Mitteleuropa heimisch (Stützel 2015).

In Mitteleuropa ist die Familie vertreten durch die Gattungen *Luzula* (Hainsimsen) und *Juncus* (Binsen). Wie die Riedgrasgewächse bevorzugen die Binsengewächse feuchte Standorte, jedoch besiedeln einige *Luzula*-Arten auch ausgesprochen trockene Lagen. Schmale Blätter und unscheinbare Blüten haben die Binsengewächse mit den übrigen grasartigen Pflanzen gemeinsam. Im Gegensatz zu den Süßgräsern und Riedgrasgewächsen haben sie aber noch vollentwickelte Blüten und stehen daher den Liliengewächsen verwandtschaftlich sehr nahe.

Die **Stängel** sind rund oder seltener oval zusammengedrückt, knotenlos und mit Markgewebe gefüllt. Bei einigen *Juncus*-Arten ist das Markgewebe fächerig unterbrochen und dient der Durchlüftung, sodass diese Pflanzen auch nasse, sauerstoffarme Standorte besiedeln können. Besonders deutlich ist dieses gekammerte Durchlüftungsgewebe bei *Juncus inflexus* ausgebildet.

Die **Blätter** sitzen wie bei den Riedgrasgewächsen in drei Reihen an den Trieben, die von Blattscheiden umgeben sind. Bei den Hainsimsen sind die Blattscheiden an den Rändern zusammengewachsen, bei den Binsen sind sie hingegen offen. Die Blattspreiten der Hainsimsen sind flach, relativ breit und am Rand mit Haaren besetzt (bewimpert). Bei den Binsen sind die Blattspreiten schmal, rinnig oder rund und dann halmartig hohl oder mit Mark gefüllt, sodass sie vom Stängel nicht zu unterscheiden sind. Ein Blatthäutchen fehlt oder ist nur schwach ausgebildet.

Die **Blüten** sind in büschelförmigen Blütenständen angeordnet. Häufig ist der Blütenstand ausgebreitet und die Blüten sind einzeln gestielt (u.a. bei *Luzula pilosa*) oder zu köpfchenförmigen Teilblütenständen vereinigt *(Luzula multiflora)*, die ihrerseits zu größeren, meist doldenartigen oder spirrigen Rispen zusammengesetzt sein können. Die Blüten und die Äste des Blütenstandes gehen aus den Achseln laubblattartiger oder schuppenförmiger Tragblätter hervor. Bei einigen Arten befindet sich der Blütenstand scheinbar seitlich am Stängel, da das Tragblatt den Blütenstand überragt und in der Verlängerung der Hauptachse steht.

Die Binsengewächse haben vollständig ausgebildete dreizählige Blüten, die denen der Liliengewächse weitgehend entsprechen. Die Blütenhülle ist zwar meist nicht sehr auffällig, besteht aber noch aus 6 Perigonblättern, die ebenso wie die 6 Staubblätter in 2 Kreisen angeordnet sind (Abb. 10). Der Staubbeutel ist wie bei den Riedgrasgewächsen an seiner Basis mit dem aufrechten Staubfaden verwachsen. Der oberständige Fruchtknoten ist aus 3 Fruchtblättern zusammengesetzt. Der Griffel trägt dementsprechend 3 Narben. Wie bei den

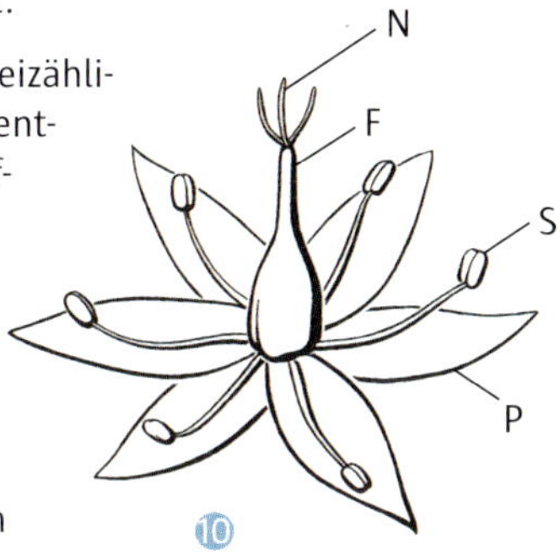

10 *Blüte der Binsengewächse: 6 Perigonblätter P, 6 Staubblätter S, Fruchtknoten F und 3 Narben N*

meisten windbestäubten Pflanzen mit zwittrigen Blüten hat sich bei den Binsengewächsen mit der Rückbildung der Blüten als Anpassung an die Windbestäubung der Entwicklungsrhythmus geändert. Die weiblichen Blütenorgane werden früher reif als die männlichen und können daher Blütenstaub von anderen Blüten aufnehmen, bevor die eigenen Staubblätter Blütenstaub produzieren (proterogyne Blüten). Dadurch wird eine Selbstbestäubung der Blüten vermieden.

Die **Frucht** der Binsengewächse ist eine Kapsel mit zahlreichen, mindestens drei Samen, die bei einigen Hainsimsen mit einem nährstoffreichen Anhängsel ausgestattet sind. Die Anhängsel werden gern von Ameisen gefressen und dienen so zur Ausbreitung der Samen (Myrmekochorie).

Vergleichende Übersicht von Merkmalen der Poaceae, Cyperaceae und Juncaceae (nach Stützel 2015)

Organe	Poaceae	Cyperaceae	Juncaceae
Stängel	mit verdickten Knoten, rund oder 2seitig abgeflacht, mit Ausnahme an den Knoten fast immer hohl	ohne verdickte Knoten, mehr oder weniger 3kantig, nicht hohl, markerfüllt	ohne verdickte Knoten, rund, markerfüllt oder gekammert
Blattstellung	wechselständig, 2zeilig	wechselständig, 3zeilig	wechselständig, 2-oder 3zeilig
Blattgestalt	flach, gerollt oder einmal gefaltet	flach oder doppelt gefaltet, seltener rund	flach und meist am Rand bewimpert oder stielrund und kahl
Blütenformel	P(2) + 2 A3 G(3) seltener Blüten eingeschlechtig	männlich A3, weiblich G(3) seltener P3 + 3 A3 G(3)	P3 + 3 A3 + 3 G(3) oder seltener P3 + 3 A3 G(3)
Blüte und Blütenstand	Blüten meist zwittrig, in zwittrigen Teilblütenständen (Ährchen) angeordnet, ohne deutlich erkennbares Perigon, Staubgefäße 3	Blüten meist eingeschlechtig, meist in eingeschlechtigen Teilblütenständen (Ähren), Perigon borstenförmig oder fehlend, Staubgefäße 3	Blüten mit 6zähligem, persistierendem Perigon, Antheren 3 oder 6, Blüten in Rispen oder Knäueln, nicht in Ährchen
Frucht	einsamige Nuss, Karyopse	einsamige Nuss, meist von Schlauchblatt (Utriculus) umhüllt	drei- bis vielsamige Kapsel

Bestimmungsschlüssel

Familienschlüssel

1 Blütenhülle deutlich 6blättrig, Perigonblätter sternförmig angeordnet, meist spelzenartig, Blüten in Rispen oder Köpfchen zusammengefasst, Blätter entweder flach und behaart oder röhrenförmig.

Juncaceae – Binsengewächse (s. V, S. 58)

1* Blütenhülle unscheinbar, ohne deutliche Perigonblätter, Blüte von 1 oder 2 Spelzen umhüllt → 2

2 Blüte von meist 2 Spelzen (Deckspelze und Vorspelze) umhüllt, Blüten zu Ährchen zusammengefasst, Ährchen von 2 Hüllspelzen umgeben, in Rispen, Trauben oder Ähren angeordnet, Stängel rund (selten etwas zusammengedrückt), hohl, mit Knoten, Blattscheiden meist offen, Blattspreiten flach oder borstenförmig, 2zeilig angeordnet

Poaceae – Süßgraser (s. I., S. 33 und II., S. 42)

2* Blüte mit nur einer Spelze, in Spirren, Ähren oder Köpfchen, Stängel dreikantig, markgefüllt, meist knotenlos, Blattscheiden geschlossen, Blätter 3zeilig angeordnet

Cyperaceae – Ried- oder Sauergräser (s. III, S. 48 und IV, S. 54)

I. Poaceae (Süßgräser) im blühenden Zustand

1 Blütenstand unverzweigt, einachsig, Ährchen sitzen ungestielt oder an höchstens 1–2 mm langen Stielchen auf der Achse, dieser anliegend oder abstehend, sie ganz oder teilweise verdeckend → **Schlüssel I.A Ährengräser**

1* Blütenstand verzweigt, dies oft erst beim Umbiegen des Blütenstandes sichtbar → 2

2 Umriss des Blütenstandes geschlossen, walzenförmig, Stielchen der Ährchen sehr kurz, erst nach dem Umbiegen des Blütenstandes sichtbar, verzweigt (rispige Scheinähre) **Schlüssel I.B Ährenrispengräser**

2* Umriss des Blütenstandes wenigstens zur Blütezeit locker, spreizende Äste mindestens 2 mm bis viele cm lang, vor und nach der Blüte oft zusammengezogen, aber leicht auszubreiten, Äste des Blütenstandes verzweigt (Rispengräser) oder unverzweigt (Traubengräser), Ährchen zuweilen am Ende der verlängerten Rispenäste gebüschelt → **Schlüssel I.C Trauben- und Rispengräser**

I.A Ährengräser

1 Mehr als 1 Ährchen nebeneinander auf einer Seite auf jedem Absatz der Ährenachse, die Ährenachse ganz oder wenigstens zum größten Teil verdeckend → 2

1* Nur ein gestieltes oder ungestieltes Ährchen auf jedem Absatz der Ährenachse, einen großen Teil der Ährenachse freilassend → 3

2 Ährchen lang begrannt, 3 (selten 2) meist einblütige Ährchen («Ährchendrillinge») je Stufe mit auffälligen borstenförmigen Hüllspelzen, auf besten Böden, in Laubwäldern ***Hordelymus europaeus***

2* Ährchen unbegrannt, 2 (selten 3) meist 3blütige Ährchen je Stufe, auf Dünen ***Leymus arenarius***

3 Ährenachse nur an einer Seite mit Ährchen besetzt (einseitswendige Ähre), Ährchen nach der Blüte kammähnlich abstehend, Blätter borstlich, auf Magerrasen, Dünen und Heiden ***Nardus stricta***

3* Ährenachse zumindest an 2 Seiten mit Ährchen besetzt (zwei- oder allseitswendige Ähre) → 4

4 Ährchen 2–4 cm lang, kurz gestielt → 5

4* Ährchen kleiner, flachgedrückt, sitzend → 7

5 Ährenachse steif aufrecht, Ährchen nur kurz (bis 5 mm) begrannt → 6

5* Ährenachse schlaff überhängend, Ährchen lang (bis 12 mm) begrannt, auf besten Böden, in Auen- und Laubmischwäldern **_Brachypodium sylvaticum_**

6 Blattunterseite matt, nicht glänzend, Blätter mit spitzenwärts gerichteten Stachelhärchen, auf Kalk-Trockenrasen **_Brachypodium pinnatum_**

6* Blattunterseite glänzend, fast ohne Stachelhärchen, auf Halbtrockenrasen, in Kiefernwäldern, auf Kalk **_Brachypodium rupestre_**

7 Ährchen mit der schmaleren Seite der Ährenachse anliegend, mit nur einer Hüllspelze (endständiges Ährchen mit zwei), auf Wiesen und Weiden **_Lolium perenne_**

7* Ährchen mit der breiteren Seite der Ährenachse anliegend, mit 2 Hüllspelzen → 8

8 Ährchen mit 10–25 mm langen, oft geschlängelten Grannen, meist schlaff überhängend, Horstgras, ohne Ausläufer, in Auenwäldern und auf Edellaubholzstandorten **_Elymus caninus_**

8* Ährchen unbegrannt oder nur kurz begrannt, Rhizomgras, Kulturland, Äcker, Weinberge, Ruderalstellen **_Elymus repens_**

I.B Ährenrispengräser

1 Scheinähre allseits und gleichmäßig dicht geschlossen, zylindrisch-walzenförmig, Ährchen waagerecht von der Hauptachse abstehend oder nur wenig nach oben gerichtet, Hüllspelzen kurz begrannt oder zugespitzt, Deckspelzen unbegrannt, in Trockenrasen **_Phleum phleoides_**

1* Scheinähre locker oder ungleichmäßig dicht, eiförmig, schmal kegelförmig oder länglich mit verschmälerten Enden → 2

2 Scheinähre kurz oval oder kopfig → 3

2* Scheinähre entweder sehr lang (10–20 cm und länger) und an beiden Enden verschmälert, oder wenn kürzer, nur nach oben verschmälert → 4

3 Scheinähre kopfig bis kurz walzenförmig, 1–3 cm lang, schieferblau, selten strohgelb, Blattspreite meist flach, nicht bereift, Mittel- und Randnerven stark hervortretend, in Kalk-Trockenrasen **_Sesleria albicans_**

3* Blattspreite mit den Rändern nach oben eingerollt, oberseits bläulich-weiß bereift, Mittel- und Randnerven meist schwächer oder undeutlich, auf kalkreichen Böden **_Sesleria caerulea_**

4 Deckspelze an den Rändern lang zottig behaart, Haare nach der Blüte auffallend hervortretend, Hauptachse teilweise sichtbar, Blattscheiden kahl, auf sonnigen Kalkhängen *Melica ciliata*

4* Deckspelze an den Rändern nicht lang behaart → 5

5 Deckspelze am Grund weiß behaart, Haare ⅓ so lang wie die Deckspelze, Scheinähre dicht, stets zusammengezogen, bis 15 cm lang, strohgelb bis weißlich, Blatthäutchen 10–30 mm lang, auf Dünen *Ammophila arenaria*

5* Deckspelze am Grund kahl → 6

6 Ährchen scheinbar von 4 Hüllspelzen umgeben (2 Hüllspelzen und die Deckspelzen von 2 sterilen Blüten), Deckspelzen der sterilen Blüten begrannt, Grannen nicht oder nur kurz aus den Ährchen herausragend, Blätter beim Zerreiben bzw. Welken mit Kumaringeruch, auf mageren Wiesen, in lichten Wäldern *Anthoxanthum odoratum*

6* Ährchen von zwei Hüllspelzen umgeben, 2–3blütig, Deckspelzen unbegrannt, stumpf, Scheinähre vor und nach der Blüte geschlossen, zur Blütezeit büschelig gespreizt, auf Sandböden *Koeleria glauca*

I.C Trauben- und Rispengräser

1 Ährchen sehr kurz (bis 2 mm) gestielt
→ Schlüssel I.A (Ährengräser) – *Brachypodium, Elymus*

1* Ährchen deutlich (länger als 2 mm) gestielt → 2

2 Ährchen mit längerem (mehr als 2 mm), unverzweigtem Stiel (Traubengräser) → 3

2* Ährchen mit längerem, verzweigtem Stiel (Rispengräser) → 4

3 Traubengräser

3 Schlaff überhängende, einseitswendige Traube, unten zuweilen rispig verzweigt, Ährchen nickend, Hüllspelzen purpurbraun, oben weißhäutig, Deckspelzen kaum länger als die Hüllspelzen, in Laub- und Nadelmischwäldern *Melica nutans*

3* Straff aufrechte Traube, nicht selten rispig verzweigt, Hüllspelzen hellgrün bis schwach bräunlich, mit erhabenem Mittelnerv, in Magerrasen, Heide, Moor *Danthonia decumbens*

4 Rispengräser

4 Rispen in den unteren Stufen 1–2ästig → 5

4* Rispen in den unteren Stufen 3- bis vielästig → 22

5 Ährchen ohne sichtbare Grannen (selten versteckte Grannen) oder mit nur grannenspitzig verlängerten Spelzen → 6

5* Ährchen mit deutlich sichtbaren Grannen → 11

6 Ährchen mit nur 1 fruchtbaren Blüte → 7

6* Ährchen mit mindestens 2 fruchtbaren Blüten → 9

7 Ährchen büschelig gehäuft, Rispe daher lappig, nur zur Blütezeit ausgebreitet, Ährchen bleichgrün bis rötlich-weiß, mit 1 fruchtbaren Blüte und 2 zu schuppenförmigen Deckspelzen verkümmerten Blüten darunter, rohrartiges, bis 2 m hohes Gras, auf nassen Standorten ***Phalaris arundinacea***

7* Ährchen nicht büschelig gehäuft → 8

8 Rispe sehr locker ausgebreitet, mit sehr dünnen, waagerechten, später oft zurückgeschlagenen Ästen, Ährchen rundlich, blassgrün, auf besten Böden, in Laub- und Nadelmischwäldern ***Milium effusum***

8* Ährchen an aufrechten Ästen, breit-eiförmig, rötlich-violett, neben der fruchtbaren Blüte eine zu einem keulenförmigen Körper verkümmerte sterile Blüte, gegenüber dem Spreitengrund ein 1–4 mm langer Sporn, in Buchen- und Laubmischwäldern ***Melica uniflora***

9 (6*) Ährchen im Umriss rundlich bis herzförmig, seitlich zusammengedrückt, 4–7 mm lang, glänzend, an dünnen, meist geschlängelten Ährchenstielen hängend, in Halbtrockenrasen ***Briza media***

9* Ährchen länglich → 10

10 Ährchen 12–20 mm lang, 7–11 (–16)blütig, meist eine schmale Doppeltraube, bis 50 cm lang, meist alle Äste nach einer Seite gerichtet, vor und nach der Blüte der Hauptachse anliegend, an sehr nassen Standorten ***Glyceria fluitans***

10* Ährchen 4–8 mm lang, 2–5blütig, Äste zur Blüte nach allen Seiten abstehend, nach der Blüte einseitig überhängend, Rispe 10–18 cm lang, Blattunterseite meist nach oben gekehrt, in Buchen- und Laubmischwäldern ***Festuca altissima***

11 (5*) Grannen sehr lang (bis 30 cm) → 12

11* Grannen kürzer als 5 cm → 13

12 Grannen mit weichen, später federartig abstehenden Haaren, 20–30 cm lang, in lichten Trockenwäldern und -rasen *Stipa pennata*

12* Grannen nicht federartig behaart, 10–25 cm lang, durch vorwärts gerichtete Zähne rau, in Trockenrasen *Stipa capillata*

13 Von jeder Rispenstufe meist nur 1 Ast abgehend, Ährchen am Ende der Äste knäuelig gehäuft, Rispe daher lappig, steif aufrecht, unterster Rispenast oft abstehend → 14

13* Mindestens auf den unteren Rispenstufen zweigen 2 Äste ab, Ährchen nicht geknäuelt → 15

14 Ährchen 2–4blütig, Hüllspelzen kahl oder höchstens auf dem Kiel sehr kurz bewimpert, beide 3nervig, Deckspelzen nur auf dem Kiel sehr kurz bewimpert, in eine 1 mm lange Grannenspitze auslaufend, in Laubwäldern *Dactylis polygama*

14* Pflanze kräftiger als vorige, Rispe stärker geknäuelt, Ährchen 3–5blütig, Hüllspelzen behaart, auf dem Kiel lang bewimpert, äußere einnervig, innere 3nervig, Deckspelzen dicht behaart mit 1–2 mm langer Granne, auf Wiesen, Weiden, an Wegrändern *Dactylis glomerata*

15 Blattspreiten borstenförmig eingerollt, unter 1 mm breit → 16

15* Blattspreiten flach, breiter als 1 mm → 18

16 Granne unterhalb der Mitte der Deckspelze entspringend, Ährchen locker in der Rispe verteilt, einzeln stehend, Blattspreiten sich ölig anfühlend, bis 20 cm lang, Blatthäutchen in der Mitte eingekerbt, auf sauren Böden mit Rohhumusauflage *Deschampsia flexuosa*

16* Granne von der Spitze der Deckspelze ausgehend → 17

17 Unterster Ast ¼ bis ⅓ so lang wie die Rispe, alle Blätter borstenförmig, Horstgras, auf trockenen, armen Böden *Festuca ovina*

17* Unterster Ast halb so lang wie die Rispe, nur die Grundblätter borstenförmig, Halmblätter bis 3 mm breit, Rhizomgras, auf frischen, meist nährstoffreichen Böden *Festuca rubra*

18 Spreitengrund geöhrt, Rispen schlaff überhängend, Ährchen mit mehr als 2 Blüten → 19

18* Spreitengrund ohne Öhrchen, Rispen höchstens schwach nickend, Ährchen 2blütig → 21

19 Halm, Blattscheide und Blattspreite kahl, mehr als 4 Ährchen am oberen Ende des Blütenstandes, Ährchen bis 2 cm lang, Granne oft geschlängelt, auf besten Böden *Festuca gigantea*

19* Halm, Blattscheide und Blattspreite behaart → 20

20 Unterste Stufe der Rispe zweiästig, Blattscheiden mit abwärts gerichteten, 3–4 mm langen Haaren besetzt, Ährchen bis 4 cm lang, bis 14blütig, auf besten Böden *Bromus ramosus*

20* Unterste Stufe mit 3–5 Ästen, sehr ungleich lang (2–10 cm), hiervon 1 oder 2 nur mit einem einzigen Ährchen, Blattscheiden nur sehr fein behaart, kürzer als 0,5 mm, flaumig, Ährchen 2–3 cm lang, bis 7blütig, auf besten Böden, schattentoleranter als vorige Art *Bromus benekenii*

---

21 Granne gekniet und aus dem Ährchen ragend, obere Blattscheiden nur spärlich behaart oder kahl, an den Knoten auffällig behaart, Rhizomgras, in artenarmen Wäldern *Holcus mollis*

21* Granne im Ährchen versteckt, Blattscheiden dicht weichhaarig, Horstgras, in feuchten Wiesen, auf Kahlschlägen *Holcus lanatus*

Bestimmungsschlüssel

Poaceae

22 (4*) Ährchen ohne deutlich sichtbare Grannen (selten von den Hüllspelzen verdeckte Grannen) → 23

22* Ährchen mit deutlich sichtbaren Grannen → 35

---

23 Ährchen mit nur einer fruchtbaren Blüte, sehr klein (bis 3 mm) → 24

23* Ährchen mit mindestens 2 fruchtbaren Blüten → 25

---

24 Rispe vor und nach der Blüte zusammengezogen, Rispenäste bis 4 cm lang, zur Blüte spitzwinkelig abstehend, Ährchen gebüschelt, Blatthäutchen bis 7 mm lang, spitz, auf frischen, nährstoffreichen Wiesen *Agrostis stolonifera*

24* Rispe auch nach der Blüte ausgebreitet, Rispenäste bis 7 cm lang, oft geschlängelt, waagerecht abstehend, Ährchen nicht gebüschelt, meist violett, Blatthäutchen nur bis 2 mm lang, gestutzt, auf Kahlschlägen, Lichtungen, an Wegrändern *Agrostis capillaris*

---

25 Halm scheinbar ohne Knoten, diese am durch Blattscheiden verdeckten Halmgrund gehäuft → 26

25* Knoten nicht auf den Halmgrund beschränkt, steif aufrechte Rispe, nur zur Blüte ausgebreitet → 27

---

26 Ährchen 4–6 mm lang, schieferblau bis violett, im Schatten grün, Deckspelze der untersten Blüte 3–4 mm lang, am Ende rundlich, Blätter 4–6 mm breit, 10–50 cm lang, Halme 0,5–2 mm dick, Pflanze bis 1,50 m hoch, wechselnasse Torf- und Mineralböden *Molinia caerulea*

26* Ährchen 6–9 mm lang, Deckspelze der untersten Blüte 5–7 mm lang, zugespitzt, Blätter 6–12 mm breit, 50–60 cm lang, Halme 2–3 mm dick, Pflanzen bis 2,50 m hoch, kalkliebend, lichte Wälder, Moore, Auen, Schlickboden *Molinia arundinacea*

27 Zwischen den Blüten weiße, bis 10 mm lange Haare, die nach der Blüte hervortreten und die Rispe dicht und wollig erscheinen lassen, Spreitengrund mit Haarkranz, bis mehrere Meter hoch, im Röhricht *Phragmites australis*

27* Zwischen den Blüten keine weißen Haare, Rispe nach der Blüte nicht wollig → 28

28 Deckspelzen auf dem Rücken gekielt, Ährchen seitlich zusammengedrückt, rautenförmig, Blattspreite mit Dippelrille, sonst ungerippt → 31

28* Deckspelzen ungekielt → 29

29 Blattspreite mit 5–7 scharfkantigen Rippen, zwischen diesen helle Längslinien, lockere, vielästige, bis 20 cm lange, aufrechte Rispe, Äste oft überhängend, Ährchen 4–6 mm lang, rund, mit 2 feinen, von den Hüllspelzen verdeckten Grannen, bültige Horste, in feuchten Wiesen und Wäldern *Deschampsia cespitosa*

29* Blattspreite ohne scharfkantige Rippen, aber deutlich gerippt oder mit Doppelrille → 30

30 Ährchen seitlich zusammengedrückt, 5–10 mm lang, Rispe allseitswendig, Äste aufrecht, Blattspreite mit Doppelrille, kräfiges, bis über 2 m hohes Gras, an Gewässern *Glyceria maxima*

30* Ährchen zumindest vor der Blüte stielrund, 10–30 mm lang, locker gespreizte, überhängende Rispe, Blattspreite deutlich gerippt, an sehr nassen Standorten *Glyceria plicata*

31 (28) Ährchen bis 10 mm lang, Blattspreite bis über 10 mm breit, Triebe zweischneidig zusammengedrückt, am Grund von strohigen Scheidenresten umgeben, in lichten Buchen- und Laubmischwäldern *Poa chaixii*

31* Ährchen nicht über 6 mm lang, Blattspreite nicht über 6 mm breit, Triebe rund, am Grund ohne strohige Scheidenreste → 32

32 Blatthäutchen kurz, bis 1 mm lang, gestutzt → 33

32* Blatthäutchen 2–5 mm lang, spitz → 34

33 Oberste Blattspreite zumindest so lang wie ihre Scheide, waagerecht abstehend («Wegweiser-Gras»), 1–2 mm breit, nur in der unteren Spreitenhälfte mit deutlicher Doppelrille, spitz zulaufend, Halm und Blattscheide glatt, Blütenstand sehr veränderlich, ohne Ausläufer, in lichten Laubwäldern *Poa nemoralis*

33* Oberste Blattspreite kürzer als ihre Scheide, mit Kahnspitze, bis über 4 mm breit, Halm und Blattscheide glatt, Hüllspelzen fast gleichlang (vgl. *Poa trivialis*), mit zahlreichen Rhizomen, sehr formenreich, in frischen, nährstoffreichen Wiesen *Poa pratensis*

34 Halm, meist auch Blattscheide, oben mehr oder weniger rau, Blattspreite unterseits glänzend, Hüllspelzen ungleich lang, Deckspelze mit 5 deutlichen Nerven, Haare am Grund der Deckspelze bei Samenreife klettenartig verfilzend, mit zahlreichen Stolonen, in feuchten, nährstoffreichen Wiesen *Poa trivialis*

34* Halm meist glatt, Blattspreite unterseits matt, Deckspelze undeutlich 5nervig, Haare an der Deckspelze nicht verfilzend, Horstgras, auf nassen und überfluteten Böden *Poa palustris*

35 (22) Halm- und Grundblätter verschieden, grundständige Blattspreiten borstenförmig, nur bis 0,5 mm breit, Halmblätter flach, bis 4 mm breit, Granne mindestens halb so lang wie die Deckspelze, in trockenen Laub- und Kiefernwäldern *Festuca heterophylla*

35* Grund- und Halmblätter flach → 36

36 Ährchen 1blütig → 39

36* Ährchen zumindest 2blütig → 37

37 Ährchen 2blütig (selten 3–4blütig), bis 10 mm lang, nur die untere Deckspelze begrannt, Granne bis 2 cm lang, gekniet und gedreht, aufrechte oder etwas überhängende Doppeltraube, auf besseren Wiesen *Arrhenatherum elatius*

37* Ährchen mit bis zu 14 Blüten → 38

38 Ährchen 4–14blütig, 20–40 mm lang, Deckspelze mit 4–8 mm langer, von der Spitze der Deckspelze ausgehenden Granne, aufrechte Rispe, oft traubig, auf trockenen Kalkhängen *Bromus erectus*

38* Ährchen 3–7blütig, 20–30 mm lang, Deckspelze mit 4–8 mm langer, rauen, an der Spitze oder zwischen den kurzen Seitenlappen entspringenden, aufrechten Granne, Rispe zur Reifezeit einseitswendig überhängend, auf besten Böden *Bromus benekenii*

39 Deckspelze am Grund lang behaart (bei *Calamagrostis arundinacea* oft undeutlich) → 40

39* Deckspelze am Grund kahl, unterhalb der Mitte fein begrannt, Blattspreite meist borstlich gefaltet, 1–3 mm breit, Stolonen mit Büscheln feinblättriger Triebe, Sumpfpflanze ***Agrostis canina***

40 Granne derb, das Ährchen deutlich überragend, im unteren Viertel der Deckspelze abgehend, Deckspelze grünlich, derb, wenig kürzer als die Hüllspelze → 41

40* Ährchen nicht deutlich begrannt, Granne zart, rückenständig oder endständig, Deckspelze zarthäutig, durchscheinend, ⅓–½ kürzer als die untere Hüllspelze → 42

41 Haare am Grund der Deckspelze spärlich und nur ⅓ so lang wie diese, Blatthäutchen meist nur bis 2 mm lang, Blattspreite oberseits mattgrün, unterseits glänzend dunkelgrün, gekielt, Blattspreitengrund jederseits auf der Außenseite mit bärtigem Haarbüschel, kalkmeidend, in lichten Wäldern ***Calamagrostis arundinacea***

41* Haare am Grund der Deckspelze zahlreich, meist so lang wie die Deckspelze, Blatthäutchen bis 4 mm lang, Blattspreite beiderseits matt graugrün, kalkliebend, in lichten Wäldern der Mittel- und Hochgebirge ***Calamgarostis varia***

42 Hauptachse der Rispe steif aufrecht, Ährchen knäuelig gehäuft, Deckspelze kürzer als die langen seidigen Haare an ihrem Grund, auf dem Rücken begrannt, Hüllspelzen in eine kurze, grannenartige Spitze verlängert, Blattspreite kieselig-hart, an den Rändern rau, in verlichteten Althölzern, auf Kahlschlägen ***Calamagrostis epigejos***

42* Hauptachse der Rispe schlaff überhängend → 43

43 Granne der Deckspelze endständig, in einer Einkerbung der Deckspelze stehend, die Seitenspitzen kurz überragend, Blatthäutchen 2–3 (–5) mm lang, in Bruch- und Auenwäldern ***Calamagrostis canescens***

43* Granne in oder unterhalb der Mitte der Deckspelze abgehend, die Haare an der Basis der Deckspelze so lang oder etwas länger als die Deckspelze, Spreitengrund beiderseits meist mit deutlichem Haarbüschel, in Fichtenwäldern ***Calamagrostis villosa***

II. Poaceae (Süßgräser) nur vegetative Merkmale

1 Blätter borstenförmig schmal, gerollt oder gefaltet, oft nicht entfaltbar → 2

1* Blätter flach, wenn gefaltet oder eingerollt, dann leicht entfaltbar → 7

2 Grundständige Blätter borstenförmig, Halmblätter flach → 3

2* Grund- und Halmblätter flach → 4

3 Grundständige Blätter schopfartig nach einer Seite überhängend, Halmblätter bis 4 mm breit, Blatthäutchen weniger als 1 mm breit, sehr schwach geöhrt, ohne Ausläufer *Festuca heterophylla*

3* Halmblätter bis 2 mm breit, Blatthäutchen bis über 4 mm lang, mit Stolonen *Agrostis canina*

4 Blatthäutchen länger als 2 mm → 5

4* Blatthäutchen nur bis etwa 1 mm lang, beidseitig in je ein Öhrchen ausgezogen, dichte, halbkugelige Horste mit Strohtunika *Festuca ovina*

5 Blattspreite sich ölig anfühlend, geschmeidig, grundständige Blattscheiden meist rötlich *Deschampsia flexuosa*

5* Blattspreite steif, rau, in dichten, festen Horsten → 6

6 Brettartig fester Horst aus verdickten, harten, glänzend weißlichen, strohigen grundständigen Blattscheiden, Blattspreite bis über 20 cm lang *Nardus stricta*

6* Grundständige Blattscheiden rosa bis purpurn, Blattspreite bis 6 cm lang *Corynephorus canescens*

7 (1*) Jüngste Blätter gefaltet → 8

7* Jüngste Blätter gerollt → 23

8 Statt des Blatthäutchens ein Kranz kurzer Haare, Blattscheide oft spärlich bewimpert, Blattspreite mit Doppelrille, kleine Horste mit niederliegenden Halmen *Danthonia decumbens*

8* Blatthäutchen vorhanden → 9

9 Blattspreite mit 5–7 scharfkantigen Rippen, zwischen diesen helle Längslinien, ungekielt, Blatthäutchen derb, bis 8 mm lang, dichte Horste *Deschampsia cespitosa*

9* Blattspreite ohne schneidend scharfe Rippen → 10

10 Spreitengrund mit deutlichen Öhrchen → 11

10* Spreitengrund ohne deutliche Öhrchen → 13

11 Blattscheide und -spreite kahl, Spreitenunterseite stark glänzend und gekielt ***Lolium perenne***

11* Blattscheide mit Haaren besetzt, Blattspreite beiderseits behaart → 12

12 Haare 3–4 mm lang, abwärts gerichtet, Öhrchen kahl ***Bromus ramosus***

12* Haare kürzer als 0,5 mm, flaumig, Öhrchen behaart ***Bromus benekenii***

13 Blattscheide zusammengedrückt → 14

13* Blattscheide nicht zusammengedrückt → 17

14 Blattscheide zweischneidig zusammengedrückt, Blattspreite mit breiter Kahnspitze («Kapuzengras») und feiner Stachelspitze, oft säbelartig gebogen, mit hervorstehender Doppelrille, hellgrün ***Poa chaixii***

14* Blattscheide weniger scharf zusammengedrückt → 15

15 Blatthäutchen 8–14 mm lang, spitz, deutliche Queradern in Blattscheide und -spreite, Blattspreite auf beiden Seiten dicht gerippt, mit Kahnspitze und Doppelrille ***Glyceria fluitans***

15* Blatthäutchen 3–5 mm lang → 16

16 Blätter 5–15 mm breit, graugrün, über dem Mittelnerv tief gefurcht, Abschnitte der Blattspreite oft gewellt, Blatt scharf gekielt, scharf zugespitzt ***Dactylis glomerata***

16* Blätter 3–5 mm breit, weich, überhängend ***Dactylis polygama***

17 (13) Blattscheide und -spreite behaart, Haare länger als 0,5 mm, Blatthäutchen 1–2 mm lang, Blattspreite mit 7–11 stärkeren und 6–10 schwächeren Nerven ***Bromus erectus***

17* Blattscheide und -spreite kahl oder fast unmerklich behaart → 18

18 Blattspreite mit Doppelrille → 19

18* Blattspreite ohne Doppelrille, mit 5–7 im Querschnitt dreieckigen Rippen, mit dünnen Rhizomen ***Festuca rubra***

19 Blattspreite am Ende mit auffällig aufgesetzter Spitze, oft rinnig gefaltet und säbelartig gebogen, unterseits dunkelgrün, glänzend, oberseits blaugrün, matt, am Grund von strohigen Scheidenresten umgeben ***Sesleria albicans***

19* Blattspreite am Ende ohne aufgesetzte Spitze → 20

20 Blattspreite parallelrandig, plötzlich in eine kahnförmige Spitze endend, Blattscheide glatt und gekielt, mit Rhizomen *Poa pratensis*

20* Blattspreite von der Basis bis zur Spitze schmaler werdend → 21

21 Blatthäutchen nur bis etwa 0,5 mm lang, Blattspreite oft rechtwinkelig vom Halm abstehend («Wegweiser-Gras»), meist nicht über 2 mm breit *Poa nemoralis*

21* Blatthäutchen deutlich länger → 22

22 Blattscheide rau, Blattspreite unterseits stark glänzend, mit zahlreichen Stolonen *Poa trivialis*

22* Blattscheide glatt, Blattspreite unterseits matt, lockere Horste *Poa palustris*

23 (7*) Blätter behaart → 43

23* Blätter kahl → 24

24 Halm scheinbar ohne Knoten → 25

24* Knoten nicht auf den Halmgrund beschränkt → 26

25 Knoten am Halmgrund gehäuft (durch Blattscheiden verdeckt), Spreitengrund mit Haarbüschel, Blätter 4–6 mm breit *Molinia caerulea*

25* Knoten am Halmgrund gehäuft, Spreitengrund mit Haarbüschel, Blätter 6–12 mm breit, Blattoberseite behaart *Molinia arundinacea*

26 Spreitengrund mit deutlichen Öhrchen → 27

26* Spreitengrund ohne deutliche Öhrchen → 30

27 Pflanze mit langen Rhizomen → 28

27* Pflanze ohne Ausläufer → 29

28 Öhrchen schmal, spitz, übereinandergreifend, meist bräunlich bis rotviolett, Blattspreite mit undeutlichen Rillen *Elymus repens*

28* Öhrchen kräftig, stängelumfassend, oft aufwärts eingerollt, Blattspreite mit 30–40 feinen, deutlichen Rillen *Leymus arenarius*

29 Blattspreite oft zerstreut behaart, bis 30 cm lang, beiderseits rau, Unterseite meist nach oben gewendet *Elymus caninus*

29* Blattspreite deutlich gerippt (meist 20–25 Rippen), kahl, schwach rau, bis 60 cm lang, Unterseite oft nach oben gewendet *Festuca gigantea*

30 (26*) Blattscheide mit 2 Längsleisten und dadurch zusammengedrückt erscheinend → **31**

30* Blattscheide ohne Längsleisten → **32**

31 Mit aufrechtem Sporn gegenüber dem Spreitengrund ***Melica uniflora***

31* Ohne Sporn ***Melica nutans***

32 Haarbüschel oder Haarkranz am Spreitengrund → **33**

32* Spreitengrund ohne Haarbüschel oder Haarkranz → **36**

33 Blatthäutchen durch einen Haarkranz ersetzt, Blattspreite an den Rändern scharf rau, bis 5 cm breit, mit 50–100 Rippen besetzt, Halme rohrartig, bis 15 mm dick ***Phragmites australis***

33* Mit Blatthäutchen und Haarkranz am Spreitengrund → **34**

34 Blattspreite bis 5 mm breit, oberseits auf den Nerven mit einzelnen langen Haaren, in hochmontanen Fichtenwäldern ***Calamagrostis villosa***

34* Blattspreite bis 10 mm breit, höchstens fein kurzhaarig → **35**

35 Blattspreite oberseits matt, unterseits stark glänzend, schlaff, Blatthäutchen bis 2 mm lang ***Calamagrostis arundinacea***

35* Blattspreite beiderseits matt, Blatthäutchen bis 4 mm lang ***Calamagrostis varia***

36 (32*) Spreitengrund oft breit und wellig, Triebe am Grund durch mehrere lebende, gelbliche, spreitenlose Scheiden verdickt, Blattspreite bis 60 cm lang, bis 12 mm breit, Blattunterseite meist nach oben gekehrt, Pflanze wurzelt nur im Auflagehumus und lässt sich leicht abheben ***Festuca altissima***

36* Triebe am Grund ohne lebende, derbe, spreitenlose Scheiden (aber z. T. mit abgestorbenen Scheidenresten) → **37**

37 Blattspreite unterseits gekielt → **38**

37* Blattspreite ohne Kiel, deutlich gerippt oder undeutlich gerieft → **41**

38 Halm an den Knoten meist verzweigt, Blattspreite unterseits glänzend, oberseits matt und schwach kurz behaart, bis 7 mm breit, Blatthäutchen kürzer als 5 mm ***Calamagrostis canescens***

39 Blattscheide und -spreite mit deutlichen Querverbindungen zwischen den Nerven, Blatthäutchen bis 10 mm lang, oft zerschlitzt, rohrartig kräftiges Gras mit langen Rhizomen ***Phalaris arundinacea***

39* Blattscheide und -spreite ohne deutliche Querverbindungen → **40**

40 Blattspreite steif, Blattunterseite graugrün, matt, Blattränder schneidend scharf, Halm oben rau, mit langen Rhizomen *Calamagrostis epigejos*

40* Blattspreite schlaff, meist umgewendet herabhängend, Halm glatt, Horstgras *Milium effusum*

41 (37*) Blattscheide offen → 42

41* Blattscheide geschlossen, Blattspreite 3–5 mm breit, oberseits matt, nur undeutlich gerieft, Unterseite etwas glänzend, fühlt sich wachsig an *Briza media*

42 Blatthäutchen bis 7 mm lang, spitz, Halm niederliegend bis aufsteigend-aufrecht, mit bis zu 2 m langen Stolonen *Agrostis stolonifera*

42* Blatthäutchen nur bis 2 mm lang, gestutzt, Halm meist aufrecht, mit kurzen Rhizomen *Agrostis capillaris*

43 (23) Spreitengrund mit Öhrchen → 44

43* Spreitengrund ohne Öhrchen → 45

44 Blatthäutchen fehlend oder höchstens 1 mm lang, Blattscheide mit abwärts gerichteten Haaren besetzt, Blattspreite oberseits anliegend behaart *Hordelymus europaeus*

44* Blatthäutchen bis 3 mm lang, Spreitengrund meist bräunlich-rot mit seitwärts abstehenden Haarbüscheln, Blatt beim Welken mit Kumarin-Geruch («Waldmeister») *Anthoxanthum odoratum*

45 Knoten auffallend behaart, Halm sonst kahl → 46

45* Knoten meist kahl oder der ganze Halm samtartig behaart → 49

46 Blattscheiden kahl oder nur die unteren schwach weichhaarig, jüngere grundständige Blattscheiden weißlich oder bräunlich (bei *H. lanatus* oft violett gestreift), Blattspreite aufrecht, vom Grund bis zur Spitze allmählich schmaler werdend, zerstreut behaart oder kahl, graugrün, mit Rhizomen *Holcus mollis*

46* Blattscheide und -spreite fast immer behaart, Blattspreite in der Mitte am breitesten («Zwenkenblatt») → 47

47 Blätter unterseits glänzend, fast ohne Stachelhärchen, glatt *Brachypodium rupestre*

47* Blattoberseite behaart → 48

48 Blattscheide locker mit abstehenden oder zurückgebogenen Haaren besetzt, Blattspreite weich behaart, Blatthäutchen so lang wie der Spreitengrund breit, ohne Ausläufer ***Brachypodium sylvaticum***

48* Blattscheide oft weichhaarig, Blattspreite spärlich behaart, an den Rändern bewimpert, mit Rhizomen ***Brachypodium pinnatum***

49 (45*) Blattscheide und -spreite gleichmäßig dicht samtartig behaart, grundständige Blattscheiden oft violett gestreift, polsterartige Horste, ohne Ausläufer ***Holcus lanatus***

49* Ganze Pflanze spärlich behaart, Blattunterseite kräftig gekielt und am Übergang zur Blattscheide mit hellem, schrägen Kragen, lockere Horste, oft mit sehr kurzen Rhizomen ***Arrhenatherum elatius***

III Cyperaceae (Ried- oder Sauergräser) im blühenden Zustand

1 Blüten eingeschlechtig, Tragblatt der weiblichen Blüte eine geschlossene Hülle (Schlauch oder Utriculus) um den Fruchtknoten bildend *Carex* – Seggen (siehe unten)

1* Blüten zweigeschlechtig → 2

2 Perigonborsten zahlreich, nach der Blüte zu weißen Wollfäden verlängert, die die Spelzen weit überragen und einen Wollschopf bilden *Eriophorum*-Wollgräser → 3

2* Perigonborsten wenig zahlreich, auch zur Fruchtzeit kürzer als die Spelzen → 5

3 Blütenstand 1 endständige, aufrechte Ähre, oberste Blattscheide ohne oder mit verkümmerter Spreite, ± aufgeblasen, ohne Ausläufer, auf nährstoffarmen, sauren Torfböden *Eriophorum vaginatum*

3* Blütenstand aus mehreren (2–12), zur Fruchtzeit überhängenden Ähren bestehend → 4

4 Ährenstiele glatt, Stängel stielrund oder nur im oberen Teil stumpf dreikantig, Blattspreite rinnig gekielt, oft rot überlaufen, mit Ausläufern, auf nährstoffarmen, mäßig sauren Torfböden *Eriophorum angustifolium*

4* Ährenstiele rau, Stängel stumpf dreikantig, Blattspreite zumindest größtenteils flach, ohne Ausläufer, vorzugsweise auf kalkhaltigen, mäßig sauren, nährstoffreichen Torfböden *Eriophorum latifolium*

5 Blütenstand lockere, spirrige Rispe, Rispenäste bis 20 cm lang, mit schwärzlich-grünen Spelzen, mit langen Rhizomen, auf nassen, nährstoffreichen Lehm- und Tonböden *Scirpus sylvaticus*

5* Blütenstand 1 endständige Ähre, Stängel stielrund, glatt, auf sauren, nährstoffarmen Böden *Trichophorum cespitosum*

Carex – Seggen

«Die meisten Arten lassen sich mit Sicherheit nur mit bereits ausgereiften Früchten bestimmen. Außerdem sind in zahlreichen Fällen für die Bestimmung auch die noch blühende Pflanze (Anzahl der Narben!) und ihre unterirdischen Organe (Ausläufer) erforderlich.» (Seybold 2011)

1 Gleichährige Seggen → 2

1* Verschiedenährige Seggen → 10

2 Pflanze mit Ausläufern, lockerrasig, Narben 2 → 3

2* Pflanze ohne Ausläufer, dicht rasenförmig oder horstförmig, Narben 2 oder 3 → 4

3 Blütenstand 3–8 cm lang, Ähren zu 6–16, untere Ähren ♀, obere Ähren ♂, Blätter steif aufrecht oder schwach bogig, rau, 2–3 (–4) mm breit, Schlauch von der Mitte an mit breiten Flügeln, Tragblätter rostfarben bis kastanienbraun, lange Rhizome bildend, oft in schnurgeraden Reihen, auf Sandböden *Carex arenaria*

3* Blütenstand 2–3 cm lang, locker, Ähren zu 6–8, untere ♂, obere ♀, blassgelb, meist abwärts bzw. auswärts gekrümmt, schmal lanzettlich, 8–10 mm lang, Blätter schlaff, oft bogig überhängend bis niederliegend, Tragblatt rotbraun, weiß hautrandig oder weißlich, zuletzt strohgelb, Schlauch fast in ganzer Länge gleich breit geflügelt, Flügel feingesägt, grün, Pflanze mit dünnen Rhizomen, strähnig-wellige Rasen bildend, in feuchten Laubwäldern, Kahlschlägen, Nadelholzforsten *Carex brizoides*

4 (2*) Blüten am Grund der Ähren weiblich, an der Spitze männlich, zur Fruchtzeit oben mit leeren Tragblättern, Schlauch in 2zähnigen, am Rand rauen Schnabel zugespitzt, 2 Narben → 5

4* Blüten am Grund der Ähren männlich, an der Spitze weiblich, Ähre daher zur Fruchtzeit an der Basis mit leeren Tragblättern (scheinbar gestielt) → 8

5 Schlauch auf einer Seite flach, auf der anderen gewölbt → 6

5* Schlauch außen stark gewölbt, innen flach, kürzer als die Spelzen, nur am Grund undeutlich nervig, glänzend, braun, zur Fruchtzeit schräg abstehend, Stängel scharf dreikantig, Blütenstände rispig, auffallende bültige Horste, auf nassen, nährstoffreichen Torfböden *Carex paniculata*

6 Schlauch innen flach, außen gewölbt, lang geschnäbelt und zur Fruchtzeit stark spreizend, Stängel mit ebenen oder gewölbten Flächen, Blätter 1–3 mm breit *Carex muricata* agg.

6* Stängel an den Kanten ±deutlich geflügelt, sehr rau, Blätter 4–8 mm breit → 7

7 Stängel 2–7 mm dick, scharf dreikantig, an den Kanten geflügelt, mit konkaven Seitenflächen, untere Blattscheiden in schwärzliche Fasern aufgelöst, Blütenstand meist sehr dicht, im unteren Teil oft aufgelockert, Hüllblatt der Ähren meist kurz und borstenförmig, Schläuche sperrig abstehend, Epidermis papillös (Lupe!), Schnabel auf der Außenseite viel tiefer gespalten als auf der Innenseite, in Nasswiesen **_Carex vulpina_**

7* Häufiger als vorige! Hüllblätter der Ähren meist länger, das unterste häufig wesentlich länger als die dazugehörende Ähre, Schlauch meist glänzend, beidseitig deutlich nervig, Epidermis glatt, Schnabel auf beiden Seiten gleich tief gespalten, nasse Waldstellen, Gräben **_Carex cuprina_** (= *C. otrubae*)

8 (4) Untere Ähren weit voneinander entfernt, bis 7 cm, blattartige Hüllblätter den schlaffen Stängel weit überragend, Tragblätter weißlich, feucht-schattige Stellen in Laubwäldern, an Waldwegen **_Carex remota_**

8* Untere Ähren ± genähert, höchstens die unteren etwas entfernt **→ 9**

9 Schlauch am Rand geflügelt, gelbbraun mit dunklem, 2zähnigem Schnabel, Blätter steif, Blütenstand 2–4 cm lang, meist mit 5–6 hasenpfotenähnlichen Ähren, auf sauren, oft torfigen Böden **_Carex leporina_** (= *C. ovalis*)

9* Schlauch ungeflügelt, deutlich 2zähnig geschnäbelt **→ 10**

10 Ähren länglich, 5–12 mm, vielblütig, zu 8–12, weit länger als die Hüllblätter, Schlauch mit deutlich hervortretenden Nerven, Blätter 3–4 mm breit, schlaff, rau, Pflanze 30–60 cm hoch, Erlenbrüche, Waldsümpfe und Weidengebüsch **_Carex elongata_**

10* Ähren kugelig, 4–6 mm lang, zu 3–5, Tragblätter hellbraun, weiß hautrandig, mit grünem Mittelnerv, Schnabel oft gekrümmt, rau, 2zähnig, Schlauch nur auf der gewölbten Seite nervig, reif sternförmig spreizend, Blätter starr, 1–2 mm breit, Pflanze 10–30 cm hoch, Sumpfwiesen, Flachmoore **_Carex echinata_**

11 (1) Narben meist 3, Schlauch kurz oder länger geschnäbelt, 2spaltig oder 2zähnig **→ 13**

11* Narben 2, Schlauch ungeschnäbelt, kahl **→ 12**

12 Pflanze ohne Ausläufer, feste, große, oft stockwerkartig aufgebaute Horste («Bulte») bildend, Pflanze 20–100 cm hoch, Schlauch 5–7 nervig, stark zusammengedrückt, Tragblätter schwarzbraun mit grünem Mittelstreifen, Stängel steif aufrecht, scharf dreikantig, oberwärts rau, Blätter steif, 4–5 mm breit, graugrün, scharf-rau, Ähren aufrecht, 1–2 männliche Ähren an der Spitze, in Bruchwäldern und Flachmooren *Carex elata*

12* Pflanze mit Ausläufern, lockerrasig, Schlauch bikonvex, grün, länger als die schwarzen, grün gestreiften, gekielten Tragblätter, Stängel scharf 3kantig, oberwärts rau, 1 endständige männliche Ähre, selten 2, in Flachmooren und an Gräben *Carex nigra*

---

13 Schlauch mit langem, meist 2zähnigem Schnabel → 14

13* Schlauch ungeschnäbelt oder mit sehr kurzem, gestutztem oder ausgerandetem, aber selten mit schwach 2zähnigem Schnabel → 20

---

14 Schlauch ringsum behaart, eikegelförmig, gelbgrün, länger als 5 mm, Blattscheiden und -spreiten zerstreut bis dicht flaumig behaart, Spelzen an den Rändern behaart, Rhizome bildend, auf nährstoffreichen Sandböden, Wegränder, Ruderalstellen *Carex hirta*

14* Frucht kahl → 15

---

15 Grundständige Blattscheiden netzfaserig, weibliche Ähren dichtblütig, Hüllblätter scheidenlos oder kurzscheidig → 16

15* Grundständige Blattscheiden nicht netzfaserig, weibliche Ähren lockerblütig, zumindest das unterste Hüllblatt mit langer Scheide → 18

---

16 Weibliche Ähren lang gestielt, später überhängend, weibliche Ähren an bis zu 10 cm langen, zur Fruchtzeit zu einer Seite überhängenden Stielen, 1 endständige männliche Ähre, die unteren Hüllblätter den Blütenstand weit überragend, meist mit kurzer Scheide, Spelzen mit langer, gesägter Granne, auf staunassen oder zeitweise überschwemmten Torfböden *Carex pseudocyperus*

16* Weibliche Ähren aufrecht, sitzend oder mit kurzem Stiel, selten überhängend → 17

---

17 Meist 2–4 männliche Ähren, das unterste Hüllblatt meist länger als der Blütenstand und scheidenlos, Blattunterseite blaugrün, auf staunassen oder zeitweise überschwemmten Torfböden *Carex acutiformis*

17* Weibliche Ähren gestielt, später nickend, Schlauch kahl, hellgrüngelblich, viel länger als die Tragblätter, fast kugelig aufgeblasen, plötzlich in einen langen Schnabel verschmälert, Zähne spreizend, fast waagrecht abstehend, Spelzen kürzer als der Schlauch, ohne Granne, in nassen Wiesen und in Gräben *Carex rostrata*

18 Blätter an den Rändern lang bewimpert, 4–10 mm breit, flach, weich, grundständige Blattscheiden rot, Ähren aufrecht, mit Rhizomen, in Eichen- und Buchenwäldern *Carex pilosa*

18* Blätter an den Rändern kahl, grundständige Blattscheiden weißhäutig bis hellbraun → 19

19 Ähren sehr schlank, weibliche Ähren später überhängend, Schlauch 4–5 mm lang, Schnabel bis 2 mm lang, ohne Ausläufer, in nährstoffreichen Laubwäldern *Carex sylvatica*

19* Ähren schlank, fast aufrecht, Schlauch 3 mm lang, undeutlich kurz geschnäbelt, mit Ausläufern, im Bacheschenwald *Carex strigosa*

20 (13*) Schlauch kahl → 21

20* Schlauch behaart → 25

21 Weibliche Ähren lockerblütig, auch zur Fruchtzeit aufrecht → 22

21* Weibliche Ähren dichtblütig, wenigstens zur Fruchtzeit nickend → 23

22 Spelzen der weiblichen Blüten nur ½ bis ⅓ so lang wie die Schläuche, 1 männliche Ähre und 2 (1–3) weibliche Ähren, Schlauch fast kugelig, kahl, mit Ausläufern, auf trockenen, sandigen Böden *Carex alba*

22* Spelzen etwa so lang wie die Schläuche, diese einhüllend, 1 männliche und 2–4 weibliche Ähren, diese fingerförmig zusammengezogen, Schlauch eiförmig, flaumig behaart, ohne Ausläufer, auf frischen, meist kalkhaltigen Lehmböden *Carex digitata*

23 Mindestens 2 männliche Ähren, Schläuche die Spelzen meist etwas überragend, Pflanze blaugrün, mit langen, dicken Rhizomen, auf feuchten, meist kalkreichen Böden *Carex flacca*

23* Eine männliche Ähre, ohne Ausläufer → 24

24 Blätter an den Rändern behaart, 2–4 mm breit, gelbgrün, Ähren aufrecht, nur die unterste zuletzt nickend, «maulbeerartig», Schlauch ohne Schnabel, auf verdichteten, vernässten Böden *Carex pallescens*

24* Blätter kahl, 10–20 mm breit, dunkelgrün, weibliche Ähren zuletzt herabgebogen, Schlauch mit kurzem, abgeschnittenen Schnabel, Pflanze bis 1,50 m hoch, an quelligen Standorten *Carex pendula*

25 (20*) Weibliche Ähren dichtblütig, Hüllblätter ohne oder mit kurzer Scheide (bei *C. umbrosa* bis 1 cm lang) → 26

25* Weibliche Ähren lockerblütig, Hüllblätter meist mit langer Scheide → 30

26 Pflanze mit Ausläufern → 27

26* Pflanze ohne Ausläufer → 28

27 Spelzen fransig bewimpert, im oberen Teil mit weißhäutigen Rändern, Schlauch ungestielt, kurz behaart, grundständige Blattscheiden gelbbraun, auf trockenen Sandböden ***Carex ericetorum***

27* Spelzen kahl, Schlauch am Grund stielförmig verschmälert, kahl, grundständige Blattscheiden hellbraun, die des Vorjahres graubraun, auf humosen, trockenen Lehm- und Sandböden, Magerkeitszeiger ***Carex caryophyllea***

28 Ähren schwarzbraun, unterstes Hüllblatt an den Rändern breit trockenhäutig, oft mit laubblattartiger, grüner Spitze, Schlauch am Grund stielförmig verschmälert, dicht behaart, in Halbtrockenrasen ***Carex montana***

28* Ähren hellbraun bis bräunlich-grün, grundständige Blattscheiden gelbbraun bis rotbraun → 29

29 Unterstes Hüllblatt ohne oder mit nur kurzer Scheide, oft so lang oder länger als der Blütenstand, männliche Ähre schmal-keulenförmig, weibliche Ähren kugelig-eiförmig, Stängel zur Fruchtzeit niederliegend, Blätter kürzer als die Stängel, in trockenen Kiefern-, Buchen- und Eichenwäldern ***Carex pilulifera***

29* Scheide des untersten Hüllblattes bis 1 cm lang, männliche Ähre dick-keulenförmig, weibliche Ähren länglich-eiförmig, Stängel zuletzt übergebogen, aber nicht niederliegend, Blätter zuletzt die Stängel überragend, am Grund mit dichtem, grau- bis schwarzbraunem Faserschopf aus aufgelösten Blattscheiden, in frischen Laubwäldern ***Carex umbrosa***

30 (25*) Blätter die Stängel weit überragend, graugrün, 1–2 mm breit, weibliche Ähren von den Hüllblättern ± eingeschlossen, Hüllblätter oft länger als 1 cm, grundständige Blattscheiden purpurn, netzfaserig, dichte Polster bildend, in Trockenrasen ***Carex humilis***

30* Blätter kürzer als die Stängel, hellgrün, 2–4 mm breit, Hüllblätter etwa 5 mm lang, Ähren fingerförmig genähert, grundständige Blattscheiden hellbraun, auf feuchten, kalkreichen Böden ***Carex ornithopoda***

IV Gattung *Carex* (Seggen) nur vegetative Merkmale

(nach Eggenberg und Möhl 2013)

Bestimmungs-schlüssel

Cyperaceae

1	Blätter am Rand oberseits oder unterseits behaart	→ 2
1*	Blätter vollständig kahl	→ 5
2	Blätter 5–10 mm breit, am Rand mit ca. 0,5 mm langen Haaren bewimpert, Oberseite kahl, glänzend, Wechselfeuchtezeiger, Eichen- und Buchenwälder	*Carex pilosa*
2*	Blätter meist weniger breit, am Rand nicht bewimpert	→ 3
3	Blätter 1,5–2 mm breit, nur auf der Oberseite dicht kurzhaarig (Blatt biegen!), Unterseite kahl, Halbtrockenrasen, Blaugrashalden, Laubwälder	*Carex montana*
3*	Blätter meist breiter, Unterseite behaart	→ 4
4	Blätter 3–6 mm breit, Oberseite zerstreut behaart, Blattscheiden dicht flaumig behaart ohne Ausläufer, grundständige Scheiden hellbraun, saure Magerrasen	*Carex pallescens*
4*	Blätter 3–6 mm breit, Oberseite zerstreut behaart, mit Ausläufern, grundständige Scheiden dunkel- bis rotbraun, feuchte und wechselfeuchte Trittfluren	*Carex hirta*
5 (1)	Pflanzen trockener und feuchter Saum- und Waldstandorte (Schatten-Sauergräser)	→ 6
5*	Pflanzen trockener und feuchter offener Standorte	→ 19
6	Blätter flach, rinnig oder gekielt, aber nicht knickrandig, meist 2–4 mm breit	→ 11
6*	Blätter knickrandig, 3–20 mm breit	→ 7

7	Blätter deutlich breiter als 10 mm, bis 20 mm, Pflanze sehr groß, bis 150 cm, feuchte Waldwege, Auenwälder	*Carex pendula*
7*	Blätter max. 10 mm breit	→ 8
8	Blätter breiter als 5 mm	→ 9
8*	Blätter schmaler als 5 mm	→ 10
9	Blätter 8–10 mm breit, Grundscheiden rotbraun, feuchte Laubwälder	*Carex strigosa*
9*	Blätter 4–7 mm breit, Grundscheiden gelbbraun, frische Laub- und Mischwälder	*Carex sylvatica*
10	Blätter 2–5 mm breit, blaugrün, Grundscheiden braunrot, wechselfeuchte Schlagfluren	*Carex flacca*
10*	Blätter 2–4 mm breit, gelbgrün, Grundscheiden hell-/dunkelbraun, wechselfeuchte Schlagfluren	*Carex leporina* (= *C. ovalis*)
11 (6)	Grundständige Scheiden braun, matt oder glänzend, alte Scheiden bilden meist einen Faserschopf	→ 14
11*	Grundständige Scheiden deutlich rot oder rotbraun, glänzend, ohne Faserschopf	→ 12
12	Pflanze ohne Ausläufer, Blätter 2–3 mm breit, Blatthäutchen 0,5–1 mm, saure lichte Laubwälder	*Carex pilulifera*
12*	Blätter 3–5 mm breit, kurze Ausläufer	→ 13
13	Blatthäutchen 0,5–1 mm, kalkreiche Kiefern- und Eichenwälder	*Carex ornithopoda*
13*	Blatthäutchen 1–1,5 mm, frische bis trockene Laubwälder	*Carex digitata*
14 (11)	Blätter oberseits glänzend, glatt, nur an den Rändern rau, Blatthäutchen deutlich	→ 15
14*	Blätter oberseits matt, rau, oft mit liegenden, überwinternden Blättern vom Vorjahr	→ 16
15	Blattbreite 2–3 mm, Blätter kürzer als der Stängel, schlaff, Blatthäutchen 1–2 mm, Stängel nur 0,5–1,2 mm dick, dichte Horste, Schlagflur, Waldsaum	*Carex divulsa*
15*	Blattbreite 2 mm, beidseits glänzend, Stängel scharf 3kantig, bis oben beblättert, grundständige Scheiden braun, glänzend, dichte Horste, ganze Pflanze sehr schlaff, Waldwege	*Carex remota*

16	Pflanzen ohne Ausläufer, Horste	→ 17
16*	Pflanzen mit Ausläufern	→ 18
17	Blätter 1–1,5 mm, wintergrün, trockene Wälder	*Carex humilis*
17*	Blätter 2–4 mm, wintergrün, Eichen- und Buchenwälder	*Carex umbrosa*
18	Blätter 2–3 mm, sommergrün, feuchte Wälder	*Carex brizoides*
18*	Blätter 2–5 mm, wintergrün, Kiefernwälder	*Carex ericetorum*
19 (5)	Pflanzen trockener, offener Standorte (Trocken-Sauergräser)	→ 20
19*	Pflanzen feuchter, offener Standorte (Feucht-Sauergräser)	→ 21
20	Pflanze der Sandtrockenrasen und Dünen; Blätter flach oder rinnig, 2–4 mm breit, steif, schwach bogig, Wurzelstock weit horizontal kriechend, Rhizome mit braunen bis schwarzbraunen, in lange Fasern aufgelöste Niederblättern bedeckt, oft in schnurgeraden Reihen stehend, lockere Rasen bildend, trockene Kiefernwälder	*Carex arenaria*
20*	Blattbreite 1–2 mm, Blatthäutchen ± 0,5 mm, grundständige Scheiden hell- bis dunkelbraun, lange Ausläufer, trockene Säume, lichte Wälder	*Carex alba*
20**	Blattbreite 2–3 mm, am Blattgrund gekielt, Blätter gekrümmt, ziemlich starr, grundständige Scheiden braun, lange Ausläufer	*Carex caryophyllea*
21	Groß-Seggen	→ 22
21*	Pflanze kleiner, mit verlängerten Ausläufern, lockere Horste, Blätter 1–2 mm breit, 20–50 cm lang, Blatt flach oder rinnig, am Rand abwärts rau, Blatthäutchen ca. 1 mm, spitz- bis rechtwinklig angesetzt, grundständige Scheiden hellbraun, Stängel scharf 3kantig, oben rau, saure Kleinseggen-Riede, Sumpfwiesen	*Carex echinata*
22	Pflanzen horstwüchsig, oft in großen Bulten	→ 23
22*	Pflanzen rasig, mit verlängerten Ausläufern	→ 23
23	Blätter 5–10 mm breit	→ 24
23*	Blätter 2–6 mm breit, am Rand stark rau, Blatthäutchen spitzwinklig, 4–8 mm lang, Blattscheide rosa, grundständige Scheiden strohgelb, Stängel scharf 3kantig, in der oberen Hälfte rau, Erlenbruchwälder	*Carex elongata*

24 Blätter knickrandig → 25

24* Blätter flach, gekielt oder rinnig → 27

25 Blätter 7–12 mm breit, bis 2 m lang, ausgeprägte Dreikantspitze, glänzend, steif, stark knickrandig, an den Rändern und Kielen scharf rau, grundständige Scheiden rotbraun, Stängel 3kantig, in der oberen Hälfte sehr rau, Landschilf-Röhrichte *Carex pseudocyperus*

25* Grundständige Scheiden hell- bis dunkelbraun → 26

26 Blätter 5–10 mm breit, bläulich-grün, steif aufrecht, bis 1 m lang, Blatthäutchen spitz, grundständige Scheiden eichelbraun, gekielt, Bulte bildend, Erlenbruchwälder, Großseggen-Riede *Carex elata*

26* Blätter 5–8 mm breit, grasgrün, Stängel scharf 3kantig mit geflügelten Kanten, auffallend dick (bis 7 mm), grundständige Scheiden braun, Nasswiesen, zeitweise überflutete Großseggen-Riede *Carex vulpina*

27 Blätter gelbgrün, schlaff gebogen, Bogen des Blatthäutchens länger als breit, Stängelkanten scharf, schwach geflügelt, auffallend dicker Stängel, grundständige Scheiden hellbraun, feuchte Trittfluren *Carex cuprina* (= *C. otrubae*)

27* Blätter 5–7 mm breit, bis 2 m lang, glänzend, derb, steif, Blatthäutchen nur angedeutet, Blattscheide sehr hoch gehend, grundständige Scheiden schwarz, glänzend, Stängel gerillt, scharf 3kantig, Stängelkanten geflügelt, große Bulte bildend, Bruchwälder, Großseggen-Riede, Quellmoore *Carex paniculata*

28 (22) Blätter 1–4 mm breit, gras- bis graugrün, grundständige Scheiden braun, glänzend, Stängel glatt, Stängelkanten scharf, saure Flachmoore, Moorwälder *Carex nigra*

28* Blätter 7–20 mm breit, bis 2 m lang, ausgesprochen knickrandig, Blattunterseite blau bereift und liniert, Blatthäutchen 5–15 mm lang, spitz, Stängelkanten scharf, Stängel bis zur Mitte beblättert, Nasswiesen, Bruch- und Auwälder *Carex acutiformis*

Bestimmungsschlüssel

Juncaceae

V Juncaceae (Binsengewächse)

1 Blattspreite kahl, meist starr, borstlich oder rinnig, oft stängelartig, selten flach, Frucht eine vielsamige Kapsel **V.A *Juncus* – Binse**

1* Blattspreite mehr oder weniger behaart, flach, selten rinnig, aber dann stets behaart, Blattrand bewimpert, Frucht eine 3samige Kapsel **V.B *Luzula* – Hainsimse**

V.A *Juncus* – Binsen

1 Pflanzen mit Stängelblättern → 2

1* Pflanzen (scheinbar) ohne Stängelblätter, Blätter stielrund, stängelartig, Blütenstand scheinbar seitenständig, das unterste Tragblatt bildet gewissermaßen die Fortsetzung des Stängels → 3

2 Blätter flach, meist aufrecht, Blütenstand eine endständige, lockere Spirre, von 2 laubblattartigen Tragblättern weit überragt, Stängel nur am Grund beblättert, feuchte, stickstoffhaltige Böden ***Juncus tenuis***

2* Blätter im Querschnitt rundlich, Querfächer deutlich und fühlbar, Blütenstand endständige, stark verzweigte, vielköpfige Spirre, Blüten zu mehreren kopfig gehäuft, Moorwiesen, kalkarme Nasswiesen ***Juncus acutiflorus***

3 Staubblätter 6, Mark des Stängels unterbrochen, grundständige Blattscheiden kastanien- bis dunkelbraun, glänzend, Stängel graugrün, matt, mit Längsrippen, nasse, nährstoffreiche, meist kalkhaltige Ton- und Lehmböden ***Juncus inflexus***

3* Staubblätter 3, Mark des Stängels nicht unterbrochen → 4

4 Stängel graugrün, matt, mit 10–30 deutlichen Längsrillen, grundständige Blattscheiden gelbbraun, Blütenstand knäuelig, Griffel auf einer Erhöhung der Kapsel, auf stau- und wechselfeuchten, mäßig nährstoffreichen Lehmböden *Juncus conglomeratus*

4* Stängel grasgrün, glänzend, glatt, mit 40–70 schwachen Längsstreifen, grundständige Blattscheiden rotbraun, Blütenstand locker, Griffel in einer Vertiefung der Kapsel, auf sicker- oder staunassen, nährstoffreichen Lehm- oder Tonböden *Juncus effusus*

V.B *Luzula* – Hainsimsen

1 Blüten dicht gedrängt, in kurzen kugeligen, gestielten Ähren sitzend → 2

1* Blüten einzeln stehend oder mehr oder weniger genähert, in spirrigen, lockeren Blütenständen → 3

2 Blütenstand mit 5–10 Blütenknäueln, die äußeren auf schräg aufwärtsgerichteten Stielen, diese teilweise länger als 3 cm, Pflanze ohne Ausläufer *Luzula multiflora*

2* Blütenstand mit 3–6 Blütenknäueln, das mittlere oft sitzend, 1–2 Stiele der seitlichen Blütenknäuel wenigstens zur Fruchtzeit bogig überhängend, Pflanze mit Ausläufern, lockere Rasen bildend *Luzula campestris*

3 Blüten einzeln an den Verzweigungen des Blütenstandes, Samen mit deutlichem Anhängsel → 4

3* Blüten zu mehreren an den Verzweigungen des Blütenstandes, Samen mit kleinem, undeutlichem Anhängsel → 5

4 Grundständige Blätter 5–10 mm breit, Äste des Blütenstandes abstehend, die unteren zur Fruchtzeit zurückgeschlagen, Anhängsel des Samens etwa so lang wie der Samen, sichelförmig gekrümmt, auf ± frischen, ± sauren, nährstoffhaltigen Böden *Luzula pilosa*

4* Grundständige Blätter 1–4 mm breit, Äste des Blütenstandes aufrecht, Anhängsel des Samens kürzer als der Samen, gerade, auf ± trockenen, sauren Böden *Luzula forsteri*

5 Tragblätter so lang oder länger als der Blütenstand, Perigonblätter weißlich → 6

5* Tragblätter kürzer als der Blütenstand, Perigonblätter braun → 7

6 Blütenstand locker, Blütenbüschel 2–6blütig, Perigonblätter schmutzig-weiß bis rötlich, bis 3,5 mm lang, Kapsel etwa so lang wie die Blütenhülle, auf mäßig frischen, ± nährstoffarmen, sauren Böden *Luzula luzuloides*

6* Blütenstand ziemlich dicht, Blütenbüschel 6–20blütig, Perigonblätter schneeweiß, bis 5 mm lang, Kapsel nur halb so lang wie die Blütenhülle, auf mäßig frischen, ± neutralen Böden, in Gebirgen oberhalb 800 m *Luzula nivea*

7 Grundständige Blattspreite 1–2 cm breit, Stängel hoch, dick, Blütenstand groß, mehrfach zusammengesetzt, auf frischen, ± sauren Lehmböden *Luzula sylvatica*

7* Grundständige Blattspreite 3–6 mm breit, Stängel niedrig, dünn, Blütenstand kleiner, Tragblatt dicht weiß bewimpert, nur in den höheren Lagen der Alpen *Luzula sieberi*

Porträts

Hinweise und Erläuterungen zu den Porträts

Die beschriebenen und abgebildeten Arten sind nach ihrer Zugehörigkeit zu den drei grasartigen Familien aufgeteilt und innerhalb der Familie alphabetisch geordnet. Jede Art wird auf einer Doppelseite nach einheitlichem Schema mit Erklärungen und Farbfotos präsentiert. In den folgenden Hinweisen werden die in den Porträts verwendeten Stichwörter erläutert und die Quellen angegeben, aus denen die Informationen stammen.

Die Porträts sind mit den **wissenschaftlichen Namen** (nach Wisskirchen und Haeupler 1998, Erhardt et al. 2014) überschrieben. Diese sind in kursiv gesetzt und mit Betonungszeichen für eine korrekte Aussprache versehen (betonte Silbe unterstrichen, nach Seybold 2011: Schmeil/Fitschen – Die Flora Deutschlands und der angrenzenden Länder). Es folgen ältere Namen, die in älteren Werken verwendet wurden (Synonyme). Von den **deutschen Namen** werden nur die gebräuchlichsten erwähnt, für viele Arten gibt es regional noch weitere Bezeichnungen. Die **englischen Namen** sind «Zander – Handwörterbuch der Pflanzennamen» (Erhardt et al. 2014) und der «Flora Alpina» (Aeschimann et al. 2004) entnommen.

Auf die Namen folgen die Angaben zur **Blüte-** und zur **Frucht-** bzw. **Reifezeit** in Form eines Kalenders, bei dem die Monate mit römischen Ziffern dargestellt sind. Die jeweiligen Zeiträume sind farblich markiert. Die den Blütezeitraum umfassenden Monate sind gelb und die, in denen reife Früchte anzutreffen sind, braun hinterlegt. Wenn keine Angaben für die Reifezeit vorliegen, wurde der letzte Monat der Blütezeit sowohl als Blüte- als auch als Reifezeit und der darauffolgende Monat als Reifezeit markiert.

Die Beschreibungen sind nach folgenden Stichwörtern gegliedert:
Name: Die wissenschaftlichen Namen werden u. a. ethymologisch erklärt (Sauerhoff 2003). Die Angaben für das Art-Epithet (zweite Teil des Artnamens) sind überwiegend Seybold (2005) entnommen, einige auch Düll (2011) und Aichele (2011).

Habitus: ein kurzer Abschnitt über die Lebensweise, die Wuchsform, die Wurzeltiefe und die Pflanzenhöhe sowie zu Besonderheiten des Erscheinungsbildes.

Die wichtigsten ***Erkennungsmerkmale*** sind in die grün markierten vegetativen und die gelb markierten Blütenmerkmale gegliedert. In vielen Fällen ist es notwendig, die einzelnen Pflanzenorgane genauer zu betrachten. Zweckmäßiges Hilfsmittel dafür ist eine Botaniker-Lupe mit 10–12facher Vergrößerung. Viele Detailfotos wurden mit dieser Vergrößerung aufgenommen.

Ähnliche Arten: Unter diesem Stichwort werden Arten aufgeführt, bei denen eine gewisse Verwechselungsgefahr zur beschriebenen Art besteht. Dabei wird unterschieden, ob sich die Ähnlichkeit auf die voll entwickelte Pflanze im blühenden Zustand oder auf den vegetativen Zustand bezieht. Letztere Angaben sind der «Flora Vegetativa» (Eggenberg und Möhl 2013) entnommen. In einigen Fällen werden diese ähnlichen Arten etwas ausführlicher behandelt und sind wie die Hauptart mit ihren zugehörigen ökologischen Kenndaten, Zeigerwerte, Waldbindung und Zugehörigkeit zur ökologischen Artengruppe, versehen.

Zeigerwerte, Waldbindung, ökologische Artengruppe: Diese Angaben dienen dazu, das ökologische Verhalten der Art näher zu beschreiben und im Umkehrschluss den Standort mithilfe der Pflanze zu charakterisieren.

Die **Zeigerwerte nach Ellenberg** (Ellenberg 2001) kennzeichnen das ökologische Verhalten der Pflanzenarten. Die Abkürzungen L, T, K, F, R und N stehen in dieser Reihenfolge für Lichtzahl (L), Temperaturzahl (T), Kontinentalitätszahl (K), Feuchtezahl (F), Reaktionszahl (R) und Stickstoffzahl (N). Die Ziffern geben aufsteigend die Abstufungen auf einer Werteskala von 1 bis 9 an (s. unten). Das x anstelle einer Ziffer zeigt indifferentes Verhalten an, d.h., es besteht eine weite Amplitude oder ungleiches Verhalten in verschiedenen Regionen. Kleingedruckte Ziffern deuten auf unsichere Einstufungen hin. Sämtliche Angaben beziehen sich auf das westliche Mitteleuropa, insbesondere Westdeutschland einschließlich der angrenzenden Alpen.

Lichtzahl (L): Vorkommen in Beziehung zur relativen Beleuchtungsstärke (= r. B.). Maßgebend ist für alle Arten die r. B., die an ihrem Wuchsort zur Zeit der vollen Belaubung der sommergrünen Pflanzen (also etwa von Juli bis September) bei diffuser Beleuchtung (d. h. gleichmäßig bedecktem Himmel) herrscht.

1 Tiefschattenpflanze: noch bei weniger als 1 %, selten bei mehr als 30 % r. B. vorkommend
2 zwischen 1 und 3 stehend
3 Schattenpflanze: meist bei weniger als 5 % r. B., doch auch an helleren Stellen
4 zwischen 3 und 5 stehend

5 Halbschattenpflanze: nur ausnahmsweise im vollen Licht, meist aber bei mehr als 10 % r. B.
6 zwischen 5 und 7 stehend
7 Halblichtpflanze: meist bei vollem Licht, aber auch im Schatten bis etwa 30 % r. B.
8 Lichtpflanze: nur ausnahmsweise bei weniger als 40 % r. B.
9 Volllichtpflanze: nur an voll bestrahlten Plätzen, nicht bei weniger als 50 % r. B.

Temperaturzahl (T): Vorkommen im Wärmegefälle von der nivalen Stufe bis in die wärmsten Tieflagen

1 Kältezeiger: nur in hohen Gebirgslagen, d. h. der alpinen und nivalen Stufe
2 zwischen 1 und 2 stehend (viele alpine Arten)
3 Kühlezeiger: vorwiegend in subalpinen Lagen
4 zwischen 3 und 5 stehend (insbesondere hochmontane und montane Arten)
5 Mäßigwärmezeiger: von tiefen bis in montane Lagen, Schwergewicht in submontan-temperaten Bereichen
6 zwischen 5 und 7 stehend (planar bis collin)
7 Wärmezeiger: im nördlichen Mitteleuropa nur in relativ warmen Tieflagen
8 zwischen 7 und 9 stehend, meist mit submediterranem Schwergewicht
9 extremer Wärmezeiger: vom Mittelmeergebiet nur auf wärmste Plätze im Oberrheingebiet übergreifend.

Kontinentalitätszahl (K): Vorkommen im Kontinentalitätsgefälle Eurasiens, besonders im Hinblick auf die Temperaturschwankungen

1 euozeanisch: in Mitteleuropa nur mit wenigen Vorposten
2 ozeanisch: Schwergewicht im westlichen Mitteleuropa
3 zwischen 2 und 4 stehend (d. h. in großen Teilen Mitteleuropas)
4 subozeanisch: mit Schwergewicht in Mitteleuropa, nach Osten ausgreifend
5 intermediär: schwach subozeanisch bis schwach subkontinental
6 subkontinental: mit Schwergewicht im östlichen Mittel- und angrenzenden Osteuropa
7 zwischen 6 und 8 stehend
8 kontinental: nur an Sonderstandorten von Osten nach Mitteleuropa übergreifend
9 eukontinental: im westlichen Mitteleuropa fehlend und im östlichen selten.

Feuchtezahl (F): Vorkommen im Gefälle der Bodenfeuchtigkeit vom flachgründig-trockenen Felshang bis zum Sumpfboden sowie vom seichten bis zum tiefen Wasser

1 Starktrockniszeiger: an oftmals austrocknenden Stellen lebensfähig und auf trockene Böden beschränkt
2 zwischen 1 und 3 stehend
3 Trockniszeiger: auf trockenen Böden häufiger vorkommend als auf frischen, auf feuchten Böden fehlend
4 zwischen 3 und 5 stehend
5 Frischezeiger: Schwergewicht auf mittelfeuchten Böden, auf nassen sowie auf öfter austrocknenden Böden fehlend
6 zwischen 5 und 7 stehend
7 Feuchtezeiger: Schwergewicht auf gut durchfeuchteten, aber nicht nassen Böden
8 zwischen 7 und 9 stehend
9 Nässezeiger: Schwergewicht auf oft durchnässten (luftarmen) Böden
10 Wechselwasserzeiger: Wasserpflanze, die längere Zeiten ohne Wasserbedeckung des Bodens erträgt
~ Zeiger für starken Wechsel
= Überschwemmungszeiger: auf mehr oder minder regelmäßig überschwemmten Böden.

Reaktionszahl (R): Vorkommen im Gefälle der Bodenreaktion und des Kalkgehaltes

1 Starksäurezeiger: niemals auf schwachsauren bis alkalischen Böden vorkommend
2 zwischen 1 und 3 stehend
3 Säurezeiger: Schwergewicht auf sauren Böden, ausnahmsweise bis in den neutralen Bereich
4 zwischen 3 und 5 stehend
5 Mäßigsäurezeiger: auf stark sauren wie auf neutralen bis alkalischen Böden selten
6 zwischen 5 und 7 stehend
7 Schwachsäure- bis Schwachbasenzeiger: niemals auf stark sauren Böden
8 zwischen 7 und 9 stehend, d. h. meist auf Kalk weisend
9 Basen- und Kalkzeiger: stets auf kalkreichen Böden.

Stickstoffzahl, Nährstoffzahl (N): Vorkommen im Gefälle der Mineralstickstoffversorgung während der Vegetationszeit

1 stickstoffärmste Standorte anzeigend
2 zwischen 1 und 3 stehend
3 auf stickstoffarmen Standorten häufiger als auf mittelmäßigen und nur ausnahmsweise auf reicheren
4 zwischen 3 und 5 stehend
5 mäßig stickstoffreiche Standorte anzeigend, auf armen und reichen seltener
6 zwischen 5 und 7 stehend

7 an stickstoffreichen Standorten häufiger als auf mittelmäßigen und nur ausnahmsweise auf ärmeren
8 ausgesprochener Stickstoffzeiger
9 an übermäßig stickstoffreichen Standorten konzentriert (Viehlägerpflanze, Verschmutzungszeiger).

Die Liste der Waldgefäßpflanzen Deutschlands ist inzwischen breit akzeptiert und findet Anwendung in zahlreichen grundlagen- und praxisorientierten Auswertungen (Schmidt et al. 2003, 2011). Die Einteilung in **Kategorien (K)** bringt den Grad der ***Waldbindung*** zum Ausdruck:

1 weitgehend an Wald gebunden:
  K1.1 vorwiegend im geschlossenen Wald
  K1.2 vorwiegend an Waldrändern und auf Waldlichtungen
2 im Wald und im Offenland:
  K2.1 im Wald wie im Offenland
  K2.2 auch im Wald, aber Schwerpunkt im Offenland

Verwendete Abkürzungen: **O** Offenland, **NT** Norddeutsches Tiefland, **HB** Hügel- und Bergland, **A** Alpen.

Unter ***Ökologischen Artengruppen*** versteht man Gruppierungen von Arten, die sich einem oder mehreren Standortfaktoren gegenüber unter bestimmten Voraussetzungen weitgehend einheitlich verhalten (Forstliche Standortsaufnahme, 7. Auflage, 2016). Einzelne Pflanzenarten haben in der Regel eine weitere Amplitude (s. Zeigerwerte nach Ellenberg) als eine Kombination von Arten.

Die Gruppen sind durch ihre Ansprüche an den Gesamtwasserhaushalt (Ziffern I bis VI) und nach der Grenze ihres Vorkommens auf bestimmten Humusformen (Ziffern 1 bis 5) gekennzeichnet. Unter der Ziffer 0 sind nitrophile Arten eingeordnet.

Wasserhaushaltsstufen, in denen Pflanzenarten und ökologische Artengruppen ihren Schwerpunkt haben

I trockene und/oder warme Standorte
II mäßig trockene bis mäßig frische Standorte
III frische bis sehr frische Standorte
IV feuchte bzw. wechselfeuchte Standorte
V mäßig nasse bis nasse Standorte
VI nasse Standorte.

Humusformen, auf denen die betreffenden Arten und ökologischen Artengruppen noch konkurrenzfähig sind, obwohl sie unter Umständen bessere Humusformen vorziehen. Es muss sich also nicht um Schwerpunkte ihres Vorkommens handeln.

1 Rohhumus (I–IV), Feuchtrohhumus (V) oder Hochmoortorf (VI)
2 Schlechtere Moder-Humusformen: rohhumusartiger Moder (vorwiegend in höheren Lagen) oder feinhumusreicher Moder (vorwiegend in

niederen Lagen) (I–IV), schlechterer Feuchtmoder (V), Übergangsmoortorf (VI)

3 Bessere Moder-Humusformen: feinhumusarmer Moder (höhere Lagen) oder mullartiger Moder, z. T. mit Übergängen zu F-Mull (niedere Lagen) (I–IV), Feuchtmoder bis Feuchtmull (V) oder Übergangsmoortorf bis Anmoor (VI)

4 F-Mull, überwiegend auf F-Mull, vereinzelt auch auf L-Mull (I–IV), Feuchtmull (V) oder Niedermoortorf-Anmoor (VI)

5 L-Mull, auf basenreichen oder carbonathaltigen Bodenbildungen (I–IV), Feuchtmull bis Anmoor (V) oder Niedermoortorf bis Anmoor (VI).

Verbreitung: Neben allgemeinen Angaben über die geographische Verbreitung in Europa und in Deutschland werden die Höhenstufen aufgeführt, in denen die Art ihre Hauptverbreitung hat. Dabei bedeutet:

planar	Tieflange
collin	Hügelland bis rund 300 m
submontan	untere Berglagen bis rund 500 m
montan	Bergstufe zwischen rund 500 und 900 m
hochmontan	Bergstufe zwischen 900 m und der Waldgrenze bei rund 1700 m im Süden, nach Norden absinkend
subalpin	Knieholz- und Zwergstrauchstufe von rund 1700 m bis rund 2200 m
alpin	Rasenstufe von rund 2200 bis rund 2800 m.

Gefährdung und Schutzstatus: Die Gefährdung von Arten wird durch die Einstufung in Rote-Liste-Kategorien wiedergegeben (Ludwig u. Schnittler 1996). Danach bedeuten:

0 ausgestorben oder verschollen
1 vom Aussterben bedroht
2 stark gefährdet
3 gefährdet
4 potenziell gefährdet (nur bei Roten Listen der Länder, soll künftig durch R ersetzt werden)
V Vorwarnliste, Bestände zurückgehend
R extrem selten (entspricht 4 bei den Roten Listen der Länder)
G Gefährdung anzunehmen
D Daten mangelhaft.

Der **Schutzstatus** (**b** = besonders geschützt, **s** = streng geschützt) ist in der Bundesartenschutzverordnung (im Text: BArtSchV; letzte Änderung 16.02.2005) festgelegt. Arten können unabhängig von ihrer Gefährdung durch rechtliche Instrumente geschützt werden. Zu den b = besonders geschützten Arten zählen alle Federgräser (alle Arten der Gattung *Stipa*). Keine der im Buch genannten Arten fällt unter den Status s = streng geschützt.

Wissenswertes und Verwendung: nennenswerte Informationen aus diversen Quellen, z. B. Aichele (2011), Düll (2011) u. v. a. (s. Literaturverzeichnis).

Agrostis capillaris L.

Poaceae
(Süßgräser)

A. tenuis Sibth., *A. vulgaris* With.
Rotes Straußgras, Gewöhnliches Straußgras
engl. common bent

1 *Habitus*
2 *deutliche, rundliche Blattrippen*
3 *kurzes Blatthäutchen bis 2 mm*
4 *zierliche Rispe auch nach der Blütezeit ausgebreitet*
5 *geschlängelte Rispenäste zweizeilig angeordnet*
6 *sehr kleine (1,5–2 mm), einblütige, meist rotviolette Ährchen*

I	II	III	IV	V	**VI**	**VII**	**VIII**	**IX**	X	XI	XII

Name: *Agrostis* von griech. *agrostis* = Wiesengras, *capillaris* = haarfein; Straußgras, «weil der Büschel dieses Grases mit dem Schwanz des Straußvogels zu vergleichen ist».

Habitus: ausdauerndes, zu dichter Rasenbildung befähigtes, bis 60 cm tief wurzelndes Ausläufergras mit meist nicht über 5 cm langen, weißen Rhizomen, im Spätsommer oft mit Stolonen. 10–60 (–90) cm hoch. Halbwintergrün, früh austreibend.

- Halme: dünn, aufrecht oder knickig aufsteigend, mit 2–5 Knoten, gewöhnlich glatt, unter der Rispe oft rau.
- Blätter: in der Knospenlage gerollt. Blattscheiden glatt und kahl. Blattspreiten schlaff, saftig grün, flach mit deutlichen, rundlichen Rippen, dünn zugespitzt, bis über 30 cm lang, nicht über 4 mm breit, kahl.
- Blatthäutchen: im Gegensatz zu *A. stolonifera* und *A. canina* kurz (bis 2 mm), mit ganzrandiger, gerader oder rundlicher Kante, oft fast fehlend.

- Blütenstand: zierliche, filigrane, sehr lockere Rispe, aufrecht oder leicht nickend, mit glatter Hauptachse. Rispenäste bis 7 cm lang, zwar in 2 Zeilen angeordnet, aber insgesamt allseitswendig erscheinend, oft geschlängelt und auch nach der Blüte noch waagrecht abstehend (bei *A. canina* und *A. stolonifera* ist die Rispe vor und nach der Blüte zusam-

mengezogen), unterster Quirl von vielen Rispenästen gebildet (bei *Deschampsia flexuosa* an dieser Stelle nur 2 Rispenäste).

- Ährchen: nur (1–)1,5–2 (–3,5) mm lang, auf sehr feinen, 1–3 mm langen, glatten Rispenästen sitzend, nicht gebüschelt, nach allen Seiten abstehend, meist rotviolett (Name!), 1blütig. Hüllspelzen gleichlang, 1nervig. Deckspelzen ⅔ bis ¾ so lang wie das Ährchen, 3–5nervig, meist unbegrannt, an der Spitze abgerundet. Vorspelze ½ bis ⅔ so lang wie die Deckspelze.

Ähnliche Arten: *A. stolonifera, Deschampsia flexuosa,* vegetativ ähnlich: *Anthoxanthum, Briza, Cynosurus.*

Ökologisches Verhalten: Halblichtgras, sehr wenig empfindlich gegen Klimaeinflüsse, in seinen Feuchte- und Bodenansprüchen sehr anpassungsfähig, verträgt wechselnde Feuchtigkeit und Trockenperioden, Säurezeiger, auf stickstoffarmen Böden häufiger als auf mittelmäßigen bis reichen. Je tiefer die Lage, desto mehr scheinen trockene, arme und saure Standorte, je höher die Lage, desto bessere Bodenverhältnisse bevorzugt. Im Bereich anspruchsvoller Waldstandorte Zeiger für Verarmungs- und Aushagerungsstellen, aber etwas bessere Nährstoffversorgung als *Deschampsia flexuosa* anzeigend.

Zeigerwerte: L7 Tx K3 Fx R4 N4 ***Waldbindung:*** NT K2.1 HB K2.1 A K2.1 ***Ökologische Artengruppe:*** II.2b.

Verbreitung: in ganz Europa verbreitet und häufig, planar bis subalpin (Alpin bis 2 220 m). Besonders auf Kahlschlägen, an Wegrändern und auf Lichtungen. Gesellschaftsvag.

Gefährdung und Schutzstatus: nicht als gefährdet angesehen, BArtSchV: nicht besonders geschützt.

Wissenswertes und Verwendung: Dichte Rasen können bei der Bestandesbegründung hinderlich sein. Auf mechanischem Wege und durch Ausbringung von Kalk kann eine Massenausbreitung verhältnismäßig leicht verhindert werden. In Berglagen wichtiges Futtergras, im Tiefland nur bedingt geeignet. Für Wildpflanzengärten und Trockensträuße verwendbar, aber auch häufiger Erreger von Heuschnupfen.

Agrostis stolonifera L.

Poaceae
(Süßgräser)

A. alba L.
Weißes Straußgras, Flecht-Straußgras, Ausläufer-Straußgras
engl. creeping bent

I	II	III	IV	V	**VI**	**VII**	**VIII**	**IX**	X	XI	XII

1 *Habitus*
2 *Blatthäutchen spitz, bis 7 mm*
3 *zierliche Rispe, nur zur Blütezeit ausgebreitet*
4 *kleine, einblütige Ährchen (1–3 mm), häufig rötlich oder violett angelaufen*

Name: *stolonifera* = Ausläufer treibend.

Habitus: ausdauernd, meist dichte Rasen bildend, mit bis zu 2 m langen, an den Knoten wurzelnden und verzweigten Stolonen, seltener mit Rhizomen. Wurzeltiefe bis über 60 cm. 10–100 cm hoch. Früh austreibend, aber spät schossend.

- Halme: aufrechte oder von einem gebogenen oder niederliegenden Grund aufsteigende Halme, glatt, mit 2–5 Knoten, von denen sich die unteren bewurzeln.
- Blätter: in der Knospenlage gerollt, oft graugrün. Blattscheiden kahl und meist glatt. Blattspreiten lang zugespitzt, bis 10 cm lang, 0,5–5 mm breit, Oberseite mit deutlich hervorstehenden Längsleisten, beiderseits oder nur oberseits rau, kahl.
- Blatthäutchen: bis 7 mm lang, spitz.

- Blütenstand: längliche Rispe, Rispenäste in zwei Zeilen büschelig angeordnet, aber Rispe insgesamt allseitswendig erscheinend, nur zur Blütezeit ausgebreitet, später zusammengezogen und oft dicht. Rispenäste bis 4 cm lang, rau, büschelig und dicht verzweigt, spitzwinklig von der Hauptachse abstehend.
- Ährchen: 1–2 (–3) mm lang, in dichten Büscheln, häufig rötlich oder violett angelaufen, 0,5–2 mm lang gestielt, 1blütig. Hüllspelzen zugespitzt, 1nervig, meist am ganzen Kiel rau. Deckspelzen wenig kürzer als

die Hüllspelzen, 5nervig, gewöhnlich grannenlos. Vorspelze bis ⅔ so lang wie die Deckspelze.

Ähnliche Arten: *A. canina* L., das Hunds-Straußgras, Sumpf-Straußgras, unterscheidet sich von *A. stolonifera* durch die borstenförmigen grundständigen Blätter und die geknieten Grannen. Ebenfalls an feuchten Standorten, besonders im Flachmoor und auf feuchten Heideböden. Die andere Art der Artengruppe mit zahlreichen Rhizomen ist *A. vinealis* Schreb., das Sand-Straußgras. Es kommt in trockenen, sandigen Kiefernwäldern vor. Vegetativ ähnlich: *A. gigantea* Roth. (Riesen-Straußgras, Fioringras).

Ökologisches Verhalten: Lichtgras, bevorzugt feuchte bis nasse Lagen, wobei reichliche Wasserversorgung das Gedeihen auf sehr verschiedenen Böden zulässt, Schwergewicht auf nährstoffreichen Lehm- und Tonböden, salzertragend, durch Stickstoff- und Phosphordüngung stark gefördert.

Zeigerwerte: L8 Tx K5 F7~ Rx N5 ***Waldbindung:*** NT K2.2 HB K2.2 A K2.2

Verbreitung: in ganz Europa verbreitet und häufig, planar bis hochmontan (Alpen bis 1800 m). An Ufern, Grabenrändern, auf Wegen, zeitweilig überflutenden Standorten und vernässten Wiesen. Gesellschaftsvag, Begleiter in zahlreichen Pflanzengesellschaften der Ufersäume, Salzwiesen, Flutrasen und Sümpfe.

Gefährdung und Schutzstatus: k. A.

Wissenswertes und Verwendung: Pionierpflanze, raschwüchsig, salztolerant, daher typisch auch an der Küste. Wertvolles Futtergras, auf Äckern gilt es als gefürchtetes Unkraut. Einige Formen dienen als Ziergräser.

Anthoxanthum odoratum L.

Poaceae
(Süßgräser)

Wohlriechendes Ruchgras, Gewöhnliches Ruchgras
engl. scented vernal grass

I	II	III	IV	V	VI	VII	VIII	IX	X	XI	XII

1 *Habitus*
2 *Blattspreitengrund*
3 *öhrchenartiger, violetter Blattspreitengrund*
4 *Blatthäutchen bis 3 mm, stumpf und gezähnt*
5 *ährenförmig zusammengezogene Rispe*
6 *dreiblütiges Ährchen: untere Hüllspelze halb so lang wie die obere, beide locker behaart, Deckspelzen der sterilen Blüten begrannt*

Name: *Anthoxanthum,* der aus griech. *anthos* = Blüte und *xanthos* = gelb, blond zusammengesetzte Name bezieht sich auf die Farbe der Ährenrispe nach der Blüte, *odoratus* = wohlriechend.

Habitus: ausdauernde, kleine, halmreiche, aber blattarme Horste mit zahlreichen, innerhalb der unteren Blattscheiden emporwachsenden Erneuerungssprossen und kurzen, verzweigten, dicht bewurzelten Rhizomen, bis 50 cm tief wurzelnd. 15–50 (–80) cm hoch. Sommergrün, Frühblüher, im Spätsommer meist schon strohig.

- Halme: aufrecht, steif, mit 1–4 Knoten, glatt.
- Blätter: in der Knospenlage gerollt, graugrün und matt. Blattscheiden kreisrund, am oberen Ende locker bis dicht behaart. Blattspreiten 2–12 cm lang, 2–6 mm breit, auf feuchten Standorten häufig auch größer, kahl oder locker bis dicht behaart. Spreitengrund violett, öhrchenartig.
- Blatthäutchen: bis 3 mm lang, oft bräunlich, am oberen Rand stumpf und gezähnt.

- Blütenstand: ährenförmig zusammengezogene Rispe (rispige Scheinähre), bis 8 cm lang, 6–15 mm breit. Rispenäste kurz, einzeln an der Hauptachse stehend, wie die bis zu 1 mm langen Stielchen der Ährchen oft behaart.
- Ährchen: 6–10 mm lang, lanzettlich, grün oder purpurn, 3blütig, zwei sterile Blüten umhüllen eine zweigeschlechtige Blüte. Untere Hüllspel-

ze nur etwa halb so lang wie die obere, 1nervig, die obere 3nervig und so lang wie das Ährchen, beide locker behaart. Deckspelzen der sterilen Blüten braun, 3–4 mm lang, dicht behaart, an der Spitze breit abgerundet und kurz eingekerbt, die untere 5nervig, oberhalb der Mitte mit einer 2–4 mm langen, geraden Granne. Die obere Deckspelze 4nervig und am Grunde begrannt, Granne 6–9 mm lang, dunkelbraun, gekniet, nicht oder höchstens 1 mm aus dem Ährchen herausragend. Deckspelze der fruchtbaren Blüte fünfnervig, bis 2,5 mm lang, glatt und glänzend. Vorspelze so lang wie die Deckspelze, 1nervig.

Ähnliche Arten: vegetativ ähnlich: *Agrostis capillaris*.

Ökologisches Verhalten: gedeiht unter verschiedenen Standortsverhältnissen, in vollem Licht, wie im Halbschatten, auf fast allen Bodenarten sämtlicher Feuchtigkeitsstufen, bevorzugt aber frische, kalk- und nährstoffärmere Böden, nicht auf Böden mit stärkerer Rohhumusauflage.

Zeigerwerte: Lx Tx Kx Fx R5 Nx ***Waldbindung:*** NT K1.1 HB K2.1 A K1.1
Ökologische Artengruppe: II.2a.

Verbreitung: in ganz Europa weit verbreitet und häufig, planar bis hochmontan (Alpen bis etwa 1500 m). Auf Wiesen, Heiden, Niedermooren, in lichten Wäldern, vor allem in Kiefern- und Eichenwäldern sowie im Lärchenwald des Hochgebirges. Gesellschaftsvag, u. a. Begleiter in Eichenmischwäldern, häufig mit *Agrostis capillaris* und *Festuca rubra*.

Gefährdung und Schutzstatus: nicht als gefährdet angesehen, BArtSchV: nicht besonders geschützt.

Wissenswertes und Verwendung: Das Ruchgras enthält in den Blättern und Halmen einen Stoff, der bei Verwundung oder Trocknung der Pflanze in das wohlriechende Kumarin (Waldmeistergeruch) umgewandelt wird und dem Gras den typischen Heugeruch verleiht. Getrocknet deshalb zuweilen zum Aromatisieren oder in Kräuterkissen verwendet. Überdosierung lähmt Herz, Kreislauf und Atmung, daher auch Verwendung als Wühlmausgift. Minderwertiges, ertragarmes Gras, vom Weidevieh oft gemieden oder nur ganz jung gefressen. Der Blütenstaub kann zu Heuschnupfen führen.

1

Poaceae
(Süßgräser)

Arrhenatherum elatius (L.) P. Beauv. ex J. Presl et C. Presl

Gewöhnlicher Glatthafer, Französisches Raygras
engl. false oat grass

1 *Habitus*
2 *Blatthäutchen gestutzt*
3 *Rispe nur zur Blütezeit ausgebreitet*
4 *Ährchen in der Regel zweiblütig, die untere männlich mit gedrehter und geknieter Granne auf der Deckspelze*
5 *Glatthaferwiese im Harz*

2

I	II	III	IV	V	V	VII	VIII	IX	X	XI	XII

Name: *Arrhenatherum* aus griech. *arrhenos* = männlich und *atheros* = Granne gebildet: die männlichen Ährchen sind stark begrannt, *elatius* = höher.

Habitus: ausdauerndes, lockere Horste bildendes Gras mit zahlreichen Erneuerungssprossen, bisweilen mit sehr kurzen Rhizomen, bis 150 cm tief wurzelnd. 50–180 cm hoch. Sommergrün, Halme bald nach der Blüte strohgelb.

- Halme: aufrecht, kräftig, glänzend und glatt, kahl oder an den 3–5 breiten, braunen Knoten behaart, die untersten Halmglieder zuweilen kurz und knollenförmig verdickt (ssp. *bulbosum*).
- Blätter: in der Knospenlage gerollt, gelbgrün, mit kräftigem, auf der Blattscheide fortgesetztem Kiel. Blattscheiden glatt. Am Übergang von der Blattscheide zur Blattspreite gelbliches bis rotbraunes Dreieck. Blattspreite flach, 4–10 mm breit, 10–40 (–60) cm lang, oberseits kurz behaart, in der Durchsicht mit gelben Linien, auf den Rippen rau.
- Blatthäutchen: 1–3 (–5) mm lang, gestutzt.

- Blütenstand: aufrechte oder etwas überhängende Doppeltraube, locker bis ziemlich dicht, oft ährenförmig zusammengezogen, nur zur Blütezeit ausgebreitet. Raue Rispenäste kurz, zu 4–6 von der Hauptachse abgehend.

- Ährchen: an 1–10 mm langen, ebenfalls rauen Stielchen, bis 10 mm lang, hellgrün oder violett überlaufen, 2 (3–4) blütig. Die untere Blüte gewöhnlich männlich, die obere zweigeschlechtig. Hüllspelzen häutig, die untere kürzer als die obere, 1nervig, die obere etwa so lang wie das Ährchen, 3nervig. Deckspelzen gleichlang, rau, 7nervig, Deckspelze der männlichen Blüte im untersten Drittel mit 10–20 mm langer, gedrehter und geknieter Granne besetzt, die Deckspelze der zwittrigen Blüte unbegrannt oder mit kurzer Granne. Vorspelze 2nervig, mit kurz gewimpertem Kiel.

Ähnliche Arten: vegetativ ähnlich: *Trisetum*, *Alopecurus*.

Ökologisches Verhalten: Lichtgras wintermilder und sommerwarmer Lagen, spätfrostgefährdet, auf frischen bis mäßig trockenen oder wechselfeuchten Standorten, auf nassen sowie auf oft austrocknenden Böden fehlend, bevorzugt nährstoff- und basenreiche, höchstens schwach saure, lockere und durchlässige, lehmige Mineralböden, auch Rohbodenpionier und auf Niedermoor und bestem Hochmoor wachsend, tritt bei Verarmung und Versauerung des Bodens rasch zurück.

Zeigerwerte: L8 T5 K3 Fx R7 N7 ***Waldbindung:*** NT K2.2 HB K2.2 A K2.2

Verbreitung: in ganz Mitteleuropa häufig, auch kultiviert, planar bis hochmontan (Alpen bis 1450 m). In Fettwiesen, an Weg- und Grabenrändern, auf Kahlschlägen und in noch nicht geschlossenen Verjüngungen auf Laubholzstandorten.

Gefährdung und Schutzstatus: nicht als gefährdet angesehen, BArtSchV: nicht besonders geschützt.

Wissenswertes und Verwendung: *A. elatius* ist auf guten Frischwiesen das ertragreichste Gras für die Heugewinnung. Trotz ihrer heutigen weiten Verbreitung und Häufigkeit ist die Art bei uns nicht (oder höchstens lokal) einheimisch (Neophyt). Seit Beginn des 19. Jahrhunderts wird das Gras aus Saatgut angebaut, das aus Frankreich stammt (daher der Name «Französisches Raygras»).

1

Brachypodium pinnatum **(L.) P. Beauv.**

Poaceae
(Süßgräser)

Fieder-Zwenke
engl. tor grass

| I | II | III | IV | V | VI | VII | VIII | IX | X | XI | XII |

1 *Habitus*
2 *Knoten der Halme dicht weichhaarig*
3 *Blattspreite nach beiden Enden verjüngt, Oberseite mit gerichteten Stachelhärchen*
4 *Blatthäutchen bis 2 mm lang, stumpf, mit Haarsaum und behaarter Außenseite*
5 *Scheinähre, Ährchen sehr kurz gestielt*
6 *Ährchen in Seitenansicht (a) und in Aufsicht (b)*

Name: *Brachypodium* zusammengesetzt aus griech. *brachys* = kurz und griech. *podion* = Füßchen, die Ährchen sind kurz gestielt, *pinnatus* = gefiedert.

Habitus: ausdauerndes, dichte Rasen bildendes Rhizomgras (*B. sylvaticum* ohne Ausläufer). 40–120 cm hoch. Sommergrün.

- Halme: aufrecht, steif, mit 2–3 Knoten, glatt, an den Knoten dicht weichhaarig.
- Blätter: in der Knospenlage gerollt, beiderseits hell- bis gelbgrün, im Spätsommer rötlichgelb. Blattscheiden häufig weichhaarig. Blattspreiten aufrecht, steif (bei *B. sylvaticum* schlaff), breit-lineal, nach beiden Enden verjüngt, bis 45 cm lang, 2–6 (–10) mm breit, spärlich behaart, spitzenwärts gerichtete Stachelhärchen, am Rande bewimpert.

2

3

4

- Blatthäutchen: kurz (bis 2 mm lang), stumpf, mit kurzem Haarsaum, auf der Außenseite behaart!
- Blütenstand: traubige Scheinähre, meist dicht-, seltener lockerährig, gerade (bei *B. sylvaticum* überhängend), selten länger als 20 cm, mit 3–15 Ährchen an 1–2 mm langen Stielchen, meist zweizeilig angeordnet.
- Ährchen: grün oder gelblich, 2–4 cm lang, 8–24blütig, vor und nach der Blüte aufrecht, zur Blütezeit abstehend. Hüllspelzen lanzettlich bis schmal eiförmig, die untere 3–5 mm lang, 3–6nervig, die obere 5–7 mm lang, 5–7nervig. Deckspelzen sich überlappend, 6–10 mm lang, im Gegensatz zu *B. sylvaticum* an der Spitze nur kurz (1–5 mm) begrannt. Vorspelze so lang wie die Deckspelze.

Ähnliche Arten: *B. sylvaticum*, *B. rupestre* (Host) Roem et Schult. (Felsen-Zwenke), Zeigerwerte: L7 T5 K4 F4 R7 N3 ***Waldbindung:*** NT 0 HB K2.1 A K2.1 ***Ökologische Artengruppe:*** I.4–5.

Ökologisches Verhalten: Lichtgras, im Halbschatten nur sterile Rasen bildend, stellt nur geringe, jedoch höhere Ansprüche als *Bromus erectus* an den Wasser- und Nährstoffhaushalt des Bodens, besonders auf kalkhaltigen, trockenen, mittel- bis tiefgründigen Lehm- und Lössböden, nicht auf sauren oder rohhumusführenden Standorten, fast nur in Kalkgebieten vorkommend, gilt als Zeiger für beginnende Verhagerung, Erstbesiedler nackter Böden und Brandstellen.

Zeigerwerte: L6 T5 K5 F4 R7 N4 ***Waldbindung:*** NT K1.1 HB K2.1 A K1.1 ***Ökologische Artengruppe:*** I.4–5.

Verbreitung: in Südost- und Osteuropa verbreiteter als in Nord- und Westeuropa, im norddeutschen Flachland selten oder fehlend, planar bis hochmontan (Kalkalpen bis 1600 m). In Kalk-Magerrasen, in Eichen- und Kiefernwäldern, auf Felsköpfen, an Wegrainen.

Gefährdung und Schutzstatus: nicht als gefährdet angesehen, BArtSchV: nicht besonders geschützt.

Wissenswertes und Verwendung: Im Gegensatz zu *B. sylvaticum* kann *B. pinnatum* auf Kulturflächen durch Bildung geschlossener, dichter Rasen den Verjüngungspflanzen gefährlich werden. Geeignet zur Befestigung kalkreicher, trockener Böschungen und Dämme. Auf Grund ihrer rauen und behaarten Blätter wird sie von den meisten Weidetieren auf Kalkmagerrasen verschmäht.

5

6a

6b

1

Brachypodium sylvaticum (Huds.) P. Beauv.

Poaceae
(Süßgräser)

Wald-Zwenke
engl. slender false brome

I	II	III	IV	V	VI	**VII**	**VIII**	**IX**	**X**	XI	XII

1 *Habitus*
2 *Knoten dicht behaart*
3 *Blattunterseite mit kräftigem, weißen Mittelnerv*
4 *Blatthäutchen stumpf*
5 *überhängende Scheinähre*
6 *Ährchen mit behaarten und begrannten Deckspelzen*

2

Name: *sylvaticus* von lat. *silva* = Wald; Zwenke wegen der Ähnlichkeit mit der Quecke (Zwecke).

Habitus: ausdauerndes Horstgras, meist gesellig in lockeren Gruppen, im Gegensatz zu *B. pinnatum* keine Ausläufer treibend und selten geschlossene, dichte Rasen bildend, wenig tiefreichendes Wurzelsystem. 60–120 cm hoch. Sommergrün. Wintersteher.

- Halme: aufrecht oder knickig aufsteigend, schlaff, an den 4–5 Knoten dicht behaart, sonst meist kahl und glatt.
- Blätter: in der Knospenlage gerollt, beiderseits grün. Blattscheiden meist locker mit abstehenden oder zurückgebogenen Haaren besetzt. Die Blattspreiten verjüngen sich stark zum Spreitengrund hin (außer bei *B. sylvaticum* sonst nur noch bei *Milium effusum*), fein zugespitzt, bis zu 35 cm lang, bis 12 mm breit, mit weißen Haaren besetzt, schlaff (bei *B. pinnatum* steif), die häufig nach oben gedrehte Blattunterseite mit kräftigem, weißem Mittelnerv.
- Blatthäutchen: stumpf, etwa so lang wie der Spreitengrund breit, bei *B. pinnatum* dagegen meist kürzer als der Spreitengrund breit.

- Blütenstand: meist lockere, traubige Scheinähre, überhängend (bei *B. pinnatum* steif aufrecht), 6–20 cm lang, Stielchen der 6–12 Ährchen höchstens 2 mm lang.
- Ährchen: hellgrün, zweizeilig angeordnet, 2–4 cm lang, 6–15blütig. Hüllspelzen ungleich, gewöhnlich behaart, die untere 6–8 mm lang,

5–7nervig, die obere 8–11 mm lang, 7–9nervig. Deckspelzen sich überlappend, etwa gleichlang wie die obere Hüllspelze, 7nervig, kurz und steif behaart, zuweilen auch kahl, im Unterschied zu *B. pinnatum* lang (bis 12 mm) begrannt. Granne dünn, oft geschlängelt, vor der Blüte zusammengedreht. Vorspelze etwa so lang wie die Deckspelze.

Ähnliche Arten: *B. pinnatum*, *Elymus caninus*.

Ökologisches Verhalten: Halbschattengras, besiedelt annähernd die gleichen Standorte wie *Elymus caninus*, stellt im Vergleich zu *B. pinnatum* höhere Ansprüche an die Wasser- und Nährstoffversorgung, auf frischen bis feuchten, oft wasserzügigen Standorten mit nährstoffreichen, kalkhaltigen, lockeren, humosen, sandigen oder reinen Ton- und Lehmböden, in Gebieten der Kalkgebirge und des Geschiebemergels, aber auch auf gutem Niedermoor, Zeiger für guten Waldboden mit bester Streuzersetzung.

Zeigerwerte: L3 T5 K3 F5 R6 N6 ***Waldbindung:*** NT K1.1 HB K2.1 A K1.1 ***Ökologische Artengruppe:*** II.4.

Verbreitung: in ganz Europa verbreitet und ziemlich häufig, planar bis hochmontan (Alpen bis 1550 m). In Auen- und Laubmischwäldern. Klassencharakterart der anspruchsvollen europäischen Falllaubwälder und -gebüsche, vor allem in Hartholzauen-Wäldern und feuchten Buchen- und Edellaubmischwäldern.

Gefährdung und Schutz: nicht als gefährdet angesehen, BArtSchV: nicht besonders geschützt.

Wissenswertes und Verwendung: gutes Futtergras, kommt aber vor allem als Wildfutter in Betracht. Wird als Zierpflanze für schattige Standorte angeboten.

Briza media L.

Poaceae
(Süßgräser)

Zittergras, Mittleres Zittergras, Gewöhnliches Zittergras
engl. common quaking grass

I	II	III	IV	V	VI	VII	VIII	IX	X	XI	XII

1 *Habitus (außerdem* ***Brachypodium pinnatum****, links im Hintergrund)*

2 *Blatthäutchen kurz (1 mm), gestutzt*

3 *Rispe oft mit geschlängelten Rispenästen*

4 *ei- bis herzförmige, grünlichweiße bis violett gescheckte Ährchen*

Name: *briza* ist der griech. Name für ein Getreide, *brizo* = nickend, schlummernd, *medius* = mittel; Zittergras, weil sich die Ährchen an ihren dünnen Stielchen bei jedem Windhauch bewegen.

Habitus: ausdauernd, Horste, durch kurze, unterirdische Ausläufer lockere Rasen bildend. 20–50 cm hoch.

- Halme: aufrecht, dünn, glatt.
- Blätter: 3–5 mm breit, Oberseite matt, nur undeutlich gerieft, Unterseite etwas glänzend, fühlt sich wächsern an, nur Kanten sind rau, dünne, kurze Spitze. Blattscheiden geschlossen, glatt.
- Blatthäutchen: kurz, ca. 1 mm lang, stumpf, gestutzt.

- Blütenstand: weit ausgebreitete Rispe, locker, schmal dreieckig bis breit pyramidal, Rispenäste oft geschlängelt, glatt.
- Ährchen: eiförmig, rundlich, herzförmig, stark seitlich zusammengedrückt und flach, grünlichweiß-violettgescheckt, 3–12blütig, 4–7 mm lang. Ährchenstiele oft geschlängelt und herabhängend und bei jedem Windhauch zitternd. Hüllspelzen ca. 3 mm lang, auf dem

Rücken gekielt, ± waagrecht abstehend, 3nervig, viel kürzer als das Ährchen. Deckspelzen ca. 4 mm lang, ebenfalls abstehend, auf dem Rücken abgerundet oder nur schwach gekielt, Basis der Deckspelzen herzförmig und die Ährchenachse umfassend, 5nervig. Vorspelzen doppelt gekielt.

Ähnliche Arten: vegetativ ähnlich: *Agrostis capillaris*.

Ökologisches Verhalten: trockene bis schwach feuchte Böden jeglicher Reaktion, vorzugsweise schwach saure, mineralreiche, trockene, schwere Böden. Auf mageren Wiesen, Halbtrockenrasen, Raine, Böschungen, Waldränder. Magerkeitszeiger.

Zeigerwerte: L8 Tx K3 Fx Rx ***Waldbindung:*** NT K1.1 HB K2.1 A K1.1

Verbreitung: in ganz Europa, planar bis montan, in Norddeutschland oft selten geworden.

Gefährdung und Schutzstatus: Vorwarnliste, BArtSchV: nicht besonders geschützt.

Wissenswertes und Verwendung: ertragarmes, aber als Heu gern vom Vieh gefressenes Gras. Durch Düngung und starke Beweidung verdrängt. Als Schmuck- und Ziergras beliebt und kultiviert (ebenso das größere, im Mittelmeergebiet beheimatete, sommerannuelle Große Zittergras, *B. maxima* L., dessen Ährchen 2–3 cm groß werden). Regional als Bestandteil von Kräutertees und früher wegen des Zitterns der Blütenstände nach der Signaturenlehre gegen Herzrasen verwendet, was aber medizinisch unbegründet ist.

1

Bromus benekenii (Lange) Trimen

Poaceae
(Süßgräser)

Benekens Trespe, Frühe Wald-Trespe, Einseitswendige Wald-Trespe
engl. lesser hairy brome

2

I	II	III	IV	V	**VI**	**VII**	**VIII**	IX	X	XI	XII

Name: lat. *bromos* = dem Hafer ähnlich; *benekenii* zu Ehren des deutschen Apothekers Ferdinand Beneken (4.06.1800–13.06.1859) aus Naumburg an der Saale, der die Eigenständigkeit der Art als erster erkannt hat.

Habitus: ausdauernd, lockere Horste bildend mit kurzem Rhizom. 50–90 (–160) cm hoch. Pflanze hellgrün.

- Halme: (50–) 90–120 (–175) hoch, aufrecht, dick, mit 4–6 kurz behaarten Knoten.
- Blätter: 10–15 mm breit, 10–20 cm lang, flach ausgebreitet, beiderseits behaart, an den Rändern rau. Blattscheiden bis fast oben geschlossen, oberste dicht und kurz flaumig behaart. Blattöhrchen halmumfassend, behaart.
- Blatthäutchen: 3–4 mm lang, stumpf, zerschlitzt.

- Blütenstand: lockere Rispe, überhängend, 12–25 cm lang, bis 8 cm breit (kürzer als bei *B. ramosus)*, meist einseitswendig, unterste Rispenäste zu 3–5, ungleich lang (2–10 cm), hiervon 1 oder 2 nur mit einem Ährchen, schuppenförmiges Tragblatt des untersten Rispenastes kahl.
- Ährchen: 20–30 mm lang, länglich-lanzettlich, spitz, 3–7blütig. Untere Hüllspelze 1nervig, 7–9 mm lang, obere 3nervig, 9–11 mm lang. Deckspelze eiförmig bis länglich, auf dem Rücken gerundet, 5nervig, 10–14 mm lang, lanzettlich mit einer 4–8 mm langen, rauen, an der Spitze oder zwischen den kurzen Seitenlappen entspringenden, auf-

rechten Granne, auf dem Rücken gerundet oder schwach gekielt. Vorspelzen 2kielig, 7–11 mm lang, lanzettlich.

Ähnliche Arten: *B. ramosus, Festuca altissima.*

Ökologisches Verhalten: mäßig feuchte, kalkreiche, warme, lockere Böden, stets im Schatten.

Zeigerwerte: L5 T5 K4 F5 R7 N5 **Waldbindung:** NT K1.1 HB K2.1 A K1.1 **Ökologische Artengruppe:** II.4.

Verbreitung: in fast ganz Europa häufig und verbreitet, fehlt jedoch im Nordosten, im äußersten Westen und auf vielen Inseln. Zerstreut, in den Alpen zuweilen häufig, collin bis montan (Alpen bis über 1500 m. Frische Buchen- und Eichen-Hainbuchenwälder, Schlagfluren.

Gefährdung und Schutz: nicht als gefährdet angesehen, BArtSchV: nicht besonders geschützt.

Wissenswertes und Verwendung: Während *B. benekenii* stets im Schatten vorkommt, tritt *B. ramosus* auch an Waldrändern und auf Lichtungen auf. Blüte- und Fruchtzeit sind ungefähr zwei bis drei Wochen früher als bei *B. ramosus*.

1 Habitus zur Fruchtreifezeit

2 behaarte Öhrchen

3 stumpfes Blatthäutchen

4 einseitswendige Rispe, 3–4 Rispenäste am untersten Rispenknoten

5 schuppenartiges Tragblatt des untersten Rispenknotens kahl

6 a und b: 3–7 blütige Ährchen (2–3 cm) in Aufsicht und in Seitenansicht

Bromus ramosus Huds.

Poaceae
(Süßgräser)

B. asper Murray
Wald-Trespe, Späte Wald-Trespe, Allseitswendige Trespe
engl. hairy brome

1 *Habitus*
2 *Blattscheiden bis oben geschlossen, 3–4 mm lange abwärts gerichtete Haare*

I	II	III	IV	V	VI	VII	VIII	IX	X	XI	XII

Name: *ramosus* = ästig.

Habitus: ausdauernd, in lockeren Horsten, meist einzeln vorkommend, ohne Ausläufer. 60–150 (–200) cm hoch. Pflanze frisch- bis blau-grün. Sommergrün.

- Halme: aufrecht, sehr kräftig, oberwärts rau, mit 3–5 Knoten.
- Blätter: in der Knospenlage gerollt. Blattscheiden bis oben geschlossen, mit abwärts gerichteten, 3–4 mm langen Haaren besetzt (bei *B. benekenii* nur sehr fein behaart, kürzer als 0,5 mm, flaumig). Spreitengrund geöhrt, Blattöhrchen kahl (bei *B. benekenii* behaart), Blattspreiten saftig grün bis blaugrün, herabhängend, beiderseits behaart, mit weißgrünem Kiel, bis 15 mm breit, bis 60 cm lang.
- Blatthäutchen: bis über 2 (–6) mm lang, eiförmig, häufig mit zerfranster Kante.

- Blütenstand: schlaff überhängende Rispe, locker ausgebreitet, gewöhnlich 15–40 cm lang. Rispenäste sehr rau, meist in Paaren, unterster Rispenknoten mit 2 fast gleichlangen (bis 20 cm) Ästen, jeder mit mehreren (bis 8) Ährchen, an dessen Basis ein schuppenartiges, deutlich behaartes Tragblatt (*B. benekenii* mit 2–4 ungleich langen Ästen, schuppenförmiges Tragblatt kahl), 1–9 Ährchen tragend, am oberen Ende des Blütenstands höchstens 4, meist nur 3 Ährchen.
- Ährchen: schmal lanzettlich, gegen die Spitze hin verschmälert, hell-

grün oder purpurn, bis 4 cm lang, 4–9 (–14)blütig. Hüllspelzen ungleich, die untere 6–8 mm lang, 1nervig, die obere 9–11 mm lang, 3–5nervig. Deckspelzen 10–16 mm lang, an den Rändern anliegend behaart, 7nervig, mit einer bis zu 10 mm langen, geraden Granne, die nahe der Spitze abgeht. Vorspelze kürzer als die Deckspelze, mit rauen Kielen.

Ähnliche Arten: *B. benekenii*, bei den folgenden beiden Arten bleiben die Rispen aufrecht: *Bromus inermis* Leyss. (Unbegrannte Trespe), *Bromus erectus* Huds. (Aufrechte Trespe), letztere Hauptgras auf Kalk- und Halb-Trockenrasen, oft mit *Brachypodium pinnatum* vergesellschaftet.

Ökologisches Verhalten: Halbschatten- bis Schattengras, sehr anspruchsvoll, auf nährstoffreichen, meist kalkhaltigen, lockeren Mineralböden mit guter Humuszersetzung (Mullböden), im Optimum auf grund- oder sickerfrischen Lehm- oder Tonböden.

Zeigerwerte: L6 T6 K2 F5 R7 N6 ***Waldbindung:*** NT K1.1 HB K2.1 A K1.1 ***Ökologische Artengruppe:*** II.5a.

Verbreitung: fast in ganz Europa, fehlt im nördlichen Skandinavien, außer im Nordwesten in ganz Deutschland verbreitet bis häufig, planar bis montan (Alpen bis über 1500 m). In krautreichen Laub- und Nadelwäldern, auf Kahlschlägen und an Waldrändern.

Gefährdung und Schutzstatus: nicht als gefährdet angesehen, BArtSchV: nicht besonders geschützt.

Wissenswertes und Verwendung: größtes heimisches Waldgras, bis 1,5 m hoch. Auch steril an seinen behaarten Scheiden und den Blattöhrchen gut kenntlich. *Bromus ramosus* wird in der Bachblütentherapie als «wild oat» verwendet.

3 *Öhrchen kahl, Blatthäutchen*

5 *schuppenartiges, behaartes Tragblatt des untersten Rispenknotens*

4 *Rispe zur Fruchtreife mit nur 2 langen Rispenästen am untersten Rispenknoten*

6 *4–9blütige Ährchen, Hüllspelzen 6–8 mm bzw. 9–11 mm lang*

7 ***Bromus erectus**, kahle, geschlossene Blattscheide, Blatthäutchen nur 1–2 mm lang, ohne Öhrchen*

Calamagrostis arundinacea (L.) Roth

Poaceae
(Süßgräser)

Wald-Reitgras, Gemeines Reitgras, Rohr-Reitgras

I	II	III	IV	V	VI	VII	VIII	IX	X	XI	XII

Name: *Calamagrostis* zusammengesetzt aus griech. *kalamos* = Rohr und *agrostis* = Wiesengras, *arundinaceus* = schilfrohrartig; der deutsche Name Reitgras in Anlehnung an «Riedgras», aber auch an «Reutgras» (Rodungsgras).

Habitus: ausdauerndes Horstgras, oft mit kurzen Rhizomen, dann kleine, bültige Rasen bildend, bis 1 m tief wurzelnd. 60–120 cm hoch. Sommergrün, Halme im Herbst gelb leuchtend, bleiben ohne Rispe nicht selten auch im Winter stehen.

- Halme: aufrecht, glatt, nur unterhalb der Rispe schwach rau.
- Blätter: in der Knospenlage gerollt. Blattspreitengrund jederseits auf der Außenseite mit bärtigem Haarbüschel. Blattspreiten schlaff hängend, bis 10 mm breit, gerippt und gekielt, oberseits seegrün, matt, kurzhaarig, unterseits dunkelgrün glänzend.

- Blatthäutchen: weniger als 2–3 mm lang, oft stark zerschlitzt.
- Blütenstand: schmale, aufrechte Rispe, bis über 20 cm lang, während der Blüte ausgebreitet, danach zusammengezogen.
- Ährchen: 5–6 mm lang, blassgrün, häufig violett gescheckt, 1blütig, brechen im Unterschied zu *C. epigejos* bald nach der Reife ab. Hüllspelzen 5–6 mm lang. Deckspelze wenig kürzer als die Hüllspelzen, an der Spitze gezähnt, wie bei allen Calamagrostis-Arten am Grunde behaart, bei *C. arundinacea* jedoch nur wenige Haare und diese nur ¼ so lang wie die Deckspelze. Granne im unteren Viertel der Deckspelze abgehend, kräftig, gekniet, bis 7 mm lang, die Hüllspelzen deutlich überragend.

Ähnliche Arten: *Calamagrostis*-Arten.

Ökologisches Verhalten: Halbschatten- bis Lichtgras, verträgt offenbar mehr Schatten als *C. epigejos*, da es auch noch in geschlossenen Buchenbeständen vorkommt, in frischen bis feuchten, sommerwarmen Lagen, auf mineralstoffreichen, kalkarmen, mäßig sauren, feinerdereichen bis steinigen Lehmböden.

Zeigerwerte: L6 T5 K4 F5 R4 N5 ***Waldbindung:*** NT K1.1 HB K2.1 A K1.1 ***Ökologische Artengruppe:*** II.2b.

Verbreitung: in ganz Europa, planar bis hochmontan, vor allem in den Mittelgebirgen und in den Alpen (bis 1450 m), im nordwestdeutschen Flachland selten. In Eichen-, Buchen-, Bergmisch- und Nadelwäldern, auf Lichtungen, Schlägen und Kulturen, ferner an der Waldgrenze im Südschwarzwald und in den Vogesen in der subalpinen Hochgrasflur, häufig auch in Hainsimsen-Buchenwäldern.

Gefährdung und Schutz: nicht als gefährdet angesehen, BArtSchV: nicht besonders geschützt.

Wissenswertes und Verwendung: Von der artenreichen Gattung (140) wachsen 8 Arten in Deutschland. Einige Sorten werden als Zierpflanzen in Parks und Gärten verwendet. Besondere Bedeutung hat dabei die durch Gärtner gekreuzte Hybride *Calamagrostis* × *acutiflora* aus *Calamagrostis arundinacea* × *Calamagrostis epigejos* mit ihrer wichtigsten Sorte «Karl Foerster».

1 *Habitus*

2 *je ein Haarbüschel links und rechts am Blattspreitengrund a: von vorne und b: von hinten*

3 *a: Blattoberseite matt und kurzhaarig b: Blattunterseite glänzend*

4 *Blatthäutchen bis 3 mm lang*

5 *a: schmale, aufrechte Rispe zur Blütezeit b: nach der Blüte zusammengezogen*

6 *einblütige Ährchen 5–6 mm lang, Deckspelzen mit ca. 7 mm langer Granne*

5a

5b

6

Calamagrostis epigejos (L.) Roth.

Poaceae
(Süßgräser)

Calamagrostis gigantea Roshev.
Land-Reitgras, Sandrohr, Landschilf
engl. bush grass, wood small reed

I	II	III	IV	V	VI	VII	VIII	IX	X	XI	XII

Name: *epigejos* = auf dem Land wachsend; Landschilf weil die Art früher der Gattung Schilf (*Arundo*) zugeordnet wurde.

Habitus: ausdauerndes Ausläufergras mit unterirdisch kriechendem Wurzelstock und sehr langen, dünnen Rhizomen, bis 2 m tief reichendes, intensives Wurzelsystem, im oberen Bodenbereich häufig bis zu 10 cm mächtiger Wurzelfilz, bildet ausgedehnte, dichte Rasen. 60–150 (–200) cm hoch. Sommergrün, Rispen mit den Ährchen bleiben oft bis zum nächsten Frühjahr auf den Halmen stehen.

- Halme: aufrecht, kräftig, rohrartig, oberwärts rau, mit 2–3 Knoten.
- Blätter: in der Knospenlage gerollt, oberseits grasgrün, unterseits graugrün und matt. Blattspreiten bis 70 cm lang und bis 2 cm breit, meist flach, bisweilen zusammengerollt, kieselig-hart, an den Rändern schneidend rau, deutlich flach gerippt, auf der Unterseite gekielt.
- Blatthäutchen: derb, 3–6 (–10) mm lang.

- Blütenstand: steif aufrechte, vielästige Rispe, bis 40 cm lang, während der Blüte stehen die Rispenäste ab, vor und nach der Blüte sind sie dicht zusammengezogen. Rispenäste bis 10 cm lang, sehr rau.
- Ährchen: am Ende der Rispenäste knäuelförmig gehäuft, schmal lanzettlich, 5–7 mm lang, grün oder violett überlaufen, 1blütig. Hüllspelzen gleichlang, in eine kurze, grannenartige Spitze auslaufend. Deckspelze etwa ½ so lang wie die Hüllspelzen, kürzer als die seidigen

Haare an ihrem Grund, schwach 3nervig. Die sehr dünne Granne auf der Deckspelze rückenständig, die Deckspelze um ⅓ überragend. Vorspelze bis zu ⅔ so lang wie die Deckspelze, 2nervig.

Ähnliche Arten: *Calamagrostis*-Arten, *Phalaris.*

Ökologisches Verhalten: Lichtgras, im Halbschatten steril bleibend, meist auf oberflächlich trockenen oder wechselfeuchten Standorten mit wasserführenden Schichten im Untergrund, bevorzugt tiefgründige, lockere, meist sandige aber auch lehmige Böden, stellt keine besonderen Ansprüche an den Kalk- und Nährstoffhaushalt des Bodens, Rohbodenpionier.

Zeigerwerte: L7 T5 K7 Fx~ Rx N6 **Waldbindung:** NT K1.1 HB K2.1 A K1.1 **Ökologische Artengruppe:** II.3a; IV.2–3; 0.2.

Verbreitung: in ganz Europa häufig, planar bis montan (Alpen bis 1140 m). Auf Kahlschlägen, an Wegrändern, Bahndämmen, Ufern, in Kiesgruben und verlichteten Althölzern, vor allem in Kiefernbeständen. Begleiter in Waldweidenröschen-Schlaggesellschaften und in Ufer-Pionier-Gesellschaften.

Gefährdung und Schutzstatus: nicht als gefährdet angesehen, BArtSchV: nicht besonders geschützt.

Wissenswertes und Verwendung: *C. epigejos* zählt wegen seiner Höhe und Dichte sowie seines intensiven Wurzelfilzes und der Bildung von Ausläufern zu den gefährlichsten Hindernissen der natürlichen und künstlichen Verjüngung von Waldbäumen, vor allem der Kiefer. Dieses Gras vernichtet durch Verdämmen und Wurzelkonkurrenz selbst ältere Kulturen, trocknet im Sommer den Boden stark und tief aus und wird durch jede Bodenbearbeitung begünstigt. Lediglich durch Vollumbruch oder durch ein Zusammenwirken chemischer und mechanischer Verfahren, das dem jeweiligen Verjüngungsziel angepasst sein muss, ist ein Zurückdrängen erfolgreich.

1 *Habitus*
2 *Blattunterseite graugrün, Blattrand schneidend rau*
3 *derbes Blatthäutchen bis 10 mm lang*
4 *Rispe*
a: zur Blütezeit
b: zur Reifezeit
5 *einblütiges, 5–7 mm langes Ährchen mit langen seidigen Haaren am Grund der Deckspelze*

4a

4b

5

Calamagrostis varia (Schrad.) Host

Poaceae
(Süßgräser)

Berg-Reitgras, Buntes Reitgras

| I | II | III | IV | V | VI | VII | VIII | IX | X | XI | XII |

1 *Habitus*
2 *Haarbüschel beiderseits am Blattspreitengrund*
3 *stumpfes Blatthäutchen*
4 *schmale Rispe*
5 *einblütiges, violett geschecktes Ährchen mit Haaren am Grund der Deckspelze*

Name: *varius* = verschiedenartig, bunt.

Habitus: ausdauerndes Horstgras mit dicht beschuppten Rhizomen. 50–120 cm hoch. Sommergrün.

- Halme: dünn, glatt, unterhalb der Rispe schwach rau.
- Blätter: in der Knospenlage gerollt. Blattspreiten beiderseits seegrün, matt, bis 9 mm breit, gegen die Mitte am breitesten, am Spreitengrund beiderseits ein Haarbüschel.
- Blatthäutchen: bis 4 mm lang, stumpf.

- Blütenstand: schmale Rispe, bis über 20 cm lang, vor und nach der Blüte zusammengezogen (ähnlich *C. arundinacea*). Rispenäste fast immer aufrecht, schwach rau.
- Ährchen: 4–5 mm lang, gelblichgrün, violett gescheckt, 1blütig. Hüllspelzen stumpf. Deckspelze wenig kürzer als die Hüllspelzen, meist deutlich 2–4spitzig, Haare am Grund der Deckspelzen zahlreich, fast so lang wie diese. Gekniete Granne im unteren Viertel der Deckspelze abgehend, Granne die Hüllspelze überragend.

Ähnliche Arten: *Calamagrostis*-Arten, *Milium*.

Ökologisches Verhalten: Licht- bis Halbschattengras, in warmen, häufig oberflächlich trockenen, meist wechselfeuchten Lagen, auf lehmig-tonigen, mittel- bis tiefgründigen, oft hängigen Kalk- und Mergelböden, auf Kalkschutt, Geröll, Rohboden und Rutschhängen, Wechselfeuchtigkeitszeiger, Pionierpflanze und Bodenfestiger.

Zeigerwerte: L7 T5 K7 Fx~ Rx N6 *Waldbindung:* NT K1.1 HB K2.1 A K1.1 *Ökologische Artengruppe:* II.5b.

Verbreitung: zerstreut in Mittel- und Südeuropa, im mittel- und süddeutschen Berg- und Hügelland, vor allem auf Kalk, besonders in den Alpen (bis 2010 m) und auf der Schwäbischen Alb. In lichten Wäldern, offenen Hangrasen und auf Rutschflächen.

Gefährdung und Schutz: nicht als gefährdet angesehen, BArtSchV: nicht besonders geschützt.

Wissenswertes und Verwendung: Vorzüglicher Bodenbefestiger auf zu Rutschung neigenden Tonböden.

Calamagrostis villosa (Chaix) J. F. Gmel.

Wolliges Reitgras

Poaceae
(Süßgräser)

I | II | III | IV | V | VI | VII | VIII | IX | X | XI | XII

1 *Habitus*
2 *am Übergang von Blattspreite zu Blattscheide jederseits ein Haarbüschel*
3 *Blattoberseite mit langen Haaren, Blattunterseite grasgrün glänzend*
4 *Blatthäutchen 2–4 mm lang*
5 *ausgebreitete Rispe*
6 *einblütiges, meist violettes Ährchen, Haare an der Basis gleichlang oder länger wie die zarthäutige Deckspelze*

Name: *villosus* = zottig.

Habitus: ausdauerndes Ausläufergras mit langen Rhizomen, die nur den Auflagehumus durchziehen, bildet dichte Rasen, häufig mit vielen sterilen Trieben. 60–120 cm hoch. Sommergrün.

- Halme: knickig aufsteigend.
- Blätter: in der Knospenlage gerollt. Blattspreiten flach, bis 5 mm breit, schlaff, oberseits mit einzelnen langen Haaren auf den Nerven, Blattunterseite kahl, grasgrün glänzend. Am Übergang von Spreite und Scheide jederseits ein Haarbüschel.

- Blatthäutchen: 2–4 mm, fein gezähnt bis eingerissen.
- Blütenstand: schlaff überhängende Rispe (ähnlich *C. canescens*), ausgebreitet, gleichmäßig mit Ährchen besetzt, oft reichblütig. Rispenäste dünn, oft sehr rau.
- Ährchen: 4–5 mm lang, 1blütig. Hüllspelzen unterwärts grün, oberwärts meist violett, zugespitzt, ungekielt. Deckspelze zarthäutig, 5nervig, die Haare an der Basis so lang oder etwas länger als die Deckspelze. Granne sehr zart, am Rücken in oder unterhalb der Mitte der Deckspelze abgehend und diese überragend, bisweilen fehlend.

Ähnliche Arten: *Calamagrostis canescens* (Weber) Roth. (Gewöhnliches Sumpf-Reitgras), ohne Haarbüschel am Blattspreitengrund, Blatthäutchen mit ganzrandiger Kante, Deckspelzen mit einer nur winzigen Granne; auf grundwassernahen, nassen bis staunassen Standorten; in Niedermooren, als Erlenbegleiter in Bruch- und Auwäldern. Zeigerwerte: L6 T6 K5 F9= R6 N5, Waldbindung: NT K1.1 HB K2.1 A K1.1 Ökologische Artengruppe: VI.3. Vegetativ ähnlich: *Poa chaixii, Milium.*

Ökologisches Verhalten: Licht- bis Halbschattengras frischer bis reichlich feuchter Standorte, auf nährstoff- und basenarmen, kalkfreien, sauren Rohhumusböden, besonders auf Silikatgestein, aber auch auf Torf.

Zeigerwerte: L6 T4 K4 F7~ R2 N2 ***Waldbindung:*** NT K1.1 HB K2.1 A K1.1 ***Ökologische Artengruppe:*** III.1.

Verbreitung: in Mitteleuropa, zerstreut in den Alpen (bis 2 050 m), seltener in den Mittelgebirgen, sehr selten in Norddeutschland, montan bis subalpin. In Fichtenwäldern und Mooren.

Gefährdung und Schutz: nicht als gefährdet angesehen, BArtSchV: nicht besonders geschützt.

Wissenswertes und Verwendung: Die dichten Rasen mit ihrem Wurzelfilz verhindern das Aufkommen anderer Pflanzen. Sie sind häufig kulturschädigend und ähneln in dieser Hinsicht in den hohen Lagen *C. epigejos*.

5

6

Poaceae
(Süßgräser)

Corynephorus canescens (L.) P. Beauv.

Weingaertneria canescens (L.) Bernh.
Silbergras, Keulenschmiele
engl. grey hair grass

1 *Habitus*
2 *igelartiger Horst vor der Blüte*
3 *Halm aufsteigend mit violetten Knoten*
4 *Blattscheiden rosa bis purpurn*
5 *Rispe nur zur Blütezeit ausgebreitet*
6 *purpurn überlaufenes, 2blütiges Ährchen mit keulenförmiger Granne der Deckspelze*

I	II	III	IV	V	VI	VII	VIII	IX	X	XI	XII

Name: *Corynephorus* von griech. *koryne*= Keule, *phoros* = tragend, also «Keulenträger», wegen der an der Spitze auffällig keulenförmig verdickten Grannen der unteren Deckspelzen, *canescens* = grau werdend, wegen der nach dem Abblühen silbrigen Blütenstände.

Habitus: ausdauerndes Gras, in dichten, meist einzeln stehenden Horsten, die auch im Winter erhalten bleiben, bis 15 cm tiefes, fein verästeltes Wurzelsystem. 10–30 (–50) cm hoch.

- Halme: zahlreich, im Inneren des Horstes aufrecht, an dessen Rand im schrägen Winkel aufsteigend (igelartig), sehr dünn, unterhalb der Mitte mit 2–7 violetten Knoten, glatt oder leicht rau.
- Blätter: in der Knospenlage gerollt, kahl, grau- bis blaugrün (strahlungsabweisender Wachsüberzug). Blattscheiden rosa bis purpurn (Unterscheidungsmerkmal gegenüber *Festuca ovina*). Blattspreiten zahlreich, borstenförmig zusammengerollt, steif, scharf zugespitzt, sehr fein rau, bis 6 cm lang, nur 0,3–0,5 mm breit.
- Blatthäutchen: 2–4 mm lang, spitz zulaufend, ganzrandig, weiß.

- Blütenstand: schmale Rispe, vor und nach der Blüte zusammengezogen, bis 10 cm lang.
- Ährchen: 2–4 mm lang, hellgrün, oft purpurn überlaufen, nach der Blüte silbergrau, 2blütig. Hüllspelzen häutig, etwa zweimal so lang wie die Deckspelzen, 1nervig, Deckspelzen sechsmal so lang wie die Haare

an ihrem Grund, undeutlich genervt. Granne nahe über der Basis der Deckspelze abgehend, trägt in ihrer Mitte einen Haarkranz, ist am Ende keulenförmig verdickt und von der Hüllspelze umschlossen. Vorspelze fast so lang wie die Deckspelze, an der Spitze zweilappig.

Ökologisches Verhalten: Lichtgras, auf sommerwarmen, trockenen, nährstoff- und basenarmen, meist sauren, humus- und feinerdearmen Sandböden der Tieflagen, kalkmeidend.

Zeigerwerte: L8 T6 K5 F2 R3 N2 *Waldbindung:* NT K1.1 HB K2.1 A K1.1

Verbreitung: außer im Norden in ganz Europa vorkommend, in Deutschland im nördlichen Flachland verbreitet, in den Mittelgebirgen zerstreut und im Süden selten. In armen Sandtrockenrasen, lichten Kiefern- und Birkenwäldern, auf Dünen, an Wegen und in Sandgruben.

Gefährdung und Schutzstatus: nicht gefährdet, BArtSchV: nicht besonders geschützt.

Wissenswertes und Verwendung: Das feine dichte Wurzelwerk des Silbergrases eignet sich hervorragend zur Festigung von Flugsandböden. Es wächst extrem langsam und wird nicht einmal von Schafen gefressen, weil sein Nährstoffgehalt gering ist. Seine Vitalität ist wie bei anderen Dünengräsern (z. B. Strandhafer, *Ammophila arenaria*) von stetiger Übersandung abhängig.

Dactylis polygama Horv.

Poaceae
(Süßgräser)

D. aschersoniana Gr.
Wald-Knäuelgras
engl. cocks foot

I	II	III	IV	V	VI	VII	VIII	IX	X	XI	XII

1. *Habitus*
2. *längliches Blatthäutchen bis 5 mm lang*
3. *einseitswendige Rispe*
   a: schwach geknäuelt
   b: Rispe von ***D. glomerata***
4. *Rispenrückseite*
   a: Hüllspelzen höchstens kurz behaart
   b: bei ***D. glomerata*** *Kiel der oberen Hüll- und der Deckspelzen mit langen, steifen Haaren*
5. *Rispenvorderseite*
   a: Deckspelze mit höchstens 1 mm langer Grannenspitze
   b: bei ***D. glomerata*** *mit 1–2 mm langer Granne*

Name: *Dactylis* von griech. *daktylos* = Finger, wegen der in etwa fingerförmig angeordneten Rispenäste, *polygamus* = Pflanze mit eingeschlechtigen Blüten und mit Zwitterblüten.

Habitus: ausdauernd, locker horstförmig, mit kurzen Ausläufern. 50–120 cm hoch.

- Halme: aufrecht, Triebe und Blattscheiden zusammengedrückt.
- Blätter: in der Knospenlage gefaltet. Blattscheiden stark zusammengedrückt. Blätter 3–5 mm breit, weich, überhängend.

- Blatthäutchen: 3–5 mm lang, länglich, stumpf.
- Blütenstand: einseitswendige, aufrechte Rispe, schmaler, schütterer und weniger geknäuelt als bei *D. glomerata.*
- Ährchen: schwach geknäuelt, 5–6blütig (*D. glomerata* 3–4 (–5)blütig). Hüllspelzen kahl oder höchstens auf dem Kiel sehr kurz bewimpert (bei *D. glomerata* Kiel der oberen Hüllspelze und der Deckspelzen mit langen und kurzen steifen Haaren!), beide 3nervig. Deckspelzen auf dem Rücken abgerundet, meist ohne Wimpern, in eine ca. 1 mm lange Grannenspitze auslaufend (bei *D. glomerata* 1–2 mm lange Granne).

Ähnliche Arten: *D. glomerata* L. (Knäuelgras), eines der am weitesten verbreiteten und wichtigsten Kulturgräser.

Ökologisches Verhalten: Halbschattengras auf frischen bis feuchten, basenreichen, locker humosen Lehmböden, in halbschattigen Wäldern.

Zeigerwerte: L5 T6 K4 F5 R6 N5 ***Waldbindung:*** NT K1.1 HB K2.1 A K1.1 ***Ökologische Artengruppe:*** II.3b.

Verbreitung: in Mitteleuropa in kraut- und grasreichen Buchen- und Laubmischwäldern der collinen bis montanen Stufe zerstreut bis ziemlich häufig vorkommend.

Gefährdung und Schutzstatus: nicht als gefährdet angesehen, BArtSchV: nicht besonders geschützt.

Wissenswertes und Verwendung: Vorsicht bei Populationen im Wald! Beide Arten *(D. glomerata, D. poygama)* sind durch Übergänge miteinander verbunden (nur mikroskopisch eindeutig unterscheidbar: Größe der Pollenkörner, Größe der Spaltöffnungen). Bei Massenauftreten auf Kahlschlägen verjüngungshemmend.

4a

4b

5a

5b

***Danthonia decumbens* (L.) DJ.**

Poaceae
(Süßgräser)

Sieglingia decumbens (L.) Bernh.
Gewöhnlicher Dreizahn, Niederliegender Dreizahn
engl. common heath grass

1 *Habitus, Halme aufrecht oder niederliegend*

2 *stark gerillte Blattscheiden, oben mit 1–2 mm langen Haaren*

3 *nur 4–6 cm lange Rispe*

4 *4–7blütiges Ährchen, Deckspelzen am oberen Ende kurz 3zähnig*

I	II	III	IV	V	VI	VII	VIII	IX	X	XI	XII

Name: *Danthonia* zu Ehren des französischen Botanikers D. E. Danthoine (1739–1794), *decumbens* = niederliegend wegen der anfangs im Kreis niederliegenden Halme, die sich später aufrichten Dreizahn wegen der kurz dreizähnigen Deckspelzen.

Habitus: ausdauerndes Gras, in dichten Horsten, mit kurzen, verzweigten Rhizomen und zahlreichen Erneuerungssprossen. 15–50 cm hoch. Sommergrün.

- Halme: aufrecht, ausgebreitet oder niederliegend, dünn, glatt, mit 3–4 Knoten.
- Blätter: jüngste Blätter gefaltet. Blattscheiden stark gerillt und in der oberen Hälfte mit 1–2 mm langen Haaren besetzt. Blattspreiten oberseits graugrün, matt, unterseits grasgrün, glänzend, 4–15 cm lang, 1–3 mm breit, steif, oft gefaltet, mit Doppelrille, an den Rändern rau, beiderseits oder nur auf der Oberseite zerstreut behaart.
- Blatthäutchen: an Stelle des Blatthäutchens ein dichter Kranz kurzer Haare.

- Blütenstand: schmale, aufrechte Rispe, nur 4–6 cm lang, 4–12ährig. Rispenäste ein Ährchen, der untere Rispenast 1–3 Ährchen tragend. Neben der Rispe am Halmende häufig noch ein kleines Ährchen in einer Blattachsel am unteren Halmglied.

- Ährchen: hellgrün oder schwach bräunlich, 6–12 mm lang, 4–7blütig. Hüllspelzen gleichlang, 5–7nervig, mit deutlich erhabenem Mittelnerv. Deckspelzen sich dicht überlappend, 4–7 mm lang, derb, 9nervig, am oberen Ende kurz dreizähnig (Name!), an den Rändern mit je einer Reihe kurzer Haare, unbegrannt. Vorspelze 2nervig, so lang oder wenig kürzer als die Deckspelze. Die Blüten öffnen sich nicht (Geschlossenblütigkeit = Kleistogamie).

Ähnliche Arten: *D. decumbens* ssp. *decipiens* auf kalkreichen Halbtrockenrasen, Verbreitung wenig bekannt.

Ökologisches Verhalten: Lichtgras, auf trockenen bis frischen, nährstoff- und basenarmen, sauren, humushaltigen Sand- und Lehmböden, auch auf Torfböden, verträgt verdichtete, schlecht durchlüftete, saure Rohhumusböden, sehr dürrefest, Magerkeits-, Säure- und Torfzeiger.

Zeigerwerte: L8 Tx K2 Fx R3 N2 ***Waldbindung:*** NT K1.1 HB K2.1 A K1.1

Verbreitung: in fast ganz Europa zerstreut, im Süden nur in den Gebirgen, planar bis subalpin (Alpen bis 2250 m). In Kiefernwäldern, im Silikat-Magerrasen, auf Triften, in Heiden und auf Mooren, auf stark betretenen Flächen und Sandwegen. Klassencharakterart der Borstgras-Rasen und Zwergstrauch-Heiden, auch im Kalk-Halbtrockenrasen und in Pfeifengras-Wiesen. Häufig in Gesellschaft von *Nardus stricta* und *Calluna vulgaris*.

Gefährdung und Schutzstatus: nicht als gefährdet angesehen, BArtSchV: nicht besonders geschützt.

Wissenswertes und Verwendung: als Weidegras ohne Bedeutung, zeigt eigentlich nur schlechte Weidegebiete an. Unempfindlich gegen Tritt. Bei Süßgräsern selten ist die Ameisenverbreitung der Samen (Myrmekochorie). Von den ca. 70 *Danthonia*-Arten finden sich nur 2 in Europa.

1

Deschampsia cespitosa (L.) P. Beauv.

Poaceae
(Süßgräser)

Aira caespitosa L.
Rasen-Schmiele, Bülten-Schmiele
engl. tufted hairgrass

1 *Habitus*
2 *Blatt bis 5 mm breit, mit 5 deutlichen Rippen*
3 *a: Blattoberseite scharf rau*
b: Blattunterseite mit hellen Längslinien zwischen den Rippen
4 *derbes Blatthäutchen bis 8 mm Länge*
5 *lockere Rispe*
6 *4–6 mm lange, vielfarbig gescheckte, 2blütige Ährchen*

I	II	III	IV	V	VI	VII	VIII	IX	X	XI	XII

Name: *Deschampsia* zu Ehren des französischen Naturforschers und Arzts Louis-Auguste Deschamps (1765–1842), *cespitosus* = rasig; Schmiele ist ein altes Wort für verschiedene schmalblättrige Gräser.

Habitus: ausdauerndes, dichte Horste (Bülten) bildendes Gras, ohne Ausläufer. Weiße, starke, drahtartige, senkrecht oder spitzwinkelig bis 1 m in den Boden vordringende Wurzeln. 30–150 (–200) cm hoch. Früh austreibend. Halme werden im Herbst strohgelb. Bülten bleiben im Winter erhalten.

- Halme: zahlreich, aufrecht, schlank, mit 1–3 Knoten, glatt oder oberwärts rau.
- Blätter: in der Knospenlage gefaltet, dunkelgrün. Blattspreiten vom Halm in einem Winkel von etwa 60 Grad steif abstehend. 10–60 cm lang, nur 2–5 mm breit, mit 5–7 scharfkantigen Rippen, zwischen diesen helle Längslinien, am Rand und auf den Rippen scharf rau (Fraßschutz; rollen sich bei Trockenheit ein, Spaltöffnungen befinden sich in den Rinnen).
- Blatthäutchen: hell, derb, bis 8 mm lang.

2

- Blütenstand: lockere, ausgebreitete, pyramidenförmige Rispe, bis 20 cm lang. Rispenäste rau, waagrecht abstehend, quirlig angeordnet. Nebenäste wie bei *D. flexuosa* meist zu zweien abgehend.

- Ährchen: 4–6 mm lang, vielfarbig gescheckt, 2 (–3)blütig. Hüllspelzen violett bis braun oder grün, länglich, die untere 1nervig, die obere 3nervig. Deckspelzen weißlich, etwa so lang wie die Hüllspelzen, mit einer breiten, gezähnten Spitze, dünn 5nervig. Vorspelze wenig kürzer als die Deckspelze.

Ökologisches Verhalten: Licht-bis Halbschattengras, auf sicker- und grundfeuchten, nassen oder wechselnassen, wenig durchlässigen, humosen Lehm- und Tonböden, hinsichtlich seiner Nährstoff-, Kalk- und Reaktionsansprüche sehr indifferent, meidet Rohhumus.

Zeigerwerte: L6 Tx Kx F7~ Rx N3 ***Waldbindung:*** NT K1.1 HB K2.1 A K1.1
Ökologische Artengruppe: IV.2–3; (IV.3–4a).

Verbreitung: fast in ganz Europa häufig, im Süden nur in Gebirgslagen, planar bis alpin (Alpen bis 2375 m). In feuchten Wiesen und Wäldern, vor allem in Erlen- und Auenwäldern sowie in Eichen-Hainbuchen-Wäldern, an Quellen, Ufern und Gräben. Gesellschaftsvag, Verbreitungsschwerpunkte in den anspruchsvollen europäischen Falllaubwäldern und -gebüschen, in Gesellschaften der Feuchtwiesen und der eurosibirischen Quellfluren.

Gefährdung und Schutzstatus: nicht als gefährdet angesehen, BArtSchV: nicht besonders geschützt.

Wissenswertes und Verwendung: Die Rasen-Schmiele (auch «Stresemanngras» oder «Notenliniengras» genannt) ist sehr formenreich, besonders hinsichtlich Größe, Länge der Blätter und Farbe der Ährchen. Einzelne Horste im Wald sind unschädlich, durch Dränage und als Bodenfestiger an feuchten Böschungen sogar nützlich. Bei plötzlicher Lichtstellung kann sie sich durch Samen sehr stark vermehren und als geschlossener Rasen noch mehrjährigen Kulturen durch Wurzelkonkurrenz gefährlich werden. Als Futtergras kaum geeignet, wird aber manchmal auf Almweiden genutzt; im Tiefland dagegen ein Wiesenunkraut. Kann als Füllmaterial für Polster ähnlich wie Seegras («Waldhaar») verwendet werden. Für Wildpflanzengärten zu empfehlen. Wegen der zierlichen Rispen als Zierstaude in verschiedenen Sorten angeboten und für Trockensträuße geeignet.

5

3a

3b

4

6

1a

Deschampsia flexuosa (L.) Trin.

Poaceae
(Süßgräser)

Avenella flexuosa (L.) Drej., *Aira flexuosa* L.
Draht-Schmiele, Geschlängelte Schmiele, Schlängel-Schmiele
engl. wavy hairgrass

I	II	III	IV	V	VI	VII	VIII	IX	X	XI	XII

1 *Habitus a: im Rasen b: Einzelhorst mit trockenen Blättern vom Vorjahr*

2 *steriler Rasen mit ölig-glatten Blättern*

3 *lockere Rispe mit geschlängelten Rispenästen (flexuosa, Name!)*

4 *2blütige, oft violett überlaufene, 4–7 mm lange Ährchen, Deckspelzen mit langer Granne*

Name: *flexuosus* = gebogen, geschlängelt wegen der Rispenäste, *Avenella* = Haferchen.

Habitus: ausdauernd, in lockeren, halmreichen Horsten, die häufig lockere bis dichte, höckerige Rasen bilden, ohne Ausläufer, tiefwurzelnd, die oberen 10 cm des Wurzelsystems entwickeln sich häufig zu einem dichten Wurzelfilz. 30–70 (–100) cm hoch. Wintergrün.

- Halme: aufrecht oder am Grund gebogen, dünn, mit 1–3 Knoten, oft rötlich.
- Blätter: dunkelgrün, glänzend. Blattspreiten borstenförmig gerollt, im Querschnitt rundlich, 0,3–0,8 mm breit, bis über 20 cm lang, sich ölig-glatt anfühlend, kahl.
- Blatthäutchen: 1–3 mm lang, in der Mitte eingekerbt, grünlich-weiß.

- Blütenstand: lockere Rispe, vor und nach der Blüte zusammengezogen, bis 8 cm breit, bis 15 cm lang, Rispenäste zweigen sich gewöhnlich zu zweien von der Hauptachse ab, geschlängelt, meist rötlich.

1b

- Ährchen: locker in der Rispe verteilt, 4–7 mm lang, hell-bräunlich, oft violett überlaufen, 2blütig. Hüllspelzen ungleich lang, durchscheinend, die obere 1nervig, die untere 1–3nervig. Deckspelzen 3–5 mm lang, an der Spitze fein gezähnt, dünn 4nervig, nahe dem Grunde begrannt. Granne gekniet, in der unteren Hälfte gedreht, das Ährchen überragend, braun. Vorspelze so lang wie die Deckspelze.

Ähnliche Arten: vegetativ ähnlich: *Festuca heterophylla*, aber Blätter sich nicht ölig-glatt anfühlend

Ökologisches Verhalten: Lichtgras, im Halbschatten nur sterile Triebe bildend, auf mäßig trockenen bis frischen, nährstoff- und kalkarmen, sauren, humosen Lehmböden, auch auf Stein- und Torfböden, bevorzugt Böden mit Rohhumusauflage und meidet nasse Standorte, Magerkeits-, Säure-, Humus- und Trockenheitszeiger.

Zeigerwerte: L6 Tx K2 Fx R2 N3 ***Waldbindung:*** NT K1.1 HB K2.1 A K1.1 ***Ökologische Artengruppe:*** II.2a.

Verbreitung: fast in ganz Europa verbreitet und häufig, fehlt gebietsweise im Süden, planar bis subalpin (Alpen bis 2270 m). In lichten, artenarmen Laub- und Nadelwäldern, auf Kahlschlägen, in Heiden, Magerweiden und alpinen Strauchheiden. Gesellschaftsvag, vor allem in Eichen-Birken-Wäldern und Hainsimsen-Buchenwäldern, auch in Sauerhumus-Nadelwäldern und subalpinen Zwergstrauch-Heiden.

Gefährdung und Schutzstatus: nicht als gefährdet angesehen, BArtSchV: nicht besonders geschützt.

Wissenswertes und Verwendung: Bei lockerem Auftreten im Bestand ist die Draht-Schmiele als Rohhumuszehrer nützlich. Bei Massenausbreitung nach Lichtstellung kann sie durch Wurzelkonkurrenz und Überlagerung der Pflanzen die Verjüngung hemmen. Als Futtergras von mäßigem Wert, sehr dekoratives Gras für Trockensträuße und auch für Wildpflanzengärten zu empfehlen. Wird auch als Ziergras in verschiedenen Sorten (z. B. «Mückenschwarm» wegen zierlicher Rispen) angeboten.

2

3

4

Elymus caninus (L.) L.

Poaceae
(Süßgräser)

Agropyron caninum (L.) P. Beauv., *Triticum caninum* L.
Hunds-Quecke, Gemeine Quecke
engl. bearded couch

I	II	III	IV	V	**VI**	**VII**	**VIII**	IX	X	XI	XII

1 *aufrechter Halm mit endständiger Ähre*
2 *Blattoberseite matt grün und zerstreut behaart*
3 *Spreitengrund mit spitzen Öhrchen*
4 *Ährchen liegen mit der Breitseite an der Ährenachse an*
5 *a: Ährchen in Seitenansicht b: Ährchen in Aufsicht, Hüllspelzen 7–10 mm lang*

Name: *Elymus* ist der griechische Name der Kolbenhirse, von *elyein* = einhüllen, weil die Spelzen die reife Frucht nicht freigeben, *caninus* = (hunds) gemein, Hunds-; Quecke von germanisch *quique* = lebendig, lebhaft («quicklebendig») wegen der durch die Rhizome bedingten Langlebigkeit.

Habitus: ausdauernd, lockere Horste bildend, keine Ausläufer treibend. 50–150 cm hoch. Sommergrün.

- Halme: aufrecht oder am Grund gebogen, mit 2–5 Knoten, kahl oder nahe und an den Knoten behaart.
- Blätter: in der Knospenlage gerollt. Blattspreiten schlaff, bis 12 mm breit, 10–30 cm lang, beiderseits rau und oft zerstreut behaart, oberseits matt graugrün, unterseits glänzend dunkelgrün, am Spreitengrund mit spitzen, zangenförmigen Öhrchen.
- Blatthäutchen: nur bis 1,5 mm lang.

- Blütenstand: schlanke Ähre, schlaff, oft etwas überhängend, im unteren Teil aufgelockert, 5–20 cm lang.
- Ährchen: liegen der Ährenspindel in zwei Reihen wechselständig mit der breiteren Seite an (die Ährchen der *Lolium*-Arten kehren der Spindel die schmale Seite zu), 10–20 mm lang, hellgrün oder seltener violett überlaufen, 2–6 (–9)blütig. Hüllspelzen 7–10 mm lang, scharf zugespitzt, manchmal an der Spitze kurz begrannt, deutlich 3–7nervig. Deckspelzen sich überlappend, so lang oder etwas länger als die Hüll-

spelzen, an der Spitze in eine gerade oder geschlängelte Granne auslaufend, diese bis 25 mm lang. Vorspelze etwa so lang wie die Deckspelze.

Ähnliche Arten: *Brachypodium sylvaticum* (Wald-Zwenke) und *E. repens* (L.) Gould (Acker-Quecke, Gemeine Q.) bilden im Unterschied zu *E. caninus* weit kriechende Rhizome und dichte Rasen. Weitere Bestimmungsmerkmale sind die grannenlosen oder nur kurz begrannten Deckspelzen, die glatte Blattunterseite und die häufig violetten, halmumfassenden Öhrchen. Die Acker-Quecke ist ein hinsichtlich der Nährstoffversorgung sehr anspruchsvolles Lichtgras frischer bis mäßig trockener Standorte. Sie gilt als das am weitesten verbreitete und lästigste Schadgras des Kulturlandes, das sich durch Samen und durch Rhizomabschnitte, die sich zu einer neuen Pflanze entwickeln können, verbreitet. Sehr formenreich.

Ökologisches Verhalten: Halbschattengras, auf sickernassen bis feuchten, nährstoff- und basenreichen, milden bis mäßig sauren, humosen, lockeren Lehm- und Tonböden, Stickstoffzeiger.

Zeigerwerte: L6 T6 K3 F6 R7 N8 **Waldbindung:** NT K1.1 HB K2.1 A K1.1 **Ökologische Artengruppe:** III.4b.

Verbreitung: in ganz Europa mit Ausnahme des äußersten Südens verbreitet, im norddeutschen Flachland selten oder fehlend, planar bis hochmontan (Alpen bis 1250 m). In Auenwäldern und auf Edellaubholz-Standorten, an Ufern und Wegen. Auch in Gesellschaften der anspruchsvollen europäischen Falllaubwälder und -gebüsche.

Gefährdung und Schutz: nicht als gefährdet angesehen, BArtSchV: nicht besonders geschützt.

Wissenswertes und Verwendung: Die Gattung ist mit Weizen *(Triticum)*, Gerste *(Hordeum)* und Roggen *(Secale)* nahe verwandt und durch Bastarde verbunden. Der Gattungsname *Agropyron* wurde durch den hessischen Botaniker Gaertner geprägt (griech. agrios = wild und pyros = Weizen). Der Artname *caninus* bedeutet minderwertig im Vergleich zum Saat-Weizen *(Triticum aestivum)* und stammt noch aus der Zeit, als die Art der Gattung *Triticum* zugeordnet war.

3

4

5a

5b

Poaceae
(Süßgräser)

Festuca altissima All.

Festuca sylvatica (Poll.) Vill.
Wald-Schwingel
engl. wood fescue

1 *Habitus*
2 *Blattgrund breit und häufig gewellt*
3 *a: bläulich-grüne Blattoberseite b: lebhaft grüne, gekielte Blattunterseite, meist nach oben gekehrt*
4 *Blatthäutchen 1–5 mm lang, häufig zerschlitzt*
5 *große Rispe, nach der Blüte einseitig überhängend*
6 *2blütiges Ährchen, Deckspelzen 4–6 mm lang*

I	II	III	IV	V	VI	VII	VIII	IX	X	XI	XII

Name: lat. *festuca* bedeutet Grashalm, *altissimus* = sehr hoch; die Herkunft des Namens Schwingel ist unklar.

Habitus: ausdauernde, dichte Horste, aber nur selten zusammenhängende Rasen bildend, ohne Ausläufer. 50–120 (–200) cm hoch. Wintergrün.

- Halme: aufrecht, mit 3–4 Knoten, glatt, am Grund durch derbe, spreitenlose, gelbliche Blattscheiden (Niederblätter) verdickt.
- Blätter: in der Knospenlage gerollt. Spreitengrund ohne Öhrchen, oft breit und wellig. Blattspreiten flach, 4–15 mm breit, bis 60 cm lang, allmählich zugespitzt, kahl, zumindest an den Rändern rau, oberseits bläulich-grün, seltener blassgrün, unterseits lebhaft-grün, meist nach oben gekehrt.
- Blatthäutchen: 1–5 mm lang, häufig zerschlitzt.

- Blütenstand: große Rispe mit 2 Rispenästen auf jeder Stufe, 10–18 cm lang, vielährig. Rispenäste oft geschlängelt, zur Blütezeit nach allen Seiten abstehend und leicht nickend, nach der Blüte einseitig überhängend.
- Ährchen: 4–8 mm lang, 2–5blütig, blassgrün, selten violett gefärbt. Hüllspelzen ungleich lang, sehr spitz, kürzer als die untere Deckspelze, 1nervig. Deckspelzen 4–6 mm lang, dünn zugespitzt, deutlich gekielt und 3nervig, unbegrannt. Vorspelze etwa so lang wie die Deckspelze.

Ähnliche Arten: *Calamagrostis arundinacea*.

Ökologisches Verhalten: Schattengras, auf grund- und sickerfrischen, meist mäßig sauren, mull- oder moderartig humosen Lehmböden, bevorzugt kühle, luftfeuchte Nord- und Ostlagen. Humussammler, Moderzeiger.

Zeigerwerte: L3 T5 K3 F5 R4 N6 ***Waldbindung:*** NT K1.1 HB K2.1 A K1.1 ***Ökologische Artengruppe:*** II.3a.

Verbreitung: zerstreut bis häufig in ganz Europa, selten in Norddeutschland, planar bis mochmontan (Alpen bis 1200 m), vor allem in der collinen und montanen Stufe. In Buchen-, Buchen-Tannen- und Laubmischwäldern, oft vergesellschaftet mit *Milium effusum* und *Calamagrostis arundinacea.*

Gefährdung und Schutz: nicht als gefährdet angesehen, BArtSchV: nicht besonders geschützt.

Wissenswertes und Verwendung: Von den mehr als 450 Arten der Gattung *Festuca* weltweit, kommen ca. 170 Arten in Europa vor (ähnlich viele Arten umfasst die nah verwandte Gattung *Poa*). «Der Waldschwingel durchspinnt die Moderpakete mit seinem feinen Wurzelwerk, ohne tiefer in den Mineralboden einzudringen. Seine kräftigen Horste mit ihren kniehohen Blättern und hüfthohen Blütenhalmen lassen sich daher überraschend leicht vom Boden abheben. Er wächst gewissermaßen in einem natürlichen Blattkompost und gedeiht darauf so üppig, dass er in mäßig gelichteten Althölzern mehrere hundert m^2 große Flächen wie in einer gärtnerischen Reinkultur Horst an Horst besetzt hält und der Buchen-Naturverjüngung ernstliche Schwierigkeiten bereitet» (Ellenberg und Leuschner 2010).

Festuca gigantea (L.) Vill.

Poaceae
(Süßgräser)

Riesen-Schwingel
engl. giant fescue

I	II	III	IV	V	VI	**VII**	**VIII**	**IX**	X	XI	XII

1 *Habitus*
2 *Blätter bis 18 mm breit mit deutlichem, blaßgrünem Spreitengrund*
3 *stängelumfassende Öhrchen, Blatthäutchen nur bis 1 mm lang*
4 *schlaff überhängende Rispe*
5 *Ährchen mit 6–9 mm langen Deckspelzen, diese mit 2–3mal so langer, geschlängelter Granne*

Name: *giganteus* = riesig.

Habitus: ausdauerndes Horstgras, lockere Rasen bildend, ohne Ausläufer. 60–150 cm hoch. Sommergrün.

- Halme: aufrecht, am Grund meist etwas bogig, mit 2–5 bräunlichen Knoten, fast bis zum Beginn der Rispe von der obersten Blattscheide umhüllt, glatt.
- Blätter: in der Knospenlage gerollt. Blattscheiden offen, an den Rändern rau, im Gegensatz zu im Habitus ähnlichen *Bromus ramosus* kahl. Spreitengrund blassgrün bis weißlich mit den Halm weit umfassenden Öhrchen. Blattspreiten flach, allmählich zugespitzt, 5–18 mm breit, bis 60 cm lang, deutlich gerippt (etwa 20–25 Rippen), schwach rau, kahl, unterseits glänzend dunkelgrün, oberseits heller, die Unterseite oft nach oben gewendet.

- Blatthäutchen: meist kaum 1 mm, selten bis 2,5 mm lang.
- Blütenstand: bis 50 cm lange Rispe, allseitig ausgebreitet, schlaff überhängend. Rispenäste rau, von den un-

tersten zwei Ästen ist immer einer kürzer als der andere, im Gegensatz zu *Bromus ramosus* am oberen Rispenast mehr als 4 Ährchen.

- Ährchen: 8–13 (–20) mm lang, blassgrün, 3–10blütig. Hüllspelzen ungleich, dünn zugespitzt, die untere 4–7 mm lang, 1–3nervig, die obere 5–8 mm lang, 3nervig. Deckspelzen 6–9 mm lang, sehr fein rau, schwach 5nervig, im oberen Teil trockenhäutig, an der Spitze in eine dünne, raue, oft geschlängelte Granne auslaufend, diese zwei- bis dreimal so lang wie die zugehörige Deckspelze. Vorspelze so lang wie die Deckspelze.

Ähnliche Arten: *Bromus ramosus*.

Ökologisches Verhalten: Halbschatten- bis Schattengras frischer bis feuchter, auch sicker- oder staunasser Standorte, auf nährstoff- und basenreichen, neutralen bis mäßig sauren, humosen, sandigen oder reinen Tonböden (Gleyböden) mit bester Streuzersetzung, Vernässungszeiger und Zeiger besten Bodenzustandes.

Zeigerwerte: L4 T5 K3 F7 R6 N6 ***Waldbindung:*** NT K1.1 HB K2.1 A K1.1
Ökologische Artengruppe: III.4a.

Verbreitung: in ganz Europa, planar bis hochmontan (Alpen bis 1100 m). In krautreichen Laubmischwäldern, im Auen- und Erlenwald, besonders in Eschenbeständen, an feuchten Waldsäumen und -wegen, auf Lichtungen und Schlägen.

Gefährdung und Schutzstatus: nicht als gefährdet angesehen, BArtSchV: nicht besonders geschützt.

Wissenswertes und Verwendung: *F. gigantea* und *F. altissima* können in verlichteten Schlägen der Naturverjüngung hinderlich sein und Kulturen unter Schirm bedrängen. Der Riesen-Schwingel ist die größte heimische Schwingel-Art. Er wird auch als Ziergras an feuchten Gehölzrändern verwendet.

Festuca ovina L.

Poaceae
(Süßgräser)

Festuca vulgaris (Koch) Hayek
Gewöhnlicher Schaf-Schwingel, Echter Schafschwingel
engl. sheep's fescue, blue fescue

I	II	III	IV	V	VI	VII	VIII	IX	X	XI	XII

1 *Habitus, Horst mit Strohtunica vom Vorjahr*
2 *Blattscheide offen*
3 *seitliche Öhrchen*
4 *unterster Rispenast bis ⅓ so lang wie die gesamte Rispe (bei F. rubra bis ½ so lang)*
5 *Habitus* ***Festuca rubra***
6 *Blattscheide bei* ***F. rubra*** *fast bis oben geschlossen*

Name: *ovinus* = Schaf.

Habitus: ausdauerndes Gras in kleinen, sehr dichten, oft halbkugeligen Horsten, in lockerem Verband, mit haarartig dünnen, weitverzweigten Wurzeln, die horizontal bis 40 cm und vertikal bis 50 cm in den Boden vordringen können. 10–60 cm hoch. Sommergrün.

- Halme: aufrecht, mit 1–2 Knoten, glatt oder unter der Rispe rau und kantig. Blattscheiden weit nach unten offen, abgestorbene Scheiden bleiben lange als strohige Hülle erhalten (Strohtunica).
- Blätter: haar- oder borstenförmig und nicht entfaltbar, steif, aufrecht oder wenig geneigt, im Querschnitt oval, meist 0,3–0,8, seltener bis 1,4 mm breit, bis 25 cm lang, mit stumpfer Spitze, rau, 5–7nervig, hellgrün, grün oder blau bereift.
- Blatthäutchen: kaum 1 mm lang, beidseitig in je ein Öhrchen ausgezogen.

- Blütenstand: aufrechte Rispe, 3–12 cm lang, nur während der Blüte ausgebreitet. Rispenäste rau behaart, unterster Ast ¼ bis ⅓ so lang wie der Blütenstand (bei *F. rubra* etwa ½ so lang).
- Ährchen: 4–10 mm lang, grün oder violett, 3–9blütig. Hüllspelzen ungleich, zugespitzt, die untere 2–3 mm lang, 1nervig, die obere 3–4 mm lang, 3nervig. Deckspelzen 3,5–5 mm lang, an der Spitze mit einer dünnen, 0,5–1,5 mm langen Granne. Vorspelze so lang wie die Deckspelze.

Ähnliche Arten: weitere borstenblättrige Schwingel-Arten sind *F. nigrescens* Lam. (Herbst-Rotschwingel, Horst-Rotschwingel, Schwarzwerdender Schwingel); *F. rubra* L. ssp. *rubra* (Rot-Schwingel), Ausläufergras, wintergrün, Blattscheiden röhrenförmig geschlossen, Stängelblätter oft flach oder offen rinnig, Öhrchen nur angedeutet, von den beiden untersten Rispenästen ist der Längere etwa halb so lang wie die gesamte Rispe; *F. heterophylla* Lam. Verschiedenblättriger Schwingel, grundständige Blätter fadendünn und rau, Halmblätter flach, 2–3 mm breit; Zeigerwerte: L5 T6 K4 F4 R5 N5 Waldbindung: NT K1.1 HB K2.1 A K1.1 Ökologische Artengruppe: I.3.

Ökologisches Verhalten: Lichtgras trockener oder wechseltrockener, meist sonniger Standorte mit nährstoffarmen, sauren, meist basenarmen Böden, auf lockeren Sand- oder Steinböden bis zu verdichteten Lehm- und Tonböden, auf besseren Böden Zeiger für fortschreitende Verdichtung und Verhagerung.

Zeigerwerte: L7 Tx K3 Fx R3 N1 ***Waldbindung:*** NT K1.1 HB K2.1 A K1.1 ***Ökologische Artengruppe:*** I.1–2.

Verbreitung: in ganz Europa häufig, planar bis hochmontan. Auf Heiden, sandigen Triften, an steinigen Abhängen und Wegrändern, in Magerrasen und lichten Eichen- und Kiefernwäldern. Gesellschaftsvag, vornehmlich in Trockenrasen-, Heide- und Borstgras-Gesellschaften sowie in Eichenmischwäldern saurer Böden und in Steppenheide-Wäldern.

Gefährdung und Schutzstatus: nicht als gefährdet angesehen, BArtSchV: nicht besonders geschützt.

Wissenswertes und Verwendung: *F. ovina* ist äußerst formenreich. Die zahlreichen Unterarten sind in viele morphologische und ökologische Rassen gespalten. Der Schaf-Schwingel kann vor allem in Kiefernbeständen verjüngungshemmend wirken, da er den Boden austrocknet und verdichtet sowie die Niederschläge nicht in den Boden eindringen lässt. Das Gras ist sehr trockenheitsresistent und erträgt tiefes Mähen sowie starke Beweidung. Obwohl der Grünertrag gering ist, wird der Schaf-Schwingel aufgrund seiner Anspruchslosigkeit angebaut und dient der Schafweide, aber auch der Anlage von Rasenflächen und der Bodenbefestigung. Für Steingärten und Dachbegrünung werden durch Wachsüberzüge intensiv blau gefärbte Zuchtformen angeboten.

1

Glyceria fluitans (L.) R. Br.

Poaceae
(Süßgräser)

Flutender Schwaden, Manna-Schwaden
engl. sweet grass, water manna grass

I	II	III	IV	**V**	**VI**	**VII**	**VIII**	**IX**	X	XI	XII

1 *Habitus*
2 *spitzes Blatthäutchen, 4–7 mm lang*
3 *traubiger, schmaler Blütenstand*
4 *a: Breitseite der 7–11blütigen Ährchen*
b: Schmalseite, Deckspelze zugespitzt und am oberen Rand weißlich-durchsichtig

Name: *Glyceria* von griech. *glykeros* = süß nach den süßlich schmeckenden Samen, *fluitans* = flutend; die Herkunft des deutschen Namens Schwaden wird mit Schwade = Zeile gemähten Grases in Verbindung gebracht (niederl. Zwade = Sense), möglicherweise waren auch die Nebelschwaden über den Flussniederungen namengebend.

Habitus: ausdauernd, in lockeren Horsten, mit kriechender Grundachse und Rhizomen, aus den unteren Knoten wurzelnd. 40–120 cm hoch. Wintergrün.

- Halme: am Grund liegend oder im Wasser flutend, dann aufsteigend und aufrecht, mit wenigen Knoten, glatt.
- Blätter: in der Knospenlage gefaltet. Blattscheiden zweischneidig zusammengedrückt, glatt, deutliche Queradern in Blattscheide und Blattspreite. Blattspreiten schlaff, flach, 3–10 mm breit, bis 25 cm lang, mit kahnförmiger Spitze, auf beiden Seiten dicht gerippt, oberseits mit deutlicher Doppelrille, gegen die Spitze zu stark rau, hellgrün.
- Blatthäutchen: am jungen Blatt spitz, 4–7 mm lang, später meist zerschlitzt, länger als die Blattspreite breit.

2

- Blütenstand: meist eine Doppeltraube, schmal, bis 50 cm lang. Äste einzeln oder in Paaren, der längere mit 1–4 Ährchen, der kürzere mit einem Ährchen, meist alle Äste nach einer Seite gerichtet (einseitswendig), vor und nach der Blüte der Hauptachse angedrückt.
- Ährchen: bis über 2 cm lang, ihrem Ast anliegend, hellgrün oder purpurn, 7–11 (–16)blütig. Hüllspelzen stumpf, 1–3nervig, die untere

2–3 mm, die obere 3–5 mm lang. Deckspelzen deutlich 7nervig, 5–7 mm lang, zugespitzt, vorn verschmälert (bei *G. notata* stumpf), dort am oberen Rand weißlich-durchsichtig, unbegrannt. Vorspelze etwa so lang wie die Deckspelze, scharf zweizähnig. Staubbeutel violett, 2–3 mm lang.

Ähnliche Arten: *G. notata* Chevall., der Falten-Schwaden (Blätter in eine flache Spitze auslaufend, Blatthäutchen kürzer als die Blattspreite breit, untere Rispenäste mit (5–) 8–15 Ährchen, Deckspelzen breit abgerundet oder stumpf 3zähnig). *G. maxima* (Hartm.) Holmb., der Wasser-Schwaden, ist ein rohrartiges, bis über 2 m hohes, kräftiges Gras mit kegelförmiger, stark verzweigter Rispe und einem nur 1–3 mm langen Blatthäutchen. Der Wasser-Schwaden erträgt weniger Staunässe als der Flutende Schwaden. Voraussetzungen für sein Gedeihen sind Nährstoffreichtum im Wasser und im Boden, ausreichender Luft-Wasser-Wechsel und das Fehlen von Rohhumus. Meist an stehenden oder langsam fließenden Gewässern tieferer Lagen.

Ökologisches Verhalten: Licht- bis Halbschattengras, auf sickernassen oder flach überfluteten, meist kalkarmen, mesotrophen, anmoorigen Sand- oder Tonböden. Zeiger für zumindest zeitweise auftretende Staunässe.

Zeigerwerte: L7 Tx K3 F9= Rx N7 ***Waldbindung:*** NT K1.1 HB K2.1 A K1.1

Verbreitung: in fast ganz Europa zerstreut bis häufig, planar bis hochmontan (Alpen bis 1650 m). In stehendem oder langsam bewegtem Flachwasser, in überschwemmten oder nassen Wiesen, in Auenwäldern und Erlenbrüchen, an Gräben, Bächen und nassen Waldwegen.

Gefährdung und Schutz: nicht als gefährdet angesehen, BArtSchV: nicht besonders geschützt.

Wissenswertes und Verwendung: Die Früchte dieses Grases wurden früher (seit dem Neolithikum) vor allem in Ostdeutschland und Polen mit Hilfe eines Siebes, das kunstgerecht durch die Ähren geschlagen wurde, zur Grützebereitung (Schwadengrütze, Frankfurter Grütze bzw. Mannagrütze) gesammelt, bis das Gras durch die Wiesenkultur (Entwässerung) zurückgedrängt wurde.

Holcus mollis L.

Poaceae
(Süßgräser)

Weiches Honiggras
engl. creeping soft grass

I	II	III	IV	V	VI	VII	VIII	IX	X	XI	XII

1 *Habitus, einige Rispen ausgebreitet, andere zusammengezogen*
2 *Halm mit behaarten Knoten*
3 *bärtig behaarter Knoten*
4 *grüner, glatter Halm mit graugrüner Blattscheide*
5 *gezähntes Blatthäutchen, 1–5 mm lang*
6 *Rispe*
7 *weißlich-grünes, 2blütiges Ährchen, Deckspelze mit geknieter Granne*
8 Holcus lanatus *Behaarung nicht nur am Knoten*
9 *H. lanatus* *Unterste Blattscheiden violett gestreift*
10 *H. lanatus* *blass oder blassviolette Ährchen, Deckspelze mit hakig einwärts gebogener Granne*

Name: *Holcus* lateinischer Name der Mäuse-Gerste, von Linné auf diese Gattung übertragen, *mollis* = weich, Honiggras wegen der süß schmeckenden Halme.

Habitus: ausdauerndes Rhizomgras, Rhizome bis 2 mm dick, mit im Abstand von etwa 1 cm regelmäßig verteilten Knoten, die oberen 10 cm des Bodens mit einem sehr dichten, queckenartigen Wurzel- und Ausläufergeflecht durchziehend, Rasen bildend. 20–100 cm hoch. Wintergrün.

- Halme: knickig aufsteigend, mit 4–7 Knoten, an den Knoten dicht bärtig behaart, sonst kahl und glatt.
- Blätter: in der Knospenlage gerollt. Blattscheiden offen, kahl oder die unteren etwas weichhaarig. Blattspreiten oft fast senkrecht hochwachsend, flach und zugespitzt, 3–12 mm breit, 4–20 cm lang, an den Rändern stark, rau, zerstreut behaart oder kahl, graugrün.
- Blatthäutchen: 1–5 mm lang, gezähnt.

- Blütenstand: weichhaarige Rispe, bis über 10 cm lang. Rispenäste vor und nach der Blüte der Hauptachse anliegend.
- Ährchen: 4–7 mm lang, weißlich-grün, oft gelblich oder purpurn überlaufen, 2blütig, untere Blüte zweigeschlechtig, obere männlich. Hüllspelzen etwa so lang wie das Ährchen, allmählich zugespitzt, die untere 1nervig, die obere 3nervig, auf den Kielen und Nerven mit kurzen Haaren besetzt. Deckspelzen 2,5–3 mm lang, Deckspelze der männlichen Blüte kurz unterhalb der Spitze begrannt. Granne gekniet und aus den Hüllspelzen hervortretend. Vorspelze etwa so lang wie die Deckspelze.

Ähnliche Arten: *Holcus lanatus* L., das Wollige Honiggras, wächst in polsterartigen Horsten ohne Ausläufer. Weitere Bestimmungsmerkmale sind die weiche, samtähnliche Behaarung der ganzen Pflanze, die etwas aufgeblasenen und die untersten häufig violett gestreiften Blattscheiden («Pyjamagras») sowie die hakig-einwärtsgebogene Granne, die die Hüllspelzen nicht überragt. Bevorzugt frische bis nasse, nährstoffhaltige, kalkarme, torfige oder lehmige Böden humider Klimalagen.

Ökologisches Verhalten: Licht- bis Halbschattengras, auf mäßig frischen bis trockenen, nährstoff- und basenarmen, sauren, sandigen bis torfigen Böden, Sand-, Säure- und Verhagerungszeiger.

Zeigerwerte: L5 T5 K2 F5 R2 N3 ***Waldbindung:*** NT K1.1 HB K2.1 A K1.1 ***Ökologische Artengruppe:*** II.2a.

Verbreitung: in ganz Europa zerstreut und gebietsweise häufig, planar bis hochmontan (Alpen bis 1500 m). An Waldrändern, in lichten Wäldern, vor allem in artenarmen Eichenmischwäldern, in Heiden, auf Hochmoorkulturen, in höheren Lagen auch auf Äckern und Wiesen.

Gefährdung und Schutzstatus: nicht als gefährdet angesehen, BArtSchV: nicht besonders geschützt.

Wissenswertes und Verwendung: Beide Arten finden sich besonders häufig in Eichenbeständen. Sie behindern die natürliche und künstliche Verjüngung, besonders das dichte Rasen bildende *H. mollis*. Bekämpfung durch tiefes Pflügen und durch Kalkung. Hacken, Fräsen und flaches Pflügen sind dagegen bei *H. mollis* wegen der queckenartigen Rhizome eher geeignet, die Besiedelungsdichte zu fördern. Reichlich vegetative Vermehrung durch die Rhizome. Kleine Rhizomstücke können wieder zu neuen Pflanzen auswachsen. In einer Bodentiefe von 15–20 cm wurden auf 1 m^2 Sandboden etwa 40 m an Rhizomen gefunden. Bodenfestiger.

1

Hordelymus europaeus (L.) Jess. ex Harz

Poaceae
(Süßgräser)

Elymus europaeus L.
Wald-Gerste, Wald-Haargerste
engl. wood barley

1 *Habitus*
2 *Blattscheide mit abwärts gerichteten Haaren, Spreitengrund mit halbmondförmigen Öhrchen*
3 *Blatthäutchen sehr kurz*
4 *aufrechte, schmale Ähre*
5 *Ähre*
a: Breitseite
b: Schmalseite
6 *drei Ährchen mit je zwei borstenförmige Hüllspelzen auf jeder Stufe*

| I | II | III | IV | V | VI | VII | VIII | IX | X | XI | XII |

Name: *Hordelymus* vermittelt zwischen *Hordeum* (Gerste) und *Elymus* (Strandroggen, jetzt *Leymus arenaria*), *europaeus* = europäisch.

Habitus: ausdauerndes Horstgras, ohne Ausläufer. 40–120 cm hoch. Wintergrün, neben den diesjährigen Halmen stehen oft noch die dürren Halme mit den Blütenständen des Vorjahres.

- Halme: steif aufrecht, an den 3–4 Knoten behaart.
- Blätter: in der Knospenlage gerollt. Blattscheiden mit abwärts gerichteten Haaren besetzt. Blattspreiten flach, 5–14 mm breit, bis 30 cm

2

3

4

lang, in eine schmale Spitze auslaufend, oberseits schwach anliegend behaart, unterseits mit vorspringendem weißem Mittelnerv, rau, grasgrün, Spreitengrund mit halbmondförmigen Öhrchen.
- Blatthäutchen: weniger als 1 mm lang, gestutzt.

- Blütenstand: aufrechte, schmale, dichte Ähre, 4–10 cm lang, 3 (seltener 2) Ährchen je Stufe («Ährchendrillinge»).
- Ährchen: über 2 cm lang, grün, gewöhnlich 1blütig. Hüllspelzen in Form schmaler, steifer Borsten, etwa so lang wie das Ährchen. Ährchen innerhalb der Hüllspelzen deutlich gestielt, Deckspelze 8–10 mm lang, 5nervig, in eine feine, raue, steife, 1,5–2,5 cm lange Granne verschmälert. Vorspelze so lang wie die Deckspelze.

Ähnliche Arten: *Elymus caninus*.

Ökologisches Verhalten: Schatten- bis Halbschattengras, auf frischen, aber niemals staunassen, mittel- bis tiefgründigen Lehm- und Tonböden bester Streuzersetzung, auch auf reinem Kalkgestein.

Zeigerwerte: L4 T5 K4 F5 R7 N6 ***Waldbindung:*** NT K1.1 HB K2.1 A K1.1
Ökologische Artengruppe: II.4.

Verbreitung: zerstreut, gebietsweise häufig in Mittel- und Südeuropa, fehlt u. a. im norddeutschen Flachland, planar bis hochmontan (Alpen bis 1460 m), vor allem im Hügel- und Bergland. In gras- und krautreichen Laubmischwäldern, besonders in artenreichen Buchenwäldern. Charakterart des Waldgersten-Buchenwaldes.

Gefährdung und Schutzstatus: nicht als gefährdet angesehen, BArtSchV: nicht besonders geschützt.

Wissenswertes und Verwendung: einzige Art der Gattung. Unter dichtem Baumschluss steht *H. europaeus* in einzelnen Horsten. Bei plötzlicher Lichtstellung bildet das Gras, besonders in Süddeutschland, ausgedehnte, dichte Bestände, die eine Naturverjüngung sehr erschweren können. Wo sie in ausgedehnten Beständen wächst, zeigt sie beste Böden an.

5a

5b

6

1

Koel<u>e</u>ria gl<u>au</u>ca (Spreng.) DC.

Poaceae
(Süßgräser)

Koeleria maritima Lange, *Koeleria pohleana* (Domin) Gontsch.
Blaugrünes Schillergras, Blaugrüne Kammschmiele
engl. glaucous hair grass

1 *Habitus*
2 *a: raue Blattoberseite*
b: Blattunterseite
3 *Blatthäutchen um 1 mm lang*
4 *blau- bis graugrüne, steife Blätter*

I	II	III	IV	V	VI	VII	VIII	IX	X	XI	XII

Name: *Koeleria* nach dem Mainzer Botaniker Georg Koeler (1765–1807), *glaucus* = blaugrün; Schillergras nach den etwas glänzenden (schillernden) Ährchen.

Habitus: ausdauerndes Horstgras, lockere Rasen bildend. 30–70 cm hoch. Sommergrün.

- Halme: an der Basis durch alte, aufgefaserte Blattscheiden zwiebelartig verdickt, aufrecht, meist kurz behaart. Blattscheiden bleich, quergewellt, die untersten behaart.
- Blätter: steif, schmal, flach, rau und rinnig oder borstenförmig gerollt, 2–5 cm lang, blau- bis graugrün.
- Blatthäutchen: um 1 mm lang.

2a

2b

3

- Blütenstand: ährenförmige Rispe (rispige Scheinähre), bis über 10 cm lang, zur Blütezeit büschelig gespreizt.
- Ährchen: 4–5 mm lang, glänzend, gelblich-weiß, 2–3blütig. Hüllspelzen wenig kürzer als das Ährchen, zusammengedrückt, mit deutlicher Spitze. Deckspelzen stumpf oder mit aufgesetzter Stachelspitze, unbegrannt.

Ähnliche Arten: bei *K. pyramidata* (Lam.) P. Beauv., der Pyramiden-Kammschmiele, ist die Basis der bis über 1 m hohen Halme nicht zwiebelartig verdickt, sind die Blätter grün, weich, abstehend bewimpert oder fast kahl, die Halme unterhalb der Rispe dicht langhaarig, die Ährchen 5–8 mm lang und die Deckspelzen zugespitzt. Die Art bevorzugt mäßig trockene Löss-, Lehm- und Tonböden, gedeiht aber auch auf Sand und Torf. In Mitteleuropa von der Ebene bis in die subalpine Stufe verbreitet (Alpen bis 1800 m), im nordwestdeutschen Flachland weitgehend fehlend, ziemlich häufig in Kalkmagerrasen und in Grasheiden, an Wegen, auf Schaftriften, seltener in lichten Kiefernwäldern.

Ökologisches Verhalten: Lichtgras, auf sommerwarmen, trockenen, nährstoffarmen, basenreichen, meist kalkhaltigen und durchlässigen Sandböden.

Zeigerwerte: L7 T7 K7 F3 R8 N1 ***Waldbindung:*** NT K1.1 HB K2.1 A K1.1

Verbreitung: selten, aber gesellig in Mittel- und Osteuropa, in Nord- und Ostdeutschland zerstreut, in Süddeutschland sehr selten, dort vor allem längs des Rheins, planar bis montan mit einem Schwergewicht in tieferen Lagen. In Sandrasen von Binnendünen, in lichten, trockenen Kiefernwäldern, auf Heiden. Häufig mit *Corynephorus canescens*.

Gefährdung und Schutzstatus: 2: stark gefährdet, BArtSchV: nicht besonders geschützt.

Wissenswertes und Verwendung: Ziergras für trockene und sonnige Bereiche.

Leymus arenarius (L.) Hochst.

Poaceae
(Süßgräser)

Elymus arenarius L.
Gewöhnlicher Strandroggen, Blauer Helm
engl. lyme grass

1 *Habitus*
2 *a: deutlich gerillte Blattoberseite b: Blattunterseite blaugrün bereift*
3 *dickhäutiges Blatthäutchen bis 1 mm lang*
4 *Pflanze mit blaugrünen Blättern*
5 *Habitus* ***Ammophila arenaria***

I	II	III	IV	V	VI	VII	VIII	IX	X	XI	XII

Name: *Leymus* wurde von Hochstetter geprägt als Anagramm von *Elymus*, wozu die Art vorher gestellt wurde, *arenarius* = Sandboden.

Habitus: ausdauerndes, kräftiges Gras mit meterlangen Rhizomen. 50–150 cm hoch. Wintergrün.

- Halme: steif aufrecht, kräftig, glatt.
- Blätter: in der Knospenlage gerollt. Blattscheiden offen, glatt, kahl, mit deutlichen Queradern. Spreitengrund mit langen, stängelumfas-

senden, kräftigen, oft aufwärts eingerollten Öhrchen, Blattspreiten steif, flach oder bei Trockenheit eingerollt, mit stechender Spitze, bis 15 mm breit, bis 60 cm lang, oberseits mit 30–40 feinen, deutlichen Rillen, rau, unterseits blaugrün bereift.
- Blatthäutchen: bis 1 mm lang, dickhäutig, am Rand kurz behaart.

- Blütenstand: steif aufrechte Ähre, bis über 30 cm lang, bis 2,5 cm breit, blaugrau, allseitig mit Ährchen besetzt, in der Ährenmitte meist 3, oben und unten meist 2 Ährchen zusammenstehend.
- Ährchen: bis 3 cm lang, meist 3blütig. Hüllspelzen etwa so lang wie das Ährchen, zumindest auf dem Kiel behaart, 3–5nervig. Deckspelzen 1,5–2,5 cm lang, 7nervig, scharf zugespitzt, dicht mit kurzen, weichen Haaren besetzt, unbegrannt. Vorspelze so lang wie die Deckspelze.

Ökologisches Verhalten: Volllichtgras, auf stickstoffhaltigem, meist kalkreichem Dünensand.

Waldbindung: NT K1.1 HB K2.1 A K1.1

Verbreitung: an den Küsten Nord- und Nordwesteuropas häufig, im Binnenland vereinzelt gepflanzt. Auf Primär- und Weißdünen.

Gefährdung und Schutzstatus: nicht als gefährdet angesehen, BArtSchV: nicht besonders geschützt.

Wissenswertes und Verwendung: Strandroggen wird ähnlich wie der Strandhafer (*Ammophila arenaria* (L.) Link) zur Festigung von Küstendünen und Treibsanden vor der Aufforstung angepflanzt. Gekennzeichnet ist der Strandhafer durch die ährenförmig zusammengezogene, hell-strohgelbe Rispe und das bis zu 3 cm lange, an der Spitze tief gespaltene Blatthäutchen. In der Helmdünen-Gesellschaft besiedelt der Strandroggen gewöhnlich die niedrigeren und seenäheren Dünen. Der Strandhafer herrscht auf den hohen Weißdünen. Beide Arten benötigen ständige Sandzufuhr zum normalen Gedeihen. Strandroggen wird für die Leeseiten, Strandhafer für die Luvseiten bevorzugt. *Leymus arenarius* wird auch als Ziergras angeboten. Auf Island hat man das Mehl zum Brotbacken verwendet.

3

4

5

Poaceae
(Süßgräser)

Lolium perenne L.

Deutsches Weidelgras, Englisches Raygras, Lolch
engl. perennial rye-grass

I	II	III	IV	**V**	**VI**	**VII**	**VIII**	**IX**	**X**	XI	XII

1 *Habitus, rasenbildendes Gras*

2 *a: Blattoberseite mit rundlichen Rippen*
b: Blattunterseite deutlich gekielt

3 *Spreitengrund mit sichelförmigen Öhrchen*

4 *durchsichtiges, bis 2 mm langes Blatthäutchen*

5 *Ährchen liegen der Ährenachse mit der Schmalseite an*

6 *8blütiges Ährchen, untere Hüllspelze ¾ so lang wie das Ährchen*

Name: *Lolium* ist der lateinische Name des Lolchs, *perennis* = ausdauernd; Weidelgras, weil wertvolles Weidegras.

Habitus: meist ausdauernd, ebene, ausgebreitete Horste bildend, diese aus Teilhorsten zusammengesetzt, die durch verlängerte Wurzelstockglieder und wurzelnde Seitentriebe verbunden sind, zur Bildung von geschlossenen Rasen fähig, mit zahlreichen sterilen Trieben. 10–90 cm hoch. Weitgehend wintergrün.

- Halme: aufrecht oder ausgebreitet, mit 2–4 Knoten, glatt.
- Blätter: in der Knospenlage gefaltet, grün bis dunkelgrün. Blattscheiden kahl und glatt, die untersten rötlich. Spreitengrund mit schmalen, sichelförmigen Öhrchen, Blattspreiten 2–6 mm breit, bis 20 cm lang,

zugespitzt, unterseits fettig glänzend und auf ganzer Länge deutlich gekielt, Oberseite mit deutlichen rundlichen Rippen, kahl und glatt oder schwach rau.

- Blatthäutchen: durchsichtig, bis 2 mm lang.

- Blütenstand: Ähre mit hin und her gebogener, glatter Hauptachse, aufrecht oder wenig überhängend, bis 30 cm lang, Ährchen der Hauptachse in zwei Reihen wechselständig mit der schmalen Seite anliegend.
- Ährchen: aufrecht, bis 20 mm lang, grün oder purpurn, 4–16blütig. Untere Hüllspelze etwa ¾ so lang wie das Ährchen, 5–7nervig. Deckspelzen 6–7 mm lang, 5nervig, unbegrannt (*Elymus*-Arten mit Granne). Vorspelze so lang wie die Deckspelze.

Ähnliche Arten: *Elymus caninus, E. repens*, (Ährchen liegen der Ährenachse mit der breiteren Seite an), vegetativ ähnlich: *Cynosurus cristatus* L. (Wiesen-Kammgras).

Ökologisches Verhalten: Lichtgras, auf frischen bis mäßig feuchten, nährstoffreichen Ton- und Lehmböden, auf reichliche Stickstoffversorgung angewiesen, frost- und dürreempfindlich, bevorzugt luftfeuchtes, schneearmes Küstenklima, meidet trockenes Festlands- und raues Gebirgsklima, wird anderen Pflanzen gegenüber durch Beweidung, Schnitt und Betreten gefördert.

Zeigerwerte: L8 T6 K3 F5 R7 N7 ***Waldbindung:*** NT K1.1 HB K2.1 A K1.1

Verbreitung: in ganz Europa verbreitet, häufig als wichtigstes Futter- und Weidegras sowie als Rasen angebaut, planar bis montan (Alpen bis 1100 m), von der Küste zum Binnenland und hohen Bergland abnehmend. Auf betretenen, beweideten oder häufig gemähten Grasflächen, auf Wegen und Plätzen, in Laubholzbeständen auf häufig betretenen Wegen.

Gefährdung und Schutzstatus: nicht als gefährdet angesehen, BArtSchV: nicht besonders geschützt.

Wissenswertes und Verwendung: gilt als wichtigstes Weide- und Parkrasengras (hohe Trittresistenz und hohe Regenerationsfähigkeit) und wird in England seit über 300 Jahren kultiviert. Zählt zu den 5 häufigsten Gräsern, deren Pollen bei Allergikern zu Heuschnupfen führen.

Melica ciliata L.

Poaceae
(Süßgräser)

Östliches Wimper-Perlgras
engl. eyelash pearl-grass

I	II	III	IV	**V**	**VI**	**VII**	**VIII**	IX	X	XI	XII

1 *Habitus*
2 *Blattoberseite dicht, kurz behaart*
3 *stumpfes 2–4 mm langes, zerschlitzes Blatthäutchen*
4 *ährenförmig zusammengezogene Rispe nach der Blüte*
5 *a: blühende Ährchen b: lange seidige Bewimperung der Deckspelzen*
6 *Ährchen nach der Blütezeit*

Name: *Melica* (lat. *milium*) ist der mittelalterliche Name der Hirse, der von Linné auf diese Gattung übertragen wurde, *ciliatus* = bewimpert wegen der am Rand langzottig behaarten Deckspelzen; Perlgras wegen der glänzenden, perlartigen, wie auf einer Schnur aufgereihten Ährchen.

Habitus: ausdauerndes Horstgras, Grundachse kurz kriechend, bis über 10 cm lange Rhizome treibend, Grundachse und Rhizome dicht mit Halmen und Blattbüscheln besetzt. 20–70 (–100) cm hoch. Sommergrün.

- Halme: aufrecht, steif, oberwärts rau.
- Blätter: graugrün. Blattscheiden zusammengewachsen. Blattspreiten meist aufrecht, steif, bis 25 cm lang, zunächst flach und 3–4 mm breit,

später borstenförmig eingerollt, oberseits meist dicht kurz behaart.
- Blatthäutchen: 2–4 mm lang, stumpf, meist zerschlitzt.

- Blütenstand: ährenförmig zusammengezogene Rispe (rispige Scheinähre), oft einseitswendig und aufgelockert, aufrecht, 4–8 (–25) cm lang, am Grunde mit meist einem, selten ohne oder mit 2 astlosen Knoten. Rispenäste kurz, der Hauptachse anliegend.
- Ährchen: 6–7 mm lang, bleich, selten violett, 2blütig, die untere Blüte fruchtbar und zweigeschlechtig, die obere steril und zu einem keulenförmigen, verhärteten Körper verkümmert. Obere Hüllspelze so lang wie das Ährchen, die untere höchstens um ¼ kürzer. Deckspelze der fruchtbaren Blüte dicht und lang seidig bewimpert, die Haare ragen während der Blüte aus dem Ährchen hervor, die Deckspelze der sterilen Blüte kahl, Deckspelzen 7–9nervig.

Ähnliche Arten: vegetative Merkmale: *Poa nemoralis*.

Ökologisches Verhalten: Lichtgras sommerwarmer Lagen, auf trockenen, basenreichen, meist kalkhaltigen, humusarmen Steinschutt- oder Felsböden, meist auf Kalkfels und Kalkschutt, aber auch auf Verwitterungsböden aus anderem Gestein (u. a. auf Basalt), Pioniergras.

Zeigerwerte: L8 T7 K4 F2 R7 N2 ***Waldbindung:*** NT K1.1 HB K2.1 A K1.1

Verbreitung: zerstreut in Mittel- und Südeuropa, in Deutschland nur im mittleren und südlichen Gebiet, dort zerstreut bis selten, Nordgrenze etwa auf der Linie Düsseldorf-Nordharz-Halle an der Saale, fehlt auf der Bayerischen Hochebene und in Teilen der Bayerischen Alpen, collin bis montan. In sonnigen, offenen Steinschutt- und Felsfluren, in lichten, wärmeliebenden Eichenwäldern, an Felsen und Mauern, in Weinbergen.

Gefährdung und Schutzstatus: nicht als gefährdet angesehen, BArtSchV: nicht besonders geschützt.

Wissenswertes und Verwendung: stellt zur Blütezeit einen auffälligen und charakteristischen Florenaspekt in den Hauptverbreitungsgebieten dar. Geeignet für extensive Dachbegrünung, als Zierpflanze für Steingärten und für Trockensträuße.

Melica nutans L.

Poaceae
(Süßgräser)

Nickendes Perlgras
engl. mountain melick

I	II	III	IV	**V**	**VI**	**VII**	VIII	IX	X	XI	XII

1 Habitus
2 Blütenstand eine einseitswendige, schmale Traube
3 nickende, 2–3blütige Ährchen mit violettbraunen Hüllspelzen mit weißem, häutigen Rand

Name: *nutans* = nickend.

Habitus: ausdauernd, mit dünner, unterirdisch weit kriechender Grundachse, zuweilen auch mit Rhizomen, lockere Rasen bildend, bis 50 cm tief wurzelnd. 20–60 cm hoch. Sommergrün.

- Halme: aufrecht oder ausgebreitet, dünn, eckig, unterhalb des Blütenstandes sehr fein rau.
- Blätter: in der Knospenlage gerollt. Blattscheiden röhrenförmig geschlossen, kantig, geflügelt bis gekielt, rau, die unteren meist purpurn. Blattspreiten flach oder nach oberwärts eingerollt, 2–6 mm breit, bis 20 cm lang, oberseits meist zerstreut und kurz behaart, hellgrün (*M. uniflora* mit einem Sporn gegenüber dem Spreitengrund).
- Blatthäutchen: unter 1 mm lang, braun.

- Blütenstand: einseitswendige, schmale Traube (*M. uniflora* mit allseitswendiger Rispe), unten bisweilen rispig verzweigt, nickend, selten länger als 10 cm.
- Ährchen: nickend (bei *M. uniflora* aufrecht), an kurzen Stielchen, 6–8 mm lang, mit 2–3 zweigeschlechtigen Blüten und einer sterilen, keulenförmigen Blüte an der Spitze des Ährchens. Hüllspelzen 4–6 mm lang, dünn 5nervig, violett bis braun, an der Spitze mit weißem, häutigem Rand. Deckspelzen sich überlappend, die Hüllspelzen wenig überragend, grünlich, deutlich 7–9nervig, ohne Granne und Stachelspitze. Vorspelze so lang wie die Deckspelze.

Ähnliche Arten: sehr ähnlich ist *M. picta* K. Koch, das Bunte Perlgras. Zu erkennen ist es an dem weißen, bis 2 mm langen Blatthäutchen, den graugrünen, starren Blattspreiten und den meist grünen Hüllspelzen, die nur an der Spitze einen rötlichen Flecken aufweisen. *M. picta* ist eine nordosteuropäische Art, die in Mittel- und Süddeutschland zerstreut bis selten in wärmeliebenden Eichenmischwäldern vorkommt.

Ökologisches Verhalten: Halbschatten- bis Schattengras, auf mäßig trockenen bis frischen (wechselfrischen), nährstoff- und basenreichen, meist kalkhaltigen, neutralen bis mäßig sauren, humosen, lockeren Lehm- und Tonböden, häufig auf Kalkgestein, Zeiger für beste Streuzersetzung (Mull) und lockeren Oberboden. Dieser Bewohner trockener, dichtschattiger Kalkwälder ist in Ungarn beheimatet. Er kommt bei uns nur selten vor (bis Sachsen und Württemberg, N- und W-Grenze seines Verbreitungsgebietes). Vielleicht wurde es bis jetzt bei uns auch häufig übersehen.

Zeigerwerte: L4 Tx K3 F4~ Rx N3 ***Waldbindung:*** NT K1.1 HB K2.1 A K1.1 ***Ökologische Artengruppe:*** I.3.

Verbreitung: in fast ganz Europa, in Deutschland verbreitet bis zerstreut, im Nordwesten und in den Silikatgebirgen selten oder fehlend, planar bis hochmontan (Alpen bis 1885 m). In gras- und krautreichen Laub- und Nadel-Mischwäldern, auch in Auenwäldern und Trockengebüschen sowie an beschatteten Felsen.

Gefährdung und Schutzstatus: nicht als gefährdet angesehen, BArtSchV: nicht besonders geschützt

Wissenswertes und Verwendung: Verbreitung der Samen durch Ameisen. Sehr dekoratives Gras, auch für Wildpflanzengärten, aber nur im Schatten konkurrenzfähig, Bodendecker. Bei Waldweide wird das Nickende Perlgras befressen.

2

3

1

Melica uniflora Retz.

Poaceae
(Süßgräser)

Einblütiges Perlgras
erngl. wood melick

1 *Habitus*
2 *1–4 mm langer Sporn gegenüber dem Spreitengrund*
3 *junge, armblütige Rispe*
4 *Ährchen oben mit purpurfarbener bis brauner, dreinerviger, unterer Hüllspelze, Ährchen unten fruchtend*

I	II	III	IV	V	VI	VII	VIII	IX	X	XI	XII

Name: *uniflorus* = einblütig, weil ein Ährchen gewöhnlich nur eine fertile Blüte hat.

Habitus: ausdauernd, bildet oft ausgedehnte, dichte Rasen, treibt bis über 10 cm lange, etwa 1,5 mm dicke, weißliche Rhizome, mit sehr intensivem, aber nicht sehr tief reichendem (20–30 cm) Wurzelsystem, das sich in den oberen 10 cm des Bodens häufig zu einem dichten Wurzelfilz verdichtet. 20–60 cm hoch. Sommergrün.

- Halme: aufrecht oder aufsteigend, schlaff, dünn, glatt, 3–4 (–6) Blätter tragend.
- Blätter: in der Knospenlage gerollt. Blattscheiden röhrenförmig geschlossen, locker mit kurzen, zurückgeschlagenen Haaren besetzt oder kahl, meist purpurn. Blattspreiten schlaff, flach, in eine dünne Spitze auslaufend, 3–5 (–7) mm breit, bis 20 cm lang, oberseits kurz behaart, unterseits und an den Rändern fein rau, hellgrün bis grün. Aufrechter, 1–4 mm langer Sporn gegenüber dem Spreitengrund (*M. nutans* ohne Sporn)
- Blatthäutchen: kurz, ringförmig.

- Blütenstand: lockere Rispe, oft traubenartig, allseitswendig (*M. nutans* mit einseitswendiger Traube), aufrecht oder nickend, 6–22 mm lang, armblütig. Rispenäste stumpf dreikantig. Rispenäste aufrecht, abstehend, kahl, rau, meist 1–3 Ährchen tragend.

- Ährchen: aufrecht (bei *M. nutans* nickend), 4–7 mm lang, 2blütig, die untere Blüte zweigeschlechtig, die obere steril und zu einem keulenförmigen Körper verkümmert. Hüllspelzen etwa so lang wie das Ährchen, die obere 5nervig, die untere 3nervig, purpurn oder bräunlich, Hüllspelzen bleibend. Deckspelzen wenig kürzer als die Hüllspelzen, deutlich 7nervig, unbegrannt, grün. Vorspelze so lang wie die Deckspelze, sehr fein behaart.

Ökologisches Verhalten: Schattengras wärmerer Lagen, auf mäßig trockenen bis frischen, nährstoff- und basenreichen, kalkhaltigen bis kalkarmen, neutralen bis mäßig sauren, humosen, mittel- bis tiefgründigen Lehmböden mit guter Streuzersetzung (Mullböden).

Zeigerwerte: L3 T5 K2 F5 R6 N6 ***Waldbindung:*** NT K1.1 HB K2.1 A K1.1 ***Ökologische Artengruppe:*** II.3b.

Verbreitung: mit Ausnahme des Südwestens in ganz Europa meist häufig und gesellig, in Deutschland vor allem im mittleren Gebiet, sonst zerstreut oder fehlend (u. a. in Ost- und Nordost-Bayern und in den Alpen), planar bis montan (Südschwarzwald bis 950 m). In gras- und krautreichen Buchen- und Laubmischwäldern.

Gefährdung und Schutzstatus: nicht als gefährdet angesehen, BArtSchV: nicht besonders geschützt.

Wissenswertes und Verwendung: Verbreitung der Samen durch Ameisen. *M. uniflora* beeinträchtigt bei Massenauftreten in älteren Buchenbeständen durch Bildung dichter Rasen die Naturverjüngung. Dekoratives Gras für Wildpflanzengärten.

2

3

4

Milium effusum L.

Poaceae (Süßgräser)

Wald-Flattergras, Gewöhnliches Flattergras, Wald-Hirse
engl. wood millet

I	II	III	IV	V	VI	VII	VIII	IX	X	XI	XII

1 *Habitus*
2 *Blattscheide, Halm und Blätter kahl*
3 *gezähntes Blatthäutchen bis 10 mm lang, Blattscheide und Blatt weißlich mehlig bereift*
4 *junger Blütenstand, Blätter meist umgewendet*
5 *je Rispenknoten 5–7 Rispenäste*
6 *Hüllspelzen so lang wie das 1blütige, 3–4 mm lange Ährchen*

Name: *Milium* ist der antike Name für Hirse, der wegen ähnlicher Verwendung und Fruchtform auf diese Pflanze übertragen wurde, *effusus* = ausgebreitet; Flattergras wegen der flatternden Blütenstände.

Habitus: ausdauernd, in lockeren Horsten, Grundachse unterirdisch kriechend, kurze Rhizome treibend, flach wurzelnd. 60–120 (–180) cm hoch. Sommergrün, Halme vergehen schon bald nach der Samenreife.

- Halme: aufrecht oder am Grund gebogen, mit 3–5 Knoten in der unteren Hälfte, glatt.
- Blätter: in der Knospenlage gerollt. Blattscheiden glatt und kahl. Blattspreiten schlaff, meist umgewendet herabhängend, flach, 5–15 mm breit, 10–30 cm lang, gegen den Spreitengrund schmaler werdend, kurz zugespitzt, an den Rändern rau, kahl, am Spreitengrund oft weißlich-mehlig bereift, hell- bis graugrün.
- Blatthäutchen: 3–10 mm lang, gestutzt oder gezähnt.

- Blütenstand: sehr lockere Rispe, aufrecht, an der Spitze überhängend, 10–40 cm lang, bis 20 cm breit. Rispenäste meist zu 5 (4–7) wirtelig angeordnet, haardünn, vor der Blüte anliegend, während derselben ausgebreitet, nach der Blüte herabgeschlagen.

- Ährchen: 3–4 mm lang, blassgrün, selten violett überlaufen, 1blütig. Hüllspelzen so lang wie das Ährchen, 3nervig. Deckspelze so lang oder etwas kürzer als die Hüllspelzen, zugespitzt, dünn, 5nervig, glatt, glänzend. Vorspelze so lang wie die Deckspelze.

Ähnliche Arten: vegetativ ähnlich: *Brachypodium sylvaticum*, *Poa*.

Ökologisches Verhalten: Halbschatten- bis Schattengras, auf frischen, nährstoffreichen, neutralen bis mäßig sauren, humosen, lockeren, mittel- bis tiefgründigen Lehmböden, Frischezeiger, Mullbodenpflanze, bei Stickstoffmangel infolge gehemmter Streuzersetzung mit gelbgrünen Blättern.

Zeigerwerte: L4 Tx K3 F5 R5 N5 ***Waldbindung:*** NT K1.1 HB K2.1 A K1.1 ***Ökologische Artengruppe:*** II.3a.

Verbreitung: fehlt in Europa nur im südlichen Mittelmeergebiet, in ganz Deutschland verbreitet und gebietsweise häufig, planar bis hochmontan (Alpen bis 1880 m). In kraut- und grasreichen Laub- und Nadelmischwäldern, vor allem in Buchen- und Eichen-Hainbuchen-Wäldern, ferner an feuchten Bachrändern und im Auenwald, seltener unter Fichte, unter Kiefer nur auf Laubholzstandorten.

Gefährdung und Schutzstatus: nicht als gefährdet angesehen, BArtSchV: nicht besonders geschützt.

Wissenswertes und Verwendung: früher angeblich auch als Mehlfrucht verwendet. Ihr Wert als Wildfutter ist gering, die Früchte dienen als Vogelfutter. Für Wildpflanzengärten geeignet.

3

4

5

6

Molinia caerulea (L.) Moench

Poaceae
(Süßgräser)

Blaues Pfeifengras, Besenried, Benthalm
engl. purple moor grass

I	II	III	IV	V	VI	**VII**	**VIII**	**IX**	X	XI	XII

1 *Habitus, Halme vom Vorjahr überdauern noch lange*

2 *anstelle eines Blatthäutchens Haarkranz am Übergang von Blattscheide zu Blattspreite*

3 *Rispen vor und nach der Blütezeit zusammengezogen*

4 *schieferblaue bis violette, 4 bis maximal 8 mm lange Ährchen*

5 *Blaues Pfeifengras im Herbst*

6 ***Molinia arundinacea** Rohr-Pfeifengraas, Habitus zur Blütezeit*

Name: *Molinia* nach dem spanischen Jesuiten und Naturforscher Juan Ignacio Molina (1740–1829, Naturgeschichte Chiles), *caeruleus* = blau, wegen der oft blauviolett gefärbten Ährchen; Pfeifengras, weil die langen, knotenlosen Halme zum Pfeifenreinigen benutzt wurden.

Habitus: ausdauernd, große, dichte Horste bildend, selten mit kurzen Rhizomen, bis 1 m tief wurzelnd, Wurzeln zäh, zu Speicherorganen verdickt, weißlich, mit starker Seitenwurzelbildung. 10–120 (–250) cm hoch. Spät austreibend, sommergrün.

- Halme: aufrecht, schlank, glatt, scheinbar knotenlos, nur über der etwas flaschenförmig, zwiebelig verdickten, meist rötlich überlaufenen Sprossbasis mit 2–3 dicht übereinanderstehenden Knoten und einem Knoten, der 2–4 cm höher angeordnet ist, Halme vom Vorjahr überdauern noch lange im nächsten Jahr.
- Blätter: in der Knospenlage gerollt, grau- bis blaugrün, im Herbst gelb. Blattscheiden offen und anliegend, glatt, meist kahl. Blattspreiten aufrecht oder etwas übergebogen, flach, 2–6 (–12) mm breit, 5–50 cm lang, bei Trockenheit an den Rändern eingerollt, in eine lange Spitze auslaufend, unterseits gekielt, oberseits mit 35–40 sehr feinen Rippen und meist zerstreut behaart, auf der Oberseite und an den Rändern rau.
- Blatthäutchen: Haarkranz und 2 seitlich sitzende Büschel kurzer Haare.
- Blütenstand: steif aufrechte Rispe, nur zur Blütezeit ausgebreitet,

5–20 cm lang. Zahl und Abstand der Rispenäste sehr unregelmäßig, einzeln von der Hauptachse abgehend, bis 20 cm lang, kantig, rau.

- Ährchen: 4–6 (–8) mm lang, schieferblau bis violett, im Schatten grün bis blass, locker (1–)2–5blütig. Die untere Hüllspelze 1,5–3 mm lang, 1nervig, die obere 2,5–4 mm lang, 1–3nervig. Deckspelzen 3–4 (–6) mm lang, 3nervig, unbegrannt. Vorspelze etwa so lang wie die Deckspelze.

Ähnliche Arten: *M. arundinacea* Schrank (Rohr-Pfeifengras), dieses aber kalkliebend, und in allen Teilen größer. Zeigerwerte L7 T6 K5 Fx Rx N2 Waldbindung: NT K2.1 HB K2.1 A K2.1 Ökologische Artengruppe: IV.2–3.

Ökologisches Verhalten: Halblichtgras, auf wechselfeuchten bis nassen, nährstoffarmen, mäßig sauren, modrig bis torfig humosen Lehm- und Tonböden, aber auch auf Torfböden, Sandböden mit Ortsteinbildung und kalkhaltigen Böden, Humuszehrer und Bodenlockerer, Magerkeits- und Feuchtigkeitszeiger, zeigt auf oberflächlich trockenen Böden Grundwasser in höchstens 1,5 m Tiefe an.

Zeigerwerte: L7 Tx K3 F7 Rx N2 ***Waldbindung:*** NT K1.1 HB K2.1 A K1.1 ***Ökologische Artengruppe:*** IV.1–2.

Verbreitung: in fast ganz Europa, in ganz Deutschland verbreitet, örtlich häufig und gesellig, planar bis subalpin (Alpen bis über 2500 m). In Moorwiesen, auf austrocknenden Mooren, in Heiden, in lichten Eichen-, Birken- und Nadelwäldern, auf Waldwiesen und Waldschneisen, auf Kahlschlägen mit starken Rohhumuspolstern.

Gefährdung und Schutz: nicht als gefährdet angesehen, BArtSchV: nicht besonders geschützt.

Wissenswertes und Verwendung: Die langen, knotenlosen Halme fanden Verwendung als Pfeifenreiniger (Name!), Besen und zum Aufbinden der Weinreben. In stark verdichteten Althölzern und auf Freiflächen kann *M. caerulea* höhere Deckungsgrade erreichen und ausgedehnte, lockere Bestände bilden. Da das Gras nicht zu dichten Rasen zusammenwächst und keinen Wurzelfilz ausbildet, stellt das Pfeifengras meist kein starkes Verjüngungshemmnis dar. Durch Drainage und Auflockerung des Bodens kann es zur Verbesserung des Standorts beitragen. Beide Arten mit mehreren Sorten als Ziergräser, u. a. in Heidegärten, zu verwenden. Spätblüher.

1

Nardus stricta L.

Poaceae
(Süßgräser)

Borstgras
engl. mat grass

1 *Habitus*
2 *einblütige, schieferblaue bis violette Ährchen*
3 *ausgedehnte Borstgras-Rasen, jeder Horst mit Strohtunica vom Vorjahr*
4 *borstenförmig zusammengerollte Blätter*
5 *einseitswendige Ähre mit Ährchen in zwei Reihen*

I	II	III	IV	V	VI	VII	VIII	IX	X	XI	XII

Name: *Nardus* ist ein lat.-griech. Pflanzenname, den Linné auf diese Gattung übertragen hat. Er bezieht sich auf ein indisches Baldriangewächs, aus dem wohlriechendes «Nardenöl» gewonnen wurde, *strictus* = straff, steif wegen der steif aufrechten Halme; Borstgras wegen der Form der Blätter.

Habitus: ausdauernd, in sehr dichten und festen, brettartig zusammenhängenden Horsten, die von verdickten, festen, hellgelblichen bis bräunlichen, glänzenden Blattscheiden der Vorjahre umhüllt sind (Strohtunica), häufig ausgedehnte Bestände bildend, mit schnurgeraden, groben, senkrecht bis diagonal in den Boden vordringenden Wurzeln und mit kurzen Rhizomen, bis 80 cm tief wurzelnd. (5–) 15–30 (–60) cm hoch. Wintergrün, ziemlich früh austreibend, langsam wachsend.

- Halme: steif aufrecht, dicht zusammengedrängt, bedeutend länger als die Blätter, nur am Grund beblättert, mit nur einem Knoten, glatt.
- Blätter: graugrün oder grün. Blattscheiden kurz, bleich, glänzend, glatt, strohartig, ausdauernd. Blattspreiten rechtwinkelig von den Blattscheiden abgehend oder aufrecht, steif, scharf zugespitzt, borstenförmig zusammengerollt, etwa 0,5 mm dick, 3–20 (–30) cm lang, an den Rändern rau.
- Blatthäutchen: bis 2 mm lang, gestutzt.

2

- Blütenstand: einseitswendige Ähre, unterbrochen, 3–8 cm lang. Ährenachse aufrecht bis schwach konvex, Ährchen vor der Blüte anliegend und in die Ährenachse eingesenkt, zur Blütezeit schräg abstehend, dann der Blütenstand kammartig.
- Ährchen: in 2 Reihen an einer Seite der Ährenachse, 5–9 (–12) mm lang, dünn zugespitzt, schieferblau bis violett, bald vergilbend, 1blütig, zur Blütezeit zuletzt schräg, kammförmig abstehend. Die untere Hüllspelze sehr klein, die obere gewöhnlich fehlend. Deckspelze etwa so lang wie das Ährchen, 3nervig, an der Spitze mit einer 1–3 mm langen, steifen Granne. Vorspelze kürzer als Deckspelze.

Ähnliche Arten: vegetative Merkmale: *Agrostis*, *Festuca*.

Ökologisches Verhalten: Lichtgras, auf mäßig trockenen bis frischen, meist wechselfrischen, mäßig nährstoffhaltigen, kalkarmen, sauren, modrig bis torfig humosen Lehmböden, auch auf Torf- und verdichteten Sandböden, sehr anpassungsfähig hinsichtlich der Bodenfeuchte, jedoch nicht dürrefest, durch extensive Beweidung und Begehung oder lange Schneebedeckung begünstigt, gegen Kalkung und Düngung empfindlich, in Kalkgebirgen nur auf mächtiger Rohhumusauflage.

Zeigerwerte: L8 Tx K3 Fx~ R2 N2 ***Waldbindung:*** NT K1.1 HB K2.1 A K1.1
Ökologische Artengruppe: II.1.

Verbreitung: in ganz Europa, im Süden nur im Hochgebirge, in Deutschland meist häufig, planar bis alpin, meist zwischen 900 und 1900 m (Alpen bis 3000 m). Vor allem in Magerrasen und -weiden der Silikatgebirge, auf austrocknenden Mooren, auf Dünen und Heiden, in lichten Nadelwäldern und Eichen-Birken-Wäldern, in Wäldern Beweidungsrelikt.

Gefährdung und Schutzstatus: Vorwarnliste, BArtSchV: nicht besonders geschützt.

Wissenswertes und Verwendung: geschätzt als Bodenbefestiger auf der grauen Düne, aber minderwertiges Futtergras (Weide-Unkraut). Vom Vieh nur jung abgeweidet, im Sommer ausgerupft und fallengelassen.

Phalaris arundinacea L.

Poaceae
(Süßgräser)

Digraphis arundinacea (L.) Trin., *Typhoides arundinacea* (L.) Moench
Rohr-Glanzgras
engl. reed canary grass

1 *Habitus*
2 *Blattspreiten bis 2 cm breit, Unterseite gekielt*
3 *a: milchig-weißes Blatthäutchen b: auf der Außenseite kurz dicht behaart*
4 *Rispe nur zur Blütezeit ausgebreitet*
5 *bleichgrün bis rötliche Ährchen, Hüllspelzen scharf gekielt*

I	II	III	IV	V	**VI**	**VII**	**VIII**	**IX**	X	XI	XII

Name: *Phalaris* ist der griech. Name des Kanariengrases, *phalaros* = weiß gefleckt wegen dessen grün-weiß gestreiften Hüllspelzen, *arundinaceus* = schilfrohrartig; Glanzgras wegen der glänzenden Spelzen.

Habitus: ausdauernd, mit kriechender Grundachse und mit bis zu 2 m langen Rhizomen, in ausgedehnten Rasen, bis 3,5 m tief wurzelnd. 60–200 (–300) cm hoch. Sommergrün, früh austreibend.

- Halme: rohrartig, kräftig, 4–6 mm dick, aufrecht oder an den unteren Knoten gekniet, dort oft wurzelnd und verzweigt, 4–6 (–8) Knoten, das oberste Halmglied viel länger als die unteren, Halme glatt und kahl.
- Blätter: in der Knospenlage gerollt, graugrün. Blattscheiden mit deutlichen Querverbindungen zwischen den Nerven, kahl, die unteren Scheiden meist bräunlich. Blattspreiten flach, bis 20 mm breit, 10–30 cm lang, dünn zugespitzt, unterseits zumindest am Spreitengrund deutlich gekielt, an der Spitze und an den Rändern rau, kahl.
- Blatthäutchen: ein 3–10 (–15) mm langer Saum (bei *Phragmites australis* statt des Blatthäutchens ein Haarkranz), milchig-weiß, abgerundet und fein gezähnelt, später oft zerschlitzt, auf der halmabgewandten Seite sehr kurz dicht behaart.

- Blütenstand: längliche Rispe, nur zur Blütezeit ausgebreitet, 5–20 (–30) cm lang. Rispenäste einzeln oder zu zweit von der Hauptachse abgehend, vom Grund an verzweigt, vielblütig.

- Ährchen: dicht zusammengerückt, 5–7 mm lang, seitlich zusammengedrückt, mit einer fruchtbaren Blüte und 2 zu schuppenförmigen Deckspelzen verkümmerten Blüten darunter, bleichgrün bis rötlich. Hüllspelzen so lang wie das Ährchen, scharf gekielt, 3nervig. Sterile Deckspelzen 1–1,5 mm lang, kurz behaart, Deckspelze der fruchtbaren Blüte 3–4 mm lang, zugespitzt, 5nervig, in der oberen Hälfte kurz behaart, unbegrannt. Vorspelze 3–4 mm lang, 2nervig.

Ähnliche Arten: vegetativ ähnlich: *Calamagrostis*-Arten, *Phragmites*.

Ökologisches Verhalten: Halblichtgras, auf sickernassen, nährstoff- und basenreichen, neutralen bis milden, meist sandig-kiesigen Tonböden, vor allem im Überschwemmungsbereich schlickreicher und damit nährstoffreicher Gewässer, verlangt ausreichende Sauerstoffzufuhr im Wurzelraum, daher bevorzugt an schnellfließenden, aber auch an größeren stehenden Gewässern mit stark schwankendem Wasserstand, empfindlich gegenüber längerer Überstauung im Sommer, nicht auf Standorten mit Staunässe und Bodenverdichtung, Wechselnässezeiger, Bodenfestiger.

Zeigerwerte: L7 T5 Kx F8~ R7 N7 ***Waldbindung:*** NT K1.1 HB K2.1 A K1.1 ***Ökologische Artengruppe:*** V.3–4.

Verbreitung: in ganz Europa mit Ausnahme des äußersten Nordens und Südens, in Deutschland verbreitet und häufig, planar bis subalpin (Alpen bis über 2000 m). Im Uferröhricht, in Überschwemmungsgebieten, in Gräben und Tümpeln, auf nassen Wiesen, in Weidengebüschen und in Auenwäldern unter Erlen und Eschen.

Gefährdung und Schutzstatus: nicht als gefährdet angesehen, BArtSchV: nicht besonders geschützt.

Wissenswertes und Verwendung: Wertvolles und ertragreiches Futtergras. Energiepflanze mit hohem Biomasseertrag. Bei genügend Platz für Wildpflanzengärten geeignet, kann sich allerdings sehr aggressiv ausbreiten (wird bereits seit etwa 1600 als Zierpflanze in der weißgestreiften Gartenform «Picta» kultiviert). Ähnlich wie beim Schilf entsprechen oft ganze «Bestände» einer einzigen Pflanze. Wie Schilf wird dieses Gras auch zum Dachdecken verwendet. Es ist außerdem zur Uferbefestigung geeignet.

1

Poaceae
(Süßgräser)

Phleum phleoides (L.) H. Karst.

Phleum boehmeri Wib., *Phleum phalaroides* Koel.
Glanz-Lieschgras, Steppen-Lieschgras
engl. Boehmer's cat's tail

1 *Habitus*
2 *graugrüne Blätter im letzten Drittel am breitesten*
3 *aufrechte, walzenförmige, dichte Scheinähren*
4 *2,5–3 mm lange Hüllspelzen mit breitem, weißem Hautrand und rauer Grannenspitze*

I	II	III	IV	V	VI	VII	VIII	IX	X	XI	XII

Name: *Phleum* (*phleos*) ist der griech. Name für Schilf und Röhricht, *phleoides* = *Phleum*-ähnlich; Lieschgras von althochdeutsch liska = Riedgras, Schilf.

Habitus: ausdauerndes Horstgras, lockere Rasen bildend, mit kurzen Rhizomen und zahlreichen Erneuerungssprossen, deren Knospen die untersten Blattscheiden durchbrechen. 10–80 m hoch. Sommergrün.

- Halme: aufrecht oder leicht gebogen, glatt, mit 2–3 Knoten unterhalb der Mitte, rotviolett.
- Blätter: in der Knospenlage gerollt, graugrün. Blattscheiden mit Rillen, kahl. Blattspreiten flach oder eingerollt, im letzten Drittel am breitesten, in eine lange Spitze auslaufend, 2–5 mm breit, die unterste bis 20 cm lang, die oberen sehr viel kürzer, auf den Rippen rau, an den weißlichen, verdickten Rändern stachelhaarig.
- Blatthäutchen: 1,5–2,5 mm lang, derb, weiß, stumpf.

- Blütenstand: aufrechte, sehr dichte, walzenförmige Rispe (rispige Scheinähre), am oberen Ende verschmälert, 2–10 (–15) cm lang, 4–6 (–10) mm breit. Rispenäste sehr kurz und dicht verzweigt.
- Ährchen: 2,5–3 mm lang, hellgrün oder violett überlaufen, 1blütig. Hüllspelzen etwa so lang wie das Ährchen, am oberen Ende schräg abgeschnitten, in eine bis 0,5 mm lange, raue Grannenspitze auslaufend, mit weißem, breitem Hautrand, 3nervig, zerstreut mit kurzen,

steifen Haaren besetzt. Deckspelze ⅔ bis ¾ so lang wie die Hüllspelzen, dünn 3–5nervig, am oberen Ende abgerundet, sehr fein behaart, unbegrannt. Vorspelze so lang wie die Deckspelze, 2nervig.

Ähnliche Arten: *Phleum*-Arten.

Ökologisches Verhalten: Lichtgras sommerwarmer, sonniger Lagen, auf trockenen, basenreichen, meist kalkhaltigen, neutralen bis mäßig sauren, durchlässigen und gut durchlüfteten, oft flachgründigen, sandigen, sandig-kiesigen bis felsigen Böden, Trocknis- und Magerkeitszeiger.

Zeigerwerte: L8 T6 K7 F3 R8 N2 ***Waldbindung:*** NT K1.1 HB K2.1 A K1.1

Verbreitung: in Europa weit verbreitet, fehlt im äußersten Süden und Norden, in Mittel- und Süddeutschland zerstreut bis ziemlich selten, im nordwestdeutschen Flachland fehlend, planar bis hochmontan (Alpen bis über 2000 m). In lückigen Trockenrasen, auf Felsköpfen und an felsigen Hängen, an Wegrändern, in lichten, trockenen Eichen- und Kiefernwäldern.

Gefährdung und Schutzstatus: Vorwarnliste, BArtSchV: nicht besonders geschützt.

Wissenswertes und Verwendung: Alle Lieschgräser haben flache, einblütige Ährchen. Die Rispe ist stark zusammengezogen und gleicht einer walzlichen Ähre (Scheinähre). Die Blätter wurden früher zum Verstopfen (Verlieschen) der Fassfugen verwendet. Das verwandte Wiesenlieschgras (*Phleum pratense* L.) zählt zu den Gräsern, deren Pollen bei Allergikern Heuschnupfen auslösen.

2

3

4

1

Phragmites australis (Cav.) Trin. ex Steud.

Poaceae
(Süßgräser)

Arundo phragmites L., *Phragmites communis* Trin.
Gewöhnliches Schilf, Schilfrohr
engl. common reed, reed, reed grass

I	II	III	IV	V	VI	VII	VIII	IX	X	XI	XII

1 *Frühjahrsaspekt in den Rheinauen, Schilfbestände werden oft von einer einzigen Pflanze gebildet*

2 *anstelle des Blatthäutchens ein dichter Kranz 0,8–1,2 mm langer Haare*

3 *oft überhängende, bis 50 cm lange Rispe*

4 *6–10 mm lange, hellbraune, häufig violett überlaufene Ährchen*

Name: *Phragmites* ist der griechische Name einer schilfähnlichen Pflanze, *australis* = südlich, australisch; Schilf kommt vom mittelhochdeutschen Schelef (Hülse; schülfrig = schuppig absplitternd) und bezieht sich auf die den trockenen Halm umgebenden Blattscheiden.

Habitus: ausdauernd, mit langen, 0,5–3 cm dicken Rhizomen und bis mehrere Meter weit über den Boden kriechenden oder im Wasser flutenden Stolonen sowie zahlreichen, dicht beblätterten Erneuerungssprossen, in dichten Rasen, bis über 1 m tief wurzelnd. 0,8–3 (–10) m hoch. Nicht wintergrüner Geophyt, früh austreibend und bis in den Hochsommer fortwachsend. Ganze «Schilfbestände» stellen oft eine einzelne Pflanze dar. Wintersteher.

- Halme: aufrecht, rohrartig, unten bis 15 mm dick, am Grund meist verholzend, gewöhnlich unverzweigt, vielknotig, dicht mit Blattscheiden umhüllt.
- Blätter: in der Knospenlage gerollt, graugrün. Blattscheiden mit deutlichen, querverlaufenden Nerven zwischen den Rippen, kahl, an der Öffnung oft kurz bewimpert, überlappend. Blattspreiten steif abstehend, 10–60 (100) cm lang, 0,5–5 cm breit, flach ausgebreitet oder an den Rändern eingerollt, in eine lange Spitze auslaufend, mit 50–100 Rippen besetzt, an den Rändern scharf rau.
- Blatthäutchen: Dichter Kranz 0,8–1,2 mm langer Haare

2

- Blütenstand: aufrechte oder oft überhängende Rispe, 10–50 cm lang, bis 15 cm breit, vor und nach der Blüte zusammengezogen, weich, vielästig. Rispenäste einzeln oder büschelig von der Hauptachse abgehend, aufrecht, kantig.
- Ährchen: 6–10 (–16) mm lang, hellbraun, häufig violett überlaufen, (2–) 3–5 (–8)blütig, die unterste Blüte männlich, die übrigen zweigeschlechtig. Hüllspelzen spitz, kahl, 3nervig, die untere ½ bis ⅔ so lang wie die obere, diese etwa ½ so lang wie die unterste Deckspelze. Unterste Deckspelze 9–13 mm lang, 3nervig, kahl. Deckspelzen der oberen Blüten schmaler, 1 (–3)nervig, von der Ährenachse aus dicht mit weißen, seidigen, bis 10 mm langen Haaren umgeben. Vorspelzen 3–4 mm lang, 2nervig.

Ähnliche Arten: *Phalaris arundinacea* (mit Blatthäutchen!).

Ökologisches Verhalten: Lichtgras, auf nassen, nährstoff- und basenreichen, eutrophen bis mesotrophen, humosen, schlammigen und torfigen Böden, zuweilen auch auf feuchtem Sand und oberflächlich trockenen, aber wasserzügigen Böden, Verlandungspflanze, Uferfestiger, Torfbildner.

Zeigerwerte: L7 T5 Kx F10 R7 N7 ***Waldbindung:*** NT K1.1 HB K2.1 A K1.1

Verbreitung: in ganz Europa verbreitet und häufig, meist Bestände bildend, planar bis montan (oberhalb von 900 m nur noch selten, Alpen bis 1900 m). Im Röhricht stehender oder langsam fließender Gewässer bis etwa 0,5 m Wassertiefe, in Niedermooren, Sümpfen und Gräben, im Erlenbruch und in Weidenauen.

Gefährdung und Schutzstatus: nicht als gefährdet angesehen, BArtSchV: nicht besonders geschützt.

3

Wissenswertes und Verwendung: Das Schilfrohr ist die größte mitteleuropäische Süßgrasart und findet vielseitige Verwendung: wasserreinigend, d. h. für biologische Kleinkläranlagen geeignet, ergiebige Streupflanze, auf Äckern wegen der tiefkriechenden Ausläufer schwer ausrottbar (Röhrichtrelikt), bodenfestigende Uferschutzpflanze und Verlandungspionier (Ufergewinn bis zu 1 m/Jahr), durch schwer verrottenden Wurzelstock Torfbildner, Zellulosegewinnung, Dekoration, Dachdecken etc. An natürlich bewegten Gewässern ausgesprochen konkurrenzschwach und dort meist vom Rohr-Glanzgras ersetzt. Die unterirdischen Wurzelstöcke wurden zeitweise zu Kaffee-Ersatz verarbeitet. Wenn die grünen Stängel beschädigt werden, sickert ein zuckerhaltiger Saft heraus, der zu einer gummiartigen Masse erstarrt. Schon die Ureinwohner Nordamerikas sammelten diese Tropfen und aßen sie als Süßigkeit. Eine andere Methode, aus der Pflanze Süßigkeiten herzustellen, bestand darin, die grünen Stängel aufzuschneiden, zu trocknen, zu vermahlen und das Mehl auszusieben, das so viele Zuckerstoffe enthält, dass es in der Nähe eines Feuers aufgeht, braun wird und wie getoastete Marshmallows gegessen werden kann.

4

Poa chaixii Vill.

Poaceae
(Süßgräser)

Berg-Rispengras, Wald-Rispengras, Kapuzengras
engl. broad-leafed meadow grass

I	II	III	IV	**V**	**VI**	**VII**	**VIII**	IX	X	XI	XII

1. *Habitus*
2. *Horste am Grund mit strohigen Scheiden- und Spreitenresten*
3. *5–10 mm breite Blattspreiten mit breiter Kahnspitze («Kapuzengras»)*
4. *stumpfes Blatthäutchen nur etwa 1 mm lang, unten rechts Blatt mit feiner Stachelspitze*
5. *lockere Rispe mit bis zu sieben Ästen je Rispenknoten*
6. *zusammengedrückte, blassgrüne Ährchen*

Name: *Poa* allgemeiner griechische Name für Gras oder Kraut, *chaixii* nach dem französischen Botaniker Dominique Chaix (1730–1799).

Habitus: ausdauernd, in dichten, bültenförmigen Horsten, am Grund mit strohigen Scheiden- und Spreitenresten, zuweilen mit kurzen Rhizomen. 50–120 (–150) cm hoch. Sommergrün.

- Halme: aufrecht oder am Grund gebogen, mit 2–3 Knoten. Blatttriebe zweischneidig zusammengedrückt.
- Blätter: in der Knospenlage gefaltet, hellgrün. Blattscheiden scharf gekielt, mit deutlichen Nerven, meist sehr fein rau, kahl. Oberste Blattspreite (1–10 cm) kürzer als ihre Scheide, Blattspreiten am oberen Ende plötzlich zusammengezogen und kapuzenförmig, mit feiner Stachel-

spitze, zunächst gefaltet, später flach und oft säbelartig gebogen, bis 45 cm lang, 5–10 (–14) mm breit, mit hervorstehender Doppelrille, an den Rändern rau und oft rötlich bis bräunlich gefärbt.
- Blatthäutchen: nur etwa 1 mm lang, stumpf, am Rand bewimpert.

- Blütenstand: lockere Rispe, aufrecht oder einseitig überhängend, 10–25 cm lang, 5–12 cm breit. Rispenäste in Büscheln von bis zu 7 Ästen, abstehend oder die unteren hängend, rau.
- Ährchen: zusammengedrückt, 4–10 mm lang, locker 2–5blütig, blassgrün, seltener violett bis bräunlich. Hüllspelzen ungleich, zugespitzt, gekielt, die untere 2–3,5 mm lang, 1–3nervig, die obere 3–4 mm lang, 3nervig. Deckspelzen 4 mm lang, scharf zugespitzt, gekielt, 5nervig, unbegrannt. Vorspelze so lang wie die Deckspelze, mit zwei rauen Kielen.

Ähnliche Arten: vegetativ ähnlich: *Milium*.

Ökologisches Verhalten: Licht- bis Halbschattengras, auf mäßig trockenen bis frischen, mäßig nährstoffreichen, basenreichen, kalkarmen, mäßig sauren, mull- bis moderartig humosen Lehm- und Tonböden, Verhagerungszeiger.

Zeigerwerte: L6 T5 K4 F5 R3 N4 ***Waldbindung:*** NT K1.1 HB K2.1 A K1.1
Ökologische Artengruppe: II.2b.

Verbreitung: in West- und Mitteleuropa zerstreut aber gesellig vorkommend, planar bis montan (Alpen bis 850 m, Schwarzwald bis 1450 m), insbesondere in den Mittelgebirgen, im Flachland selten oder fehlend. In lichten Laubmisch- und Buchenwäldern, in mageren Gebirgswiesen und -weiden. Oft vergesellschaftet mit *Luzula luzuloides*.

Gefährdung und Schutzstatus: nicht als gefährdet angesehen, BArtSchV: nicht besonders geschützt.

Wissenswertes und Verwendung: Die Gattung *Poa* umfasst weltweit rund 500 Arten, darunter ungefähr 50 europäische Arten (ähnlich viele Arten wie die nah verwandte Gattung *Festuca*) und ist die namensgebende Gattung für die Familie der Süßgräser. Mit bis zu 1,50 m ist *P. chaixii* das stattlichste heimische Rispengras. Als Bodendecker für schattige Stellen der Wildpflanzengärten geeignet. Wird von Wild und Vieh wegen der Rauheit verschmäht.

4

5

6

Poa nemoralis L.

Poaceae
(Süßgräser)

Hain-Rispengras
engl. wood meadow grass, forest blue grass

I	II	III	IV	V	VI	VII	VIII	IX	X	XI	XII

1 *Habitus*

2 *schmale, 2 mm breite Blattspreiten stehen oft waagrecht vom Halm ab («Wegweisergras»)*

3 *lockere, zierliche Rispe mit haarfeinen Rispenästen*

4 *4–6 mm lange Ährchen*

Name: *nemoralis* = Hain, Wald

Habitus: ausdauernd, ausgedehnte, lockere bis dichte Rasen bildend, flach wurzelnd. 30–70 cm hoch, sehr früh nach der Schneeschmelze austreibend und schossend, meist nur Halmtriebe mit früh absterbenden Blättern.

- Halme: aufrecht oder ausgebreitet, dünn, regelmäßig beblättert, mit 3–5 bräunlichen Knoten, die nicht von den Blattscheiden der darunter stehenden Blätter bedeckt sind, glatt.
- Blätter: in der Knospenlage gefaltet, dunkelgrün bis grün, kahl. Blattscheiden glatt. Blattspreiten oft rechtwinklig vom Halm abstehend («Wegweisergras»), meist nicht über 2 mm breit, spitz zulaufend, mit Doppelrille, die meist nur bis zur Mitte der Blattspreite ausgebildet ist, gewöhnlich schwach rau, unterseits matt.
- Blatthäutchen: nur bis etwa 0,5 mm lang, oft auch fehlend.

- Blütenstand: etwas überhängende, lockere, zierliche Rispe, 5–10 cm, selten bis 20 cm lang, während der Blüte ausgebreitet, später zusammengezogen. Rispenäste haarfein, wenige Ährchen tragend, untere Stufe meist 4 (–5)ästig, Rispenäste fein rau (behaart).

- Ährchen: 4–6 mm lang, zusammengedrückt, grünlich oder purpurn, 1–5blütig, unbegrannt. Hüllspelzen 3nervig, dünn zugespitzt, die untere 2–3 mm lang, die obere wenig länger. Deckspelze 3–4 mm lang, stumpf oder leicht zugespitzt, dünn 5nervig, gekielt, bis zur Mitte mit dünnen Haaren besetzt. Vorspelze etwa so lang wie die Deckspelze.

Ähnliche Arten: vegetativ ähnlich: *Agrostis*.

Ökologisches Verhalten: Halbschattengras, auf mäßig frischen, nährstoff- und basenreichen, oft kalkhaltigen, milden bis mäßig sauren, mull- bis moderartig humosen, mittel- bis tiefgründigen Lehmböden, Verhagerungszeiger.

Zeigerwerte: L5 Tx K5 F5 R5 N4 ***Waldbindung:*** NT K1.1 HB K2.1 A K1.1
Ökologische Artengruppe: II.3a.

Verbreitung: in ganz Europa häufig (fehlt in Portugal), im Süden nur im Gebirge, planar bis hochmontan (Alpen bis 2000 m). In lichten Laubmischwäldern, vor allem in Buchen- und Eichenwäldern, in Auen, unter Fichte nur auf natürlichen Laubholzstandorten, in Waldsäumen und Hecken.

Gefährdung und Schutzstatus: nicht als gefährdet angesehen, BArtSchV: nicht besonders geschützt.

Wissenswertes und Verwendung: sehr veränderliche Art, bei der eine große Zahl von Varietäten unterschieden werden. Je nach Beschattungs- und Feuchtegrad entwickelt sie sich zudem sehr verschieden. Erstes Auftreten von *P. nemoralis* im Bestand gilt als Zeichen guter Verjüngungsaussichten. Bei stärkerer Lichtung sowie an Waldrändern bildet das Gras häufig dichte Rasen, die für die natürliche Verjüngung hinderlich sein können. Als Futtergras wertlos.

2

3

4

Poaceae
(Süßgräser)

Sesleria albicans Kit. ex Schult.

Sesleria caerulea ssp. *varia* (Jacg.) Hayek,
Sesleria caerulea ssp. *calcarea* (Celak.) Hegi
Kalk-Blaugras
engl. blue moor grass

| I | II | III | IV | V | VI | VII | VIII | IX | X | XI | XII |

1. *Habitus, Horst mit Strohtunica*
2. *Blätter säbelförmig, Oberseite blaugrün, Unterseite glänzend dunkelgrün*
3. *Blatthäutchen sehr kurz*
4. *Blütenstand rispige Scheinähre, schieferblau glänzende, 4–5 mm lange Ährchen*
5. *auf feinerdearmen Kalkböden, z. B. auf Muschelkalk*

Name: *Sesleria* zu Ehren des italienischen Arztes und Naturforschers Lionardo Sesler (18. Jahrhundert), *albicans* = weiß erscheinend; Blaugras nach den bläulichen Ährchen.

Habitus: ausdauernd, in lockeren bis dichten, flachen Horsten, die von abgestorbenen, gelblich-weißen Blattscheiden des Vorjahres umgeben sind (Strohtunica), mit kurzen, dünnen Rhizomen, bis 80 cm tief wurzelnd. 10–50 cm hoch. Wintergrün.

- Halme: aufrecht, nur am Grund mit Knoten, glatt. Grundachse meist kriechend.
- Blätter: in der Knospenlage gefaltet. Blattscheiden bis zum Spreitengrund geschlossen, gekielt, glatt und kahl. Blattspreiten flach, oft rinnig gefaltet und säbelartig gebogen, 2–3 (–6) mm breit, oberstes Halmblatt sehr kurz, unterstes etwa so lang wie der Halm, stumpf zugespitzt, mit feiner Stachelspitze, unterseits dunkelgrün, glänzend, durchgehend schwach gekielt, oberseits blaugrün, matt, mit deutlicher Doppelrille.
- Blatthäutchen: sehr kurz.
- Blütenstand: dicht ährenförmig zusammengezogene Rispe (rispige Scheinähre), aufrecht, meist eiförmig, 1–3 cm lang, 5–10 mm breit, am Grund von kurzen, breiten Schuppen umgeben.

- Ährchen: 4–5 (–7) mm lang, gewöhnlich schieferblau, selten strohgelb, glänzend, 2 (–3)blütig. Hüllspelzen so lang oder wenig kürzer als die Blüten, zugespitzt, durchscheinend, 1nervig. Deckspelzen etwa so lang wie die Hüllspelzen, gestutzt, mit 3–5 Nerven, die am Ende in spitze Zähne auslaufen, die mittlere zu einer kurzen (0,5–1 mm) Granne verlängert, an den Rändern und auf den Nerven rau oder kurz behaart. Vorspelze so lang oder wenig länger als die Deckspelze, auf den zwei Kielen dicht kurzhaarig.

Ähnliche Arten: *S. caerulea* (L.) Ard. (= *S. uliginosa* Opiz oder *S. caerulea ssp. uliginosa* (Opiz) Hayek), das Moor-Blaugras, wächst vor allem in Nordosteuropa in ausgedehnten, zuletzt ringförmigen Rasen auf feuchten bis nassen, kalkreichen Torfböden, aber auch auf Kalk-Niedermooren der Alpen- und Voralpentäler. Kenntlich ist diese Art an den mit den Rändern noch oben eingerollten Blattspreiten, die bläulich-weiß bereift sind und nur undeutlich hervortretende Mittel- und Randnerven aufweisen.

Ökologisches Verhalten: Licht- bis Halbschattengras sommerwarmer Lagen, auf meist trockenen, kalkreichen, flach- bis mittelgründigen, lockeren, gut durchlüfteten, steinigen Lehmböden oder feinerdearmen Steinböden, vor allem auf Muschelkalk, Jura- und Kreidekalken sowie Dolomit, zählt zu den kalkstetesten Pflanzen, gegen Düngung empfindlich.

Zeigerwerte: L7 T3 K2 F4 R9 N3 ***Waldbindung:*** NT K1.1 HB K2.1 A K1.1 ***Ökologische Artengruppe:*** II.5b.

Verbreitung: in ganz Europa verbreitet bis zerstreut, stellenweise gesellig und dann ausgedehnte Bestände bildend, in Süd- und Mitteldeutschland im Berg- und Hügelland, in den Silikatgebirgen und im norddeutschen Flachland fehlend, collin bis alpin (Alpen bis 2 560 m). In Trockenrasen, an Felshängen und auf Kalkschutthalden, in lichten Kiefern- und Laubmischwäldern.

Gefährdung und Schutzstatus: nicht als gefährdet angesehen, BArtSchV: nicht besonders geschützt.

Wissenswertes und Verwendung: bildet im Massenwuchs Blaugras-Halden, die in den (feuchten) Morgenstunden grüner als am sonnigen Nachmittag (Faltbewegungen der Blattspreiten) aussehen. Im Alpenvorland als Relikt der Eiszeit anzusehen.

3

4

5

1

Stipa capillata L.

Poaceae
(Süßgräser)

Haar-Federgras, Haar-Pfriemengras
engl. feather grass

I	II	III	IV	V	VI	**VII**	**VIII**	**IX**	X	XI	XII

1 *Habitus*
2 *Blattoberseite behaart, Blattunterseite kahl*
3 *zugespitztes, 5–10 mm langes Blatthäutchen*
4 *unterer Teil der Rispen von der obersten Blattscheide eingehüllt*
5 *armblütige Rispe zur Blütezeit, Rispenäste zu 3–4 abgehend*
6 *a: einblütiges, 22–35 mm langes Ährchen b: Deckspelzen mit 10–25 cm langer Granne*

Name: *Stipa* von Linné von lateinisch *stipula* = Getreidehalm abgeleitet, *capillatus* = behaart.

Habitus: ausdauernd, in dichten Horsten, tiefwurzelnd. 30–70 (–100) cm hoch.

- Halme: aufrecht, glatt und kahl, 3–4knotig, Knoten kahl, stark gerieft.
- Blätter: die oberste Blattscheide sehr breit und aufgeblasen, den unteren Teil der Rispe einhüllend, Blattspreiten graugrün, borstlich gerollt (1 mm) bis etwa 30 cm lang, Blattoberseite dicht mit etwa 0,6 mm langen Haaren besetzt, Blattunterseite kahl.
- Blatthäutchen: 5–10 mm lang, zungenförmig zugespitzt, deutlich genervt.

- Blütenstand: armblütige Rispe 15–22 cm lang, Hauptachse stachelhaarig, Seitenäste zu 3–4 von der Rispenachse abgehend, mit 1–4 Ährchen.
- Ährchen: 1blütig, 22–35 mm lang. Hüllspelzen untereinander gleich, 22–35 mm lang, in eine lange feine Spitze auslaufend, an den Rändern weißlich-durchsichtig. Deckspelzen derbhäutig, Rückseite mit Haarleisten besetzt, Granne nicht behaart, durch vorwärts gerichtete Zähne rau, 10–25 cm lang, fadenförmig, zweifach gekniet. «Bohrfrucht», bei Wasseraufnahme bohren sich die Früchte durch Drehbewegungen der Granne in den Boden.

Ähnliche Arten: *S. pennata.*

Ökologisches Verhalten: kontinentale Steppenpflanze, auf Trockenrasen, auf besonnten, heißen und trockenen Hügeln, an Felsen, in Trockenwäldern. Auf basenreichen, nährstoffarmen, meist kalkhaltigen Sand- und Steinböden. Trockenheitszeiger, Magerkeitszeiger.

Zeigerwerte: L8 T7 K8 F2 R8 N2

Verbreitung: in Mittel- und Südeuropa verbreitet, nur an den trockensten und wärmsten Stellen, z. B. Pfalz, Rheintal zwischen Neckar und Mosel.

Gefährdung und Schutzstatus: 3: gefährdet, BNatSchG: besonders geschützt.

Wissenswertes und Verwendung: *Stipa*-Arten werden als Ziergräser für den Garten angeboten. Alle Arten der Gattung sind geschützt. Die Haargrannen dienen gelegentlich als Bettfüllung oder gefärbt als Hutschmuck (in Ungarn, wo diese Art sehr häufig ist), bei uns wurde die Pflanze stellenweise ausgerottet, weil sie gewerbsmäßig zu Trockensträußen gesammelt wurde. Ihre Verwandten gehören zu den wichtigsten Gräsern der Steppen und Savannen, aber auch der lichten Aleppo-Kiefernwälder der Iberischen Halbinsel und der Balearen wie das Halfagras (Espartogras, *S. tenacissima* L. Es wird zur Papierfabrikation und zur Herstellung von Flechtwerk in großem Umfang wirtschaftlich genutzt.

Stipa pennata L.

Poaceae
(Süßgräser)

Echtes Federgras, Mädchenhaargras, Grauscheidiges Federgras
engl. feather grass

1 *Habitus*
2 *Blätter borstlich gefaltet, Blatthäutchen zugespitzt*
3 *Hüllspelzen in eine bis zu 7 cm lange Spitze auslaufend*
4 *bis zu 30 cm lange, federartig behaarte Grannen der Deckspelzen*
5 *a: Granne am oberen Rand der Deckspelze gedreht*
b: dann gekniet
c: und schließlich behaart

I	II	III	IV	**V**	**VI**	**VII**	**VIII**	**IX**	X	XI	XII

Name: *Stipa* von Linné von lateinisch stipula = Getreidehalm abgeleitet, *pennatus* = gefiedert; Federgras wegen der langen, fiedrig behaarten Grannen.

Habitus: ausdauernd, in kleinen, dichten Horsten, ohne Ausläufer. 30–100 cm hoch.

- Halme: steif aufrecht, von glänzend hellgelben Blattscheiden bedeckt.
- Blätter: blaugrün. Blattspreiten borstlich gefaltet, seltener flach, 1,5–2 mm breit, steif, an den Rändern rau.
- Blatthäutchen: zugespitzt, bis 4 mm lang.

- Blütenstand: wenig verzweigte, armblütige Rispe, die bis zur Samenreife von den Blattscheiden der obersten Blätter umschlossen bleibt.
- Ährchen: bis 2,5 cm lang, rundlich, 1blütig, Ährchenachse mit steifen Haaren besetzt. Hüllspelzen 3nervig, in eine lange, feine Spitze auslaufend, mit dieser bis zu 7 cm lang. Deckspelze etwa 2 cm lang, unterseits seidig behaart, mit bis zu 30 cm langer Granne, diese überhängend, gekielt und gedreht, Haare später federartig abstehend. Grannen und Rispenäste sind oft zusammengedreht und verschlungen. Beim Samenfall dient die Granne als Flughilfe, der untere, nicht behaarte Teil der Granne ist hygroskopisch, bei Trockenheit rollt er sich ein und streckt sich bei Wasseraufnahme wieder, durch diese Bewegungen bohrt die Granne den Samen in den Boden.

Ähnliche Arten: *S. capillata* L.

Ökologisches Verhalten: Lichtgras warmer, sonniger Lagen, auf trockenen, basen- und kalkreichen, flachgründigen, sandigen oder steinigen Böden.

Zeigerwerte: L8 T7 K8 F2 R7 N2 ***Waldbindung:*** NT K1.1 HB K2.1 A K1.1

Verbreitung: selten in Süd- und Mitteleuropa, nördlich vereinzelt bis Südschweden, Hauptverbreitung im Mittelmeerraum und in Ungarn, in Deutschland im nordwestlichen Gebiet fehlend, im Süden stellenweise häufig, planar bis montan (in den Alpen an sonnigen Hängen bis über 2000 m). In lichten Trockenwäldern und Trockenrasen, an Felsen und Hängen.

Gefährdung und Schutzstatus: 3: gefährdet, BNatSchG: besonders geschützt.

Wissenswertes und Verwendung: s. *Stipa capillata.*

Carex acutiformis Ehrh.

Cyperaceae
(Sauergras-/ Riedgrasgewächse)

C. paludosa Good.
Sumpf-Segge, Scharfkantige Segge
engl. lesser pond sedge

1 *Habitus*
2 *2–4 mm dicker, scharf dreikantiger Stängel*
3 *stark netzfaserige Grundscheide*
4 *a: 5–10 mm breite, ausgesprochen knickrandige Blätter b: blau bereifte Blattunterseite*
5 *endständige, männliche Ähren mit dunkel schwarzbraunen Spelzen und weibliche, 3narbige Ähren*
6 *dichtblütige, fruchtende Ähren*
7 *schräg abstehende, zusammengedrückte Schläuche, Spelzen 3–4 mm lang*

I	II	III	IV	V	VI	VII	VIII	IX	X	XI	XII

Name: *Carex* ist der lateinische Name der Seggen und bedeutet «Pflanze mit schneidenden Blättern» (vgl. *secare* = schneiden), *acutiformis* = *Carex-acuta*-artig wegen der Ähnlichkeit mit *C. acuta*, *acutus* = spitz, wegen der zugespitzten Spelzen der weiblichen Blüten; Segge ist niederdeutsch und bedeutet Schneide wegen der scharfschneidigen Kanten (vgl. Säge).

Habitus: ausdauernd, Wurzelstock mit bis zu 50 cm langen, 2–3 mm dicken Rhizomen, lockere Rasen bildend. 30–150 cm hoch. Sommergrün.

- Stängel: steif aufrecht oder an der Spitze etwas überhängend, 2–4 mm dick, oberwärts rau, in der unteren Hälfte beblättert.
- Stängelkanten: scharf dreikantig.
- Blattscheiden: grundständige spreitenlos, stark netzfaserig, hellbraun bis purpurn.
- Blätter: etwa so lang wie die Stängel (bis 2 m), 5–10 mm breit, oberseits sehr rau, unterseits graugrün bis blaugrün (blau bereift), oberseits dunkelgrün, kurze Dreikantspitze. Hüllblätter des Blütenstandes laubblattartig, das unterste meist länger als der Blütenstand.
- Blattprofil: ausgesprochen knickrandig.
- Blatthäutchen: 5–15 mm lang, spitz.

- Blütenstand: verschiedenährig, bis über 30 cm lang, aus (1–) 2–4 männlichen und 2–3 (–5) darunter stehenden weiblichen Ähren bestehend, männliche Ähren genähert, weibliche Ähren voneinander entfernt.

- Männliche Ähren: aufrecht, dick walzenförmig, die endständige 3–5 cm lang, etwa 5 mm breit, die seitlichen viel kleiner. Weibliche Ähren sitzend oder kurz gestielt, aufrecht, selten überhängend, dünn walzenförmig, 2–8 cm lang, 6–8 mm breit, dichtblütig. Spelzen der weiblichen Blüten 3–4 mm lang, etwa 1 mm breit, rotbraun bis schwarzbraun, mit grünem Mittelstreifen und schmalen, weißhäutigen Rändern. Spelzen der männlichen Blüten größer als die der weiblichen Blüten, dunkel rotbraun bis fast schwarz, mit schmalem, helleren Mittelstreifen und schmalen, weißhäutigen Rändern.
- Schläuche: schräg abstehend, die Spelzen wenig überragend, eiförmig, zusammengedrückt, dreikantig, mit deutlichen Längsnerven, matt, olivgrün bis graubraun, mit kurzem ausgerändertem bis kurz 2zähnigem Schnabel. Narben 3. Frucht verkehrt eiförmig, dreikantig, 2–2,5 mm lang, braun.

2

Ähnliche Arten: vegetativ ähnlich: *C. acuta* L. (Grundscheiden nicht netzfaserig!), *C. elata*.

Ökologisches Verhalten: Lichtpflanze, auf stau- bis sickernassen, zeitweise überschwemmten, nährstoff- und basenreichen, meist kalkhaltigen, milden bis mäßig sauren Torfböden oder humosen Tonböden. Streupflanze.

Zeigerwerte: L7 Tx K3 F9~ R7 N5 **Waldbindung:** NT K2.1 HB K2.1 A K2.1 **Ökologische Artengruppe:** V.4–5.

3

Verbreitung: in fast ganz Europa, fehlt im hohen Norden und gebietsweise im äußersten Süden, in ganz Deutschland häufig, planar bis hochmontan (Alpen bis 1710 m), vor allem in tiefer gelegenen, wärmeren Lehm- und Kalkgebieten. In Sumpfwiesen und Großseggen-Beständen, an See- und Bachufern, in Bruch- und Auenwäldern.

Gefährdung und Schutzstatus: nicht als gefährdet angesehen, BArtSchV: nicht besonders geschützt.

Wissenswertes und Verwendung: Die Gattung Carex ist mit etwa 2000 Arten weltweit extrem artenreich. Davon sind etwa 120 Arten in Mitteleuropa heimisch. Alle größeren *Carex*-Arten können als Streu genutzt werden. Als besonders wertvoll gelten *C. acutiformis* und *C. elata*. *C. acutiformis* und die *Carex acuta* liefern zwei Schnitte pro Jahr.

4a

4b

5

6

7

Cyperaceae
(Sauergras-/
Riedgrasgewächse)

Carex alba Scop.

Weiße Segge
engl. white sedge

I	II	III	IV	V	VI	VII	VIII	IX	X	XI	XII

1 *Habitus*
2 *fruchtende weibliche Ähren mit fast kugeligen Schläuchen auf weißhäutigen Spelzen (Name!)*
3 *frischgrüner Rasen*

Name: *albus* = weiß wegen der weißhäutigen Spelzen.

Habitus: ausdauernd, Wurzelstock lange, dünne, mit braunen Schuppen besetzte Ausläufer treibend, die Büschel von sterilen Trieben tragen, auffallende Rasen aus hellgrünen Büscheln. Wurzelt bis in 1 m Tiefe. 10–40 cm hoch. Sommergrün. Frühblüher.

- Stängel: steif aufrecht.
- Stängelkanten: stumpf dreikantig.
- Blattscheiden: grundständige gelbbraun, Bauchscheidenwand schneeweiß, dünn.
- Blätter: meist viel kürzer als die Stängel, 0,5–1,5 (–2) mm breit, weich, an den Rändern scharf rau, glänzend grün. Hüllblätter des Blütenstandes meist bis auf die Scheiden zurückgebildet, etwa 1 cm lang, meist aufgeblasen, weißhäutig, mit grünem Mittelstreifen.
- Blattprofil: flach oder borstenförmig gefaltet.
- Blatthäutchen: Blattscheidenrand mit Hautkragen.

- Blütenstand: verschiedenährig, aus einer endständigen männlichen Ähre und meist 2 (1–3) seitlichen weiblichen Ähren zusammengesetzt.
- Männliche Ähre: kurz gestielt, 10–15 mm lang. Weibliche Ähren starr aufrecht, 6–10 mm lang, bis 5 mm breit, 3–6blütig, lockerfrüchtig, die unterste Ähre mit einem bis über 2 cm langen Stielchen. Spelzen weißhäutig, die der weiblichen Blüten ½ bis ⅔ so lang wie der Schlauch.

- Schläuche: zuerst länglich eiförmig, später fast kugelig, 3,5–4 mm lang, plötzlich in einen kurzen, an der Spitze häutigen Schnabel zusammengezogen, braun bis schwarzbraun, glänzend. Narben 3. Frucht kugel- bis eiförmig, 3–4 mm lang, kahl, zuletzt fast schwarz.

Ähnliche Arten: vegetativ ähnlich: *C. humilis*, *C. montana*.

Ökologisches Verhalten: Halbschattenpflanze, auf mehr oder weniger trockenen, basenreichen, meist kalkhaltigen, lockeren, lehmig-tonigen Sand-, Kies- und Steinböden. Kalkzeiger.

Zeigerwerte: L5 T5 K7 F4 R8 N2 ***Waldbindung:*** NT–HB K1.1 A K1.1 ***Ökologische Artengruppe:*** II.5b.

Verbreitung: südliches Mitteleuropa, in Nord- und Mitteldeutschland fehlend, im Südwesten zerstreut (Oberrheinebene bis Karlsruhe, Kaiserstuhl, Schweizer Jura, obere Donau, Alb und Oberschwaben), im Alpenvorland und in den Alpen häufiger und meist gesellig, collin bis hochmontan (Alpen bis 1350 m). In trockenen, lichten Wäldern, besonders in Kiefernwäldern sowie in Buchen- und Eichenwäldern und Tannen-Buchenwäldern der montanen Stufe.

Gefährdung und Schutzstatus: nicht als gefährdet angesehen, BArtSchV: nicht besonders geschützt.

Wissenswertes und Verwendung: Die Weiße Segge ist die namengebende Art für den Seggen-Buchenwald. Nördlich der Donau spielt die Berg-Segge *(C. montana)* eine vergleichbare Rolle. Im Alpenvorland kann *C. alba* aspektbildend auftreten.

2

3

Carex arenaria L.

Sand-Segge
engl. sand sedge

Cyperaceae
(Sauergras-/ Riedgrasgewächse)

I	II	III	IV	**V**	**VI**	**VII**	VIII	IX	X	XI	XII

1 *Habitus*
2 *schmales, zugespitztes Blatthäutchen*
3 *untere Ähren weiblich mit lang zugespitzten Hüllblättern, die mittleren gemischtgeschlechtig, obere Ähren männlich*
4 *dichter Rasen auf sandigem Boden im Norddeutschen Tiefland*

Name: *arenarius* = Sandboden.

Habitus: ausdauernd, Wurzelstock sehr weit horizontal kriechend (in lockeren Böden bis zu 10 m). Rhizome 2–3 mm dick, mit braunen bis schwarzbraunen, in lange Fasern aufgelösten Niederblättern bedeckt, die Triebe stehen an den Rhizomen meist im Abstand von 5–20 cm in schnurgeraden Reihen, lockere Rasen bildend. 15–40 (–90) cm hoch. Wintergrün.

- Stängel: aufrecht, zur Fruchtzeit oft überhängend, kräftig, zur Blütezeit etwa so lang wie die Blätter, sich später verlängernd.
- Stängelkanten: scharf dreikantig.
- Blattscheiden: grundständige braun, Blattscheiden mit Hautkragen (oft fransig), Bauchscheidenwand später gelblich.
- Blätter: 2–4 mm breit, steif, schwach bogig, allmählich in eine eingerollte Spitze auslaufend. Hüllblätter der untersten Ähren am Grund eiförmig, in eine blattartige oder nadelförmige, raue Spitze verschmälert, länger als die Ähre, Hüllblätter der oberen Ähren sehr klein.
- Blattprofil: flach oder rinnig.
- Blatthäutchen: zugespitzt, schmaler Saum.

- Blütenstand: gleichährig, meist etwas überhängend, 3–8 cm lang, dicht oder unten aufgelockert, aus 4–16 Ähren zusammengesetzt.

- Ähren: eiförmig, etwa 10 mm lang. Spelzen schmal eiförmig, fein zugespitzt, 4–6 mm lang, 2 mm breit, gelbbraun. Untere Ähren weiblich, mittlere gemischtgeschlechtlich, obere männlich.
- Schläuche: länglich eiförmig, 4–5,5 mm lang, kurz gestielt, oberwärts plötzlich in einen 2zähnigen Schnabel verschmälert, von der Mitte an mit breiten Flügeln, gelbbraun. Narben 2. Frucht eiförmig, 2 mm lang, glänzend gelbbraun.

Ähnliche Arten: *C. ligerica* J. Gay (Französische Segge).

Ökologisches Verhalten: Lichtpflanze, im Bestandesschatten oft steril, auf trockenen, basenarmen, sauren, lockeren, meist rohen Sandböden. Sandpionier, Dünenfestiger.

Zeigerwerte: L7 T6 K2 F3 R2 N2 ***Waldbindung:*** NT K2.1 HB – A –

Verbreitung: in Europa an den Küsten des Atlantiks sowie der Nord- und Ostsee, in Mitteleuropa auch im Binnenland, in den Küstengebieten Norddeutschlands häufig und meist gesellig, im Binnenland bis zur Nordgrenze der Mittelgebirge vordringend, dort selten und vereinzelt, im Süden fehlend oder selten, nur im Tiefland. In offenen Dünenrasen, auf Flugsand und Sandwegen, in Heiden und trockenen, lichten Kiefernwäldern, auf Küstendünen als Erstbesiedler oft Massenbestände bildend.

Gefährdung und Schutzstatus: nicht als gefährdet angesehen, BArtSchV: nicht besonders geschützt.

Wissenswertes und Verwendung: Häufig wird die Sand-Segge zur Dünen- und Deichbefestigung an Nord- und Ostsee eingesetzt, da sie gegen Überwehung unempfindlich ist. Wegen der in regelmäßigen Abständen aufrechten Seitensprossen wird sie auch «Soldatengras» oder «Nähmaschinen-Segge» genannt. Seit 1754 ist die Sand-Segge in Mitteleuropa als Droge bekannt und wurde als Ersatz für die teure ausländische Sarsaparillwurzel (Stechwinde *Smilax* sp.) zur Behandlung der Syphilis genutzt. Sie wurde außerdem als blutreinigendes Heilmittel und bei Hauterkrankungen unter dem Namen «Deutsche Sassaparille» (Radix Sassaparillae Germanicae) oder «Deutsche Sarsaparille» geschätzt.

3

4

Cyperaceae
(Sauergras-/ Riedgrasgewächse)

Carex brizoides L.

Zittergras-Segge, Seegras-Segge, Waldhaar-Segge
engl. alpine-grass

I	II	III	IV	V	VI	VII	VIII	IX	X	XI	XII

1 *strähnig-welliger Rasen*

2 *stark ausgeprägter, hoher Hautkragen, Blätter 1–3 mm breit*

3 *gleichähriger Blütenstand mit leicht auswärts gekrümmten Ähren (Basis ♂, Spitze ♀)*

4 *stark zusammengedrückter Schlauch mit fein gesägten Flügeln und kurzem Schnabel*

Name: *brizoides* = Zittergras-ähnlich (die Ähnlichkeit zum Zittergras ist nicht vorhanden!).

Habitus: ausdauernd, mit weit kriechenden, dünnen, mit braunen Blattscheiden bedeckten Rhizomen, große, zusammenhängende, strähnig-wellige Rasen bildend. 30–60 cm, in feucht-warmen Jahren bis 160 cm hoch. Sommergrün.

- Stängel: schlaff, anfangs aufrecht, später bogenförmig übergeneigt, zuletzt niederliegend, bis 1 mm dick, zur Blütezeit meist kürzer als die Blattspreiten, unter dem Blütenstand rau.
- Stängelkanten: dreikantig.
- Blattscheiden: grundständige am Grund dunkelbraun, an der Spitze hellbraun, blattlos; Blattscheiden der Stängelblätter gitternervig, bräunlich rötlicher Hautkragen, vielleicht die Segge mit dem ausgeprägtesten (höchsten) Hautkragen unter den heimischen Seggen.
- Blätter: schlaff, überhängend bis niederliegend, 1,5–3 mm breit, an den Rändern scharf rau, grün bis gelbgrün, bis über 1 m lang (länger als Stängel), lange Dreikantspitze.
- Blattprofil: flach bis rinnig.
- Blatthäutchen: 1,5–2,5 mm lang, bogenförmig bis abgerundet dreieckig.

- Blütenstand: gleichährig, 2–3 cm lang, aus 4–8 (–16), büschelig angeordneten Ähren zusammengesetzt.

- Ähren: leicht nach auswärts gekrümmt, 8–9 mm lang, vielblütig, die Blüten am Grund männlich, an der Spitze weiblich, mit trockenhäutigen Hüllblättern. Spelzen schmal länglich bis eiförmig, weißlich, glänzend, zuletzt oft gelblich.
- Schläuche: schmal-lanzettlich, abstehend, 3–4 mm lang, meist etwas länger als die Spelzen, 1 mm breit, stark zusammengedrückt, plötzlich in einen kurzen, glatten Schnabel zusammengezogen, vom Grund bis zur Schnabelspitze mit feingesägten Flügeln, grün. Narben 2. Frucht länglich bis eiförmig, flach, bis 2 mm lang.

Ähnliche Arten: vegetativ ähnlich: *C. elongata*, *C. remota*.

Ökologisches Verhalten: Licht- bis Halbschattenpflanze, auf staunassen bis sickerfeuchten, basenarmen, entkalkten, mäßig sauren, humosen Sand- und Tonböden mit zeitweise hoch anstehendem oder durch Verdichtung gestautem Bodenwasser. Vernässungs- und Verdichtungszeiger (Gley und Pseudogley).

Zeigerwerte: L6 T5 K4 F6~ R4 N3 ***Waldbindung:*** NT K1.2 HB K2.1 A K2.1
Ökologische Artengruppe: IV.2–3.

Verbreitung: Mitteleuropa, Frankreich, die Südgrenze verläuft von Rumänien über Serbien und Oberitalien zu den Pyrenäen, in Norddeutschland fehlend bis sehr selten, in Mittel- und Süddeutschland zerstreut bis häufig, in Südwestdeutschland gebietsweise häufig und Bestände bildend (besonders in Mittelschwaben), planar bis hochmontan (Alpen bis 1400 m). In feuchten Laubwäldern, gelegentlich auch im Erlenbruch und Auenwald sowie in Fichtenwäldern, auf Schlägen, an feuchten Wegen und Waldrändern.

Gefährdung und Schutzstatus: nicht als gefährdet angesehen, BArtSchV: nicht besonders geschützt.

Wissenswertes und Verwendung: Zusammenhängende Rasen von *C. brizoides* stellen für die Verjüngung ein sehr ernsthaftes Hindernis dar. Früher wurde das Seegras als einträgliche Nebennutzung und in nicht unerheblichem Umfang als Polstermaterial, zur Herstellung von Seilen und Matten sowie als Packmaterial und Streu verwendet.

2

3

4

1

Cyperaceae
(Sauergras-/ Riedgrasgewächse)

Carex caryophyllea Latourr.

C. praecox Jacq., *C. verna* Chaix
Frühlings-Segge, Nelken-Segge
engl. vernal sedge

1 *Habitus*

2 *1,5–3 mm breite, steife, meist sichelförmig zurückgekrümmte Blätter*

3 *Blütenstand mit endständiger ♂ Ähre (Staubbeutel) und 1–2 seitlichen ♀ Ähren (3 Narben)*

4 *Scheide des untersten Hüllblattes 3–5 mm lang*

5 *4–5 mm lange, hellbraune, stumpfe Spelzen der männlichen Blüten*

6 *behaarte Schläuche auf stachelspitzigen, bräunlichen Spelzen mit breitem, grünem Mittelstreifen*

I	II	III	IV	V	VI	VII	VIII	IX	X	XI	XII

Name: *caryophylleus* = nelkenartig; Nelken-Segge vielleicht wegen der (gewürznelken-)braunen Ähren.

Habitus: ausdauernd, Wurzelstock mit kurzen, meist 5 (–10) cm langen, mit zerfasernden Blattscheiden bedeckten Rhizomen, kleine Rasen bildend. 5–30 (–50) cm hoch. Sommergrün.

- Stängel: aufrecht bis leicht gebogen, unter 1 mm dick, oberwärts schwach rau, nur am Grund beblättert.
- Stängelkanten: stumpf dreikantig.
- Blattscheiden: der diesjährigen Blätter hellbraun, die der vorjährigen graubraun, wenig zerfasernd.
- Blätter: kürzer als der Stängel, 1,5–3 mm breit, steif, meist sichelförmig zurückgekrümmt, an den Rändern meist rau, scharf gezähnelt, grasgrün bis graugrün, Oberseite oft durch Warzen rau mit kurzer Dreikantspitze. Hüllblätter spelzenartig, oft bis auf die Scheide zurückgebildet, das Hüllblatt der untersten Ähre mit 2–5 mm langer Scheide, oft borstlich, spitz, meist kürzer als die Ähre, bräunlich, grün gestreift.
- Blattprofil: am Blattgrund gekielt, rinnig.
- Blatthäutchen: 1–2 mm, stumpf bis (spitzbogig).

- Blütenstand: verschiedenährig, 2–3 cm lang, aus einer endständigen männlichen Ähre und 1–2 (–3) seitlichen, genäherten weiblichen Ähren bestehend.

- Männliche Ähre: keulenförmig, kurz gestielt, aufrecht, 10–20 mm lang, 2–3 mm breit. Weibliche Ähren eiförmig bis walzenförmig, aufrecht, sitzend oder kurz gestielt, 5–15 mm lang, 3–5 mm breit, dichtblütig. Spelzen der männlichen Blüten 4–5 mm lang, stumpf, hellbraun. Spelzen der weiblichen Blüten 3 mm lang, spitz bis stachelspitzig, bräunlich, mit breitem, grünem Mittelstreifen, zuweilen ganz grünlich oder bleich.
- Schläuche: aufrecht, verkehrt eiförmig, stumpf dreikantig, am Grund stielförmig verschmälert, etwa so lang wie die Spelzen, behaart, mit kurzem, kegelförmigem Schnabel, hellbraun. Narben 3. Frucht verkehrt eiförmig, dreikantig, 2 mm lang, dunkelbraun.

Ähnliche Arten: vegetativ ähnlich: *C. montana*. Ebenfalls in Kiefernwäldern auf trockenen Sandböden findet sich die mehr Schatten ertragende Heide-Segge, *C. ericetorum* Poll. Sie unterscheidet sich von der Frühlings-Segge durch die an den Rändern weißhäutigen und an der Spitze fransig bewimperten Spelzen. Seltener als die Frühlings-Segge.

Ökologisches Verhalten: Lichtpflanze, auf warmen, trockenen bis mäßig frischen, mäßig nährstoffreichen, basenreichen, milden bis mäßig sauren, humosen Lehm- und Sandböden. Magerkeitszeiger, gegenüber Düngung empfindlich.

Zeigerwerte: L8 Tx K3 F4 Rx N2 ***Waldbindung:*** NT K2.2 HB K2.2 A K2.2

Verbreitung: fast ganz Europa, in ganz Deutschland verbreitet und fast überall häufig, planar bis hochmontan (Alpen bis 1800 m). In sonnigen Trockenrasen, an Wegrändern, auf Grasplätzen und Kahlschlägen, im lichten Kiefernwald und auf Kulturen.

Gefährdung und Schutzstatus: Vorwarnliste, BArtSchV: nicht besonders geschützt.

Wissenswertes und Verwendung: *C. caryophyllea* ist sehr variabel: Im Waldschatten kann sie bis über 40 cm hoch werden, an extrem trockenen Standorten kaum 5 cm. Die Frühlings-Segge wird auch als Zierpflanze für Steingärten und zur Dachbegrünung verwendet (dann häufig die Sorte *C. caryophyllea* ‚The Beatles' unter dem Namen Pilzkopf-Segge).

3

5

2

4

6

Carex digitata L.

Finger-Segge
engl. finger sedge

Cyperaceae
(Sauergras-/ Riedgrasgewächse)

1 *Habitus*
2 *glänzende, purpurrote, grundständige Blattscheiden, Blätter 2 bis max. 6 mm breit*
3 *Blätter am Ende mit abgesetzter, stumpfer Dreikantspitze*
4 *endständige ♂ Ähre (Spelzen mit breitem weißhäutigen Rand) und seitliche ♀ Ähren (Spelzen glänzend rotbraun mit grünem Mittelstreifen und häutigem Rand)*
5 *hinter der Spelze wird der lange Stiel des flaumig behaarten Schlauches sichtbar*

I	II	III	IV	V	VI	VII	VIII	IX	X	XI	XII

Name: *digitatus* = gefingert.

Habitus: ausdauernd, in kleinen, dichten Horsten, rasenbildend, ohne Ausläufer, bis 50 cm tief wurzelnd. 0–30 (–40) cm hoch. Wintergrün.

- Stängel: aufrecht oder nach außen gebogen, schlaff, glatt oder schwach rau, 1 mm dick.
- Stängelkanten: stumpfkantig, zusammengedrückt dreikantig bis fast stielrund.
- Grundständige Blattscheiden: purpurrot, glänzend, schwach netzfaserig.
- Blätter: derb, kürzer oder länger als der Stängel, über 20 cm lang, 2–4 (–6) mm breit, in der Mitte am breitesten, an den Rändern rau, hellgrün, später dunkelgrün, am Ende mit abgesetzter, stumpfer Dreikantspitze. Hüllblätter häutig, nicht laubblattartig, 5–15 (–20) mm lang, rotbraun.
- Blattprofil: knickrandig.
- Blatthäutchen: flachbogig.

- Blütenstand: verschiedenährig, aus einer endständigen männlichen Ähre und 2–4 weiblichen Ähren bestehend, die obersten 1–2 weiblichen Ähren überragen oft die männliche Ähre.
- Männliche Ähre: kurz gestielt, 10–15 mm lang, etwa 1 mm breit. Spelzen mit breiteren weißhäutigen Rändern als diejenigen der weiblichen Blüten. Weibliche Ähren fingerförmig zusammengezogen, 10–30 mm

lang, 1–2 mm breit, sehr lockerblütig, (2–) 5–10blütig. Spelzen der weiblichen Blüten die Schläuche einhüllend, verkehrt eiförmig, mit stumpfer, unregelmäßig gezähnter Spitze, etwa 4 mm lang, 2 mm breit, glänzend rotbraun, mit grünem Mittelstreifen und weißhäutigen Rändern.

- Schläuche: verkehrt eiförmig, dreikantig, etwa so lang wie die Spelzen, flaumig behaart, am Grund in einen langen Stiel, an der Spitze in einen kurzen Schnabel auslaufend, hellgrün, später glänzend hellbraun. Narben 3. Frucht verkehrt eiförmig, scharf dreikantig, 3 mm lang, braun bis schwärzlich.

Ähnliche Arten: *Carex ornithopoda* Willd. (Vogelfuß-Segge) An ähnlichen Standorten, aber seltener vorkommend. Sie ist in allen Teilen kleiner, die weiblichen Ähren stehen sehr nahe zusammen, die Spelzen der weiblichen Blüten sind meist gelb und an den Rändern nicht gezähnt. Zeigerwerte: L6 Tx K4 F3 R9 N3. Vegetativ ähnlich: Artengruppe *Carex digitata (C. digitata, C. ornithopoda, C. ornithopodioides).*

Ökologisches Verhalten: Schattenpflanze sommerwarmer Lagen, auf frischen, basenreichen, meist kalkreichen, neutralen bis mäßig sauren, humosen, lockeren Lehm- und Steinböden, vor allem in Kalk- und Lehmgebieten, auch auf Gneis, Mull- und Moderpflanze. Lehmzeiger.

Zeigerwerte: L3 Tx K4 F5 Rx N4 ***Waldbindung:*** NT K1.1 HB 1.1 A 1.1 ***Ökologische Artengruppe:*** I.3.

Verbreitung: in fast ganz Europa, fehlt im äußersten Norden und in Teilen Südeuropas, in ganz Deutschland zerstreut bis ziemlich häufig, nur in Nordwestdeutschland selten, planar bis hochmontan (Alpen bis 1790 m). In krautreichen Laub- und Nadelmischwäldern, vor allem im Buchenwald.

Gefährdung und Schutzstatus: nicht als gefährdet angesehen, BArtSchV: nicht besonders geschützt.

Wissenswertes und Verwendung: Die Samen werden durch Ameisen verbreitet (Myrmekochorie) und beginnen bereits im Juni mit der Keimung.

1

Carex echinata Murray

Cyperaceae
(Sauergras-/ Riedgrasgewächse)

C. stellulata Good.
Igel-Segge, Stern-Segge
engl. star sedge

1 *Habitus*

2 *Stängel etwa 1 mm dick, oben rau mit nach oben gerichteten Zähnchen*

3 *Blütenstand aus 3–5 wenig entfernten Ähren, untere mit laubigem Hüllblatt*

4 *oberste Ähre an der Basis mit männlichen Blüten*

5 *a: kurz geschnäbelter, 3–4 mm langer Schlauch mit flacher Innenseite, nur basal geadert b: deutliche Nerven auf der gewölbten Außenseite*

2

I	II	III	IV	V	VI	VII	VIII	IX	X	XI	XII

Name: *echinatus* = igelstachelig, wegen der igel- bzw. sternförmigen Fruchtstände.

Habitus: ausdauernd, lockere Horste bildend oder einzelstehend. Ohne oder mit sehr kurzen Ausläufern. 10–30 cm hoch. Sommergrün.

- Stängel: aufrecht bis aufgebogen, steif, etwa 1 mm dick, oben rau mit nach oben gerichteten Zähnchen.
- Stängelkanten: stumpf dreikantig.
- Blattscheiden: Scheidenwand lappig zerfallend.
- Blätter: 1–2 mm breit, sehr starr, am Rand abwärts rau, gelbgrün, Spitze lang ausgezogen dreikantig. Unterste Ähre ohne oder mit kurzem, laubigem Hüllblatt.
- Blattprofil: flach oder rinnig.
- Blatthäutchen: 1 mm, spitz- bis rechtwinklig.

- Blütenstand: gleichährig, lockere Ähre mit 3–5 wenig entfernten Ähren (bis 1 cm).
- Ähren: 4–6 mm lang, kugelig, mit 5–7 weiblichen Blüten, am Grund mit männlichen Blüten, an der Spitze mit weiblichen Blüten, oberste Ähre selten ganz männlich. Spelzen 2–2,5 mm lang, grünlich-olivbraun, mit breitem hellen Hautrand, stumpfoval, kürzer als die Schläuche, zur Reifezeit scheinen die Ähren auf einem schuppigen Stiel zu sitzen.

- Schläuche: 3–4 mm lang, gelbbraun, flach oval, innen flach und außen gewölbt, nur auf der gewölbten Außenseite nervig, rau, ungeflügelt, kurz 2zähnig geschnäbelt, länger als die Spelzen, Spelzen hellbraun, weiß hautrandig und mit grünem Mittelnerv. Narben 2. Reif sternförmig spreizend.

Ähnliche Arten: Artengruppe *Carex canescens* agg. (Graue Segge, dazu zählen neben *C. echinata*, *C. brunnescens*, *C. canescens* und *C. leporina*): mittelgroße, horstförmige Seggen in kalkarmen Flachmooren und wechselfeuchten Magerrasen. *Carex canescens* L. (Graue Segge): Pflanze graugrün, Blätter 2–4 mm breit, lockere Ähre, Spelzen weiß-grau (Name!), Zeigerwerte L7 T4 Kx F9 R4 N2 Waldbindung NT K2.1 HB K2.1 A K2.1 Ökologische Artengruppe IV.1–2. Bei der ebenfalls ähnlichen Artengruppe *Carex muricata* agg. (Sparrige Segge, Stachelsegge, dazu zählen *C. divulsa*, *C. guestphalica*, *C. pairae* und *C. spicata*) befinden sich im Unterschied zur Artengruppe *C. canescens* die männlichen Blüten an der Basis der Ähren (gleichährige, grasgrüne Seggen der Waldränder und Schagfluren, Blätter gekielt, 2–4 mm breit).

Ökologisches Verhalten: gelegentlich auch im Schatten, auf nassen, kalkfreien, aber etwas nährstoffhaltigen, schwach sauren Torfböden.

Zeigerwerte: L8 Tx K3 F8~ R3 N2 **Waldbindung:** NT K2.1 HB K2.1 A K2.2 **Ökologische Artengruppe:** VI.2.

Verbreitung: weltweit in den gemäßigten und kalten Zonen, in Mitteleuropa häufig, vom Tiefland bis in die Alpen (ca. 2300 m). Sumpfwiesen, Kleinseggen-Flachmoore, feuchte Borstgras-Rasen, feuchte Waldwege (trittunempfindlich).

Gefährdung und Schutzstatus: nicht als gefährdet angesehen, BArtSchV: nicht besonders geschützt.

Wissenswertes und Verwendung: Die Früchte kletten sich mit ihrem gebogenen Schnabel leicht fest und bohren sich auch in die Erde.

Cyperaceae
(Sauergras-/
Riedgrasgewächse)

1 *auffällige, stockwerkartige, bis 90 cm hohe Bülte*

2 *a: graugrüne, knickrandige, bis 6 mm breite Blätter*
b: Blattränder schneidend scharf

3 *bereits ausgesamter Blütenstand im Mai: weibliche Ährenachsen ohne Früchte, die endständigen männlichen Ähren bleiben erhalten*

4 *männliche Ähre mit 4–5 mm langen dunkelbraunen Spelzen*

Carex elata All.

C. reticulosa Peterm., *C. stricta* Good.
Steife Segge
engl. tufted sedge

I	II	III	IV	V	VI	VII	VIII	IX	X	XI	XII

Name: *elatus* = hoch.

Habitus: ausdauernd, in dichten, festen Horsten (Bülte), oft stockwerkartig aufgebaut aus dicht verfilzten, wurzeldurchzogenen, halbzersetzten Resten vorangegangener Jahre, diese bilden bis 90 cm hohe und bis 100 cm breite, bei Niedrigwasser sichtbare Sockel, Horste oft ausgedehnte Bestände bildend, ohne Ausläufer, mit kräftigem, tiefreichendem Wurzelsystem und weißlichem Wurzelfilz. 20–120 cm hoch. Sommergrün.

- Stängel: steif aufrecht, 1–3 mm dick, unter dem Blütenstand rau, nur am Grund beblättert
- Stängelkanten: scharf dreikantig.
- Blattscheiden: gelbbraun bis graubraun, am Spreitengrund spitzbogig bis spitzwinklig endend, netzartig zerfasernd.
- Blätter: steif, meist kürzer als der Stängel, flach, 1–6 mm breit, allmählich zugespitzt, an den Rändern schneidend rau, graugrün, bis 1 m lang. Unterstes Hüllblatt des Blütenstandes laubblattartig, aufrecht, ohne Scheide, am Grund mit zwei stängelumfassenden, schwarzen Öhrchen, meist kürzer als die zugehörige Ähre, zuweilen aber auch so lang wie der Blütenstand, die oberen Hüllblätter kürzer, borstenförmig.
- Blattprofil: knickrandig, gekielt.
- Blatthäutchen: spitz.

- Blütenstand: verschiedenährig, 10–20 cm lang, aus 1–2 (–3) männlichen und 2–4 darunter stehenden weiblichen Ähren zusammengesetzt.
- Männliche Ähren: aufrecht, schmal walzenförmig, 4–7 cm lang. Weibliche Ähren sitzend oder kurz gestielt, aufrecht, schmal walzenförmig, 1,5–7 cm lang, 5–7 mm breit, sehr dichtblütig, der obere Teil nicht selten mit männlichen Blüten. Spelzen der weiblichen Blüten 2,5–3,5 mm lang, etwa 1 mm breit, schwarzbraun mit grünem Mittelstreifen. Spelzen der männlichen Blüten 4–5 mm lang, heller als die weiblichen Blüten.
- Schläuche: aufrecht, dicht dachziegelartig übereinanderliegend, oval, stark zusammengedrückt, etwas länger als die Spelzen, mit 5–7 deutlichen Nerven und einem sehr kurzen Schnabel, graugrün, frühzeitig abfallend. Narben 2. Frucht linsenförmig, etwa 2 mm lang, gelbbraun.

Ähnliche Arten: vegetativ ähnlich: *C. nigra*, *C. pseudocyperus*, *C. paniculata* (ähnliche Bülte, aber gleichährige Segge).

Ökologisches Verhalten: Lichtpflanze sommerwarmer Gebiete, auf staunassen, nährstoff- und basenreichen, milden bis mäßig sauren, torfig-sandigen Ton- oder Schlickböden, indifferent gegenüber Kalk. Verlandungs- und Streupflanze, die bevorzugten Standorte befinden sich im Wasser, in stehenden Gewässern dringen einzelne Horste weit ins offene Wasser vor und leiten hier die Verlandung ein.

Zeigerwerte: L8 Tx K2 F10~ Rx N5 ***Waldbindung:*** NT K2.1 HB K2.1 A K2.2

Verbreitung: fast ganz Europa, fehlt im Norden und teilweise im Mittelmeergebiet, in ganz Deutschland zerstreut bis häufig, meist Bestände bildend, planar bis hochmontan (Voralpen bis 1800 m). In Erlenbrüchern, auf Sumpfwiesen, an Ufern von Seen und Bächen, an Gräben und versumpften Flussufern, in der Verlandungszone in und hinter dem Röhricht, in alten Flutmulden mit schwankendem Wasserstand.

Gefährdung und Schutzstatus: nicht als gefährdet angesehen, BArtSchV: nicht besonders geschützt.

Wissenswertes und Verwendung: Die Steife Segge gilt als gute Streu- aber schlechte Futterpflanze. Der scharfe Blattrand schützt die Pflanze vor Tierfraß. Eine zweite Blütezeit im Herbst ist möglich. Hegi (1909) berichtet, dass die Bülte zuweilen in der Schweiz und in Südfrankreich als natürliche Polstersitze vor die Häuser gestellt wurden.

2a

2b

3

4

Carex elongata L.

Cyperaceae
(Sauergras-/
Riedgrasgewächse)

Walzen-Segge, Langährige Segge, Verlängerte Segge
engl. elongated sedge

1 *Habitus im Erlenbruch*
2 *schmales, spitzwinkliges, 4–8 mm langes Blatthäutchen*
3 *Blütenstand mit bis zu 12 Ähren*
4 *zusammengedrückte, etwa 3 mm lange Schläuche (2 Narben) auf beiden Seiten mit vielen deutlichen Adern*

I	II	III	IV	**V**	**VI**	**VII**	VIII	IX	X	XI	XII

Name: *elongatus* = verlängert.

Habitus: ausdauernd, in dichten Horsten, ohne Ausläufer, 30–60 (–100) cm hoch. Wintergrün.

- Stängel: schlaff, aufrecht oder bogenförmig überhängend, scharf dreikantig, bis 1,5 mm dick, rau, nur am Grund beblättert.
- Stängelkanten: scharf dreikantig.
- Blattscheiden: hellbraun, rosa.
- Blätter: schlaff, etwa so lang wie die Stängel, flach, 2–6 mm breit, an den Rändern stark rau, gelblich-grün. Unterstes Hüllblatt oft laubblattartig.
- Blattprofil: bogig.
- Blatthäutchen: spitzwinklig, 4–8 mm lang, schmal.

- Blütenstand: gleichährig, 3–10 cm lang, aus (5–) 8–12 aufrechten, etwas voneinander entfernten, sitzenden Ähren bestehend.
- Ähren: länglich eiförmig, 5–12 mm lang, etwa 5 mm breit, vielblütig, am Grund mit männlichen (seitliche Ähren oft nur mit 0–2), an der Spitze mit weiblichen Blüten. Spelzen breit oval, etwa 2 mm lang, 1,5 mm breit, Mittelnerv als sehr kurze Stachelspitze auslaufend, hellbraun, mit grünem bis gelblichem Kiel und breiten, weißhäutigen Rändern.

- Schläuche: länglich oval, zusammengedrückt (plan-konvex), etwa 3 mm lang und 1 mm breit, allmählich in einen kurzen, undeutlich 2zähnigen Schnabel verschmälert, beiderseits mit vielen deutlichen Adern, zuerst hellgrün, später hellbraun. Narben 2. Frucht länglich eiförmig, über 1 mm lang, gelbbraun.

Ähnliche Arten: vegetativ ähnlich: *C. brizoides*, *C remota*.

Ökologisches Verhalten: Halbschatten- bis Schattenpflanze, auf staunassen, mäßig nährstoff- und basenreichen, sandig-tonigen Bruchtorfböden mit hohem, zeitweise austretendem Grundwasser. Staunässezeiger.

Zeigerwerte: L4 T6 K3 F9~ R7 N6 **Waldbindung:** NT K1.1 HB K1.1 A K1.1
Ökologische Artengruppe: VI.3.

Verbreitung: Nord-, West- und Mitteleuropa, in ganz Deutschland zerstreut bis ziemlich häufig und gesellig, in Süddeutschland seltener, planar bis hochmontan (Alpen bis 1000 m), vor allem in tiefer gelegenen Talauen. In Erlenbruchwäldern und Weidengebüschen, in nassen Wiesen, an Waldbächen, Gräben und sumpfigen Waldstellen.

Gefährdung und Schutzstatus: nicht als gefährdet angesehen, BArtSchV: nicht besonders geschützt.

Wissenswertes und Verwendung: Die Walzen-Segge ist die namengebende Art für mitteleuropäische Schwarzerlen-Bruchwälder, vor allem im Norddeutschen Tiefland.

2

3

4

Carex flacca Schreb.

Cyperaceae
(Sauergras-/ Riedgrasgewächse)

C. glauca Scop.
Blaugrüne Segge, Schlaffe Segge
engl. blue green sedge, glaucous sedge

1. *Habitus zur Blütezeit*
2. *Blätter 2–6 mm breit, Blattunterseite blaugrün bereift und scharf gekielt*
3. *grundständige Blattscheiden rötlich*
4. *2–3 mm langes Blatthäutchen*
5. *oberstes Hüllblatt des Blütenstandes mit braunen Öhrchen*
6. *weibliche Ähren zur Reifezeit an langen, dünnen Stielen herabhängend*
7. *a: weibliche Ähre mit männlichen Blüten an der Spitze b: männliche Ähre mit Staubbeuteln*
8. *kurz borstlich behaarter, 2–3 mm langer Schlauch mit zwei seitlichen Nerven (3 Narben)*

I	II	III	IV	V	VI	VII	VIII	IX	X	XI	XII

Name: *flacca* = schlaff, wegen der zur Reifezeit langgestielten, überhängenden unteren Ähren; blaugrün wegen der durch einen Wachsüberzug blaugrünen Färbung, in älteren Werken auch Meergrüne Segge genannt.

Habitus: ausdauernd, Wurzelstock mit langen, 10–15 mm dicken, hell- bis schwarzbraunen Rhizomen, lockere Rasen bildend, bis 80 cm tief wurzelnd. 10–60 cm hoch. Sommergrün.

- Stängel: aufrecht oder an der Spitze schwach übergebogen, bis 2 mm dick, glatt, nur am Grund beblättert, meist hellblaugrün.
- Stängelkanten: stumpf 3kantig.
- Blattscheiden: grundständige braun oder rötlich, vordere Scheidenwand der Stängelblätter weißhäutig.
- Blätter: steif, kürzer als die Stängel, flach, 2–6 mm breit, fein zugespitzt, scharf gekielt, an den Rändern rau. Blattunterseite blaugrün bereift (glauk). Unterstes Hüllblatt laubblattartig, mindestens so lang wie der Blütenstand, ohne oder mit sehr kurzer Scheide, mit dunkelbraunen Öhrchen an der Scheidenmündung, die oberen Hüllblätter meist kürzer.
- Blattprofil: flach bis rinnig.
- Blatthäutchen: 2–3 mm hoch, spitzbogig.

- Blütenstand: verschiedenährig, 5–10 (–20) cm lang, aus (1–) 2 (–4) männlichen und (1–) 2–3 (–4) darunterstehenden weiblichen Ähren zusammengesetzt, die obersten Ähren dicht beisammen.

- Männliche Ähren: schmal walzenförmig, 2–4 cm lang, 1–3 mm breit. Weibliche Ähren an langen (2–8 cm), dünnen Stielchen, zuerst aufrecht, später überhängend, walzenförmig, 2–3 (–6) cm lang, 3–5 mm breit, dichtblütig, zuweilen an der Spitze mit männlichen Blüten. Spelzen der männlichen Blüten 4–5 mm lang, etwa 1 mm breit, rotbraun bis hellbraun, mit heller gefärbtem Mittelstreifen. Spelzen der weiblichen Blüten eiförmig, spitz, 2–3 mm lang, 1,5 mm breit, dunkelrotbraun, mit grünem bis hellbraunem Mittelstreifen.
- Schläuche: eiförmig, 2–3 mm lang, etwa 1 mm breit, die Spelzen meist etwas überragend, mit 2 Nerven an den Rändern, sonst nervenlos, mit einem sehr kurzen Schnabel, zuerst gelblich-grün, später braun bis rötlich-schwarz, kurz borstlich (0,1 mm) behaart, Narben (2–) 3. Frucht verkehrt eiförmig, dreikantig, 1,5 mm lang, braun.

6

Ähnliche Arten: vegetativ ähnlich: *C. acutiformis*, *C. panicea* L.

Ökologisches Verhalten: Licht- bis Halbschattenpflanze frühjahrsfeuchter und sommerwarmer Gebiete, auf meist wechselfeuchten bis wechselfrischen, aber auch auf nassen, basen- und meist kalkreichen, mehr oder weniger milden, humosen, oft verdichteten Stein-, Ton-, und Lehmböden, auch auf Rohböden. Wechselfeuchte-Zeiger, Kalk- und Lehmzeiger.

7a

Zeigerwerte: L7 Tx K3 F6~ R8 N4 ***Waldbindung:*** NT K2.1 HB K2.1 A K2.1 ***Ökologische Artengruppe:*** I.4–5.

Verbreitung: fast ganz Europa, fehlt im hohen Norden, in ganz Deutschland meist häufig und gesellig, vor allem in Kalkgebieten, planar bis hochmontan (Alpen bis 1900 m). Auf feuchten Wiesen, in Kalk-Magerrasen, in Kalk-Flachmooren, in lichten Laubwäldern, auf Lücken in Nadelwäldern, unter Kiefer auf ursprünglichen Laubholzstandorten. Gesellschaftsvag.

Gefährdung und Schutzstatus: nicht als gefährdet angesehen, BArtSchV: nicht besonders geschützt.

7b

Wissenswertes und Verwendung: Die Art ist eine der häufigsten Seggen Mitteleuropas. Sie erscheint besonders im Blütenbereich sehr variabel. So gibt es von der «Normalform» abweichende Pflanzen mit sitzenden weiblichen Ähren, solche mit lockerstehenden weiblichen Blüten oder mit bleichen Spelzen. Als Streupflanze ist sie von geringem Ertrag, sie gilt außerdem als schlechtes Futtergras. Ihre zähen Blätter verwendet man selten als Bastersatz zum Aufbinden von Pflanzen.

2

3

4

5

8

1

Carex hirta L.

Cyperaceae
(Sauergras-/ Riedgrasgewächse)

Behaarte Segge, Raue Segge
engl. hairy sedge

| I | II | III | IV | V | VI | VII | VIII | IX | X | XI | XII |

1 *Habitus*

2 *Blattscheiden und Blätter zerstreut bis dicht flaumig behaart*

3 *bogiges Blatthäutchen*

4 *Ähren*
a: endständige, männliche Ähren
b: aufrechte, gestielte, weibliche Ähre, Spelzen mit deutlicher Stachelspitze

5 *a: behaarter Schlauch mit 2 mm langem, tief 2zähnigem Schnabel*
b: zur Reifezeit

2

Name: *hirtus* = borstig.

Habitus: ausdauernd, mit kräftigem Wurzelstock und langen, bis 3 mm dicken, braun oder rotbraun beschuppten Rhizomen, lockere Rasen bildend, tief wurzelnd. 10–60 (–100) cm hoch. Sommergrün.

- Stängel: aufrecht oder aufsteigend, bis 2 mm dick, meist etwas länger als die Blätter, unter den männlichen Ähren rau.
- Stängelkanten: stumpf dreikantig.
- Blattscheiden: grundständige spreitenlos, bräunlich-rot, B. der Stängelblätter dicht flaumig behaart, undeutlich gitternervig, einen Hautkragen bildend.
- Blätter: flach, allmählich zugespitzt, 5–25 cm lang, 2–7 mm breit, Blattoberseite zerstreut bis dicht flaumig behaart, Blattunterseite dicht wollig behaart, an den Rändern rau, graugrün bis grasgrün, im Herbst leuchtend gelb. Hüllblätter des Blütenstandes laubblattartig, die unteren meist länger als der Blütenstand, die oberen kürzer.
- Blattprofil: flach oder etwas rinnig bis knickrandig.
- Blatthäutchen: bogig.

- Blütenstand: verschiedenährig, bis zu ¾ der Stängellänge einnehmend, aus (1–) 2–3 endständigen, genäherten männlichen und 2–4 (–6) weit voneinander entfernten weiblichen Ähren zusammengesetzt.
- Männliche Ähren: aufrecht, schlank walzenförmig, die endständige bis 3 cm lang, bis 4 mm breit, die seitlichen kürzer. Weibliche Ähren auf-

recht, gestielt, die Stielchen teilweise von den Scheiden der Hüllblätter verdeckt, länglich eiförmig bis kurz walzenförmig, 1–3 (–5) cm lang, 6–8 mm breit. Spelzen der männlichen Blüten 4–7 mm lang, 2 mm breit, in eine Stachelspitze auslaufend, an den Rändern behaart, braun, mit grünem Mittelstreifen und breiten, weißhäutigen Rändern. Spelzen der weiblichen Blüte 5–8 mm lang, 2 mm breit, mit Stachelspitze, weißhäutig, im oberen Teil braun, mit grünem Mittelstreifen.

- Schläuche schräg abstehend, länglich eiförmig, stumpf dreikantig, die Spelzen überragend, allmählich in einen etwa 2 mm langen, tief 2zähnigen Schnabel verschmälert, behaart, gelbgrün, später braun. Narben 3. Frucht verkehrt eiförmig, dreikantig, 2,5 mm lang, gelbbraun.

Ähnliche Arten: vegetativ ähnlich: *C. tomentosa* L. (Filzige Segge) Blätter 2–3 mm breit, Oberseite kahl!, Schnabel nur kurz 2zähnig.

Ökologisches Verhalten: Licht- bis Halbschattenpflanze, etwas wärmeliebend, auf mäßig frischen bzw. wechselfeuchten, nährstoffreichen, meist wenig humosen, zur Verdichtung neigenden, tonigen, lehmigen oder reinen Sandböden. Sandzeiger.

Zeigerwerte: L7 T6 K3 F6~ Rx N5 ***Waldbindung:*** NT K2.2 HB K2.2 A K2.2

Verbreitung: fast ganz Europa, fehlt im äußersten Norden, in ganz Deutschland verbreitet und häufig, planar bis hochmontan (Alpen bis 1270 m). An Wegen, Böschungen, Ufern, in Wiesen und Weiden, auf Lücken und an Bestandesrändern in Kiefernbeständen.

Gefährdung und Schutzstatus: nicht als gefährdet angesehen, BArtSchV: nicht besonders geschützt.

3

Wissenswertes und Verwendung: Die Behaarte Segge ist eine der wenigen deutlich behaarten Seggen-Arten. Die Behaarung der Früchte dient durch Anheftung an Fell oder Kleidung der Verbreitung. Die als Sandzeiger brauchbare Segge wechselt (je nach der Höhe ihrer Begleitpflanzen) stark in der Größe. Sie tritt oft als ausgesprochene Trittpflanze an Fußpfaden auf, hier gelegentlich in einer kahlen Abart, bei der nur die Fruchtschläuche behaart sind. In Gärten kann sie sich zuweilen festsetzten und ausbreiten.

4a

4b

5a

5b

Cyperaceae
(Sauergras-/
Riedgrasgewächse)

Carex humilis Leyss.

Erd-Segge, Zwerg-Segge
engl. dwarf sedge

1 *Horst im zeitigen Frühjahr mit strohigen Blättern des Vorjahres*

2 *dunkel rotbraune Blattscheiden*

3 *Blätter nur 1–2 mm breit, bis 25 cm lang, Blatter allmählich zugespitzt*

4 *bis 2 cm lange, endständige, männliche Ähren vor und während der Blüte, Spelzen mit breitem, glänzendem, weißhäutigem Rand*

5 *Blütenstand mit zwei 5–10 mm langen, 2blütigen weiblichen Ähren, Blüten mit 3 Narben, Spelzen mit grünem Kiel*

6 *Rasen kurz vor der Blütezeit*

I	II	**III**	**IV**	**V**	VI	VII	VIII	IX	X	XI	XII

Name: *humilis* = niedrig, auf der Erde.

Habitus: ausdauernd, mit kräftigem Wurzelstock, dichte Rasen bildend, die wie sterile Grasbüschel aussehen, da die Stängel mit den Blütenständen 2–5mal kürzer sind als die Blattspreiten und daher von diesen bedeckt werden, ohne Ausläufer, bildet oft Girlanden, bis 40 cm tief wurzelnd. 2–10 (–15) cm hoch. Wintergrün. Frühblüher.

- Stängel: aufrecht, etwa 0,5 mm dick, glatt, nur am Grund beblättert, fast bis zum Grund mit Ähren besetzt.
- Stängelkanten: rundlich bis stumpf dreikantig.
- Blattscheiden: dunkel rotbraun, netzfaserig.
- Blätter: bis 25 cm lang, 1–2 mm breit, starr, allmählich zugespitzt, an den Rändern rau, graugrün, meist mit abgestorbener, rotbrauner Spitze. Hüllblätter der weiblichen Ähren oft länger als 1 cm, braun, mit breiten, glänzenden, weißhäutigen Rändern, mit 5–8 mm langen, häutigen Scheiden, in denen die Stielchen der Ähren meist verborgen sind.
- Blattprofil: zuerst flach, später meist borstenförmig eingerollt.
- Blatthäutchen: 0,5–1 mm, spitz- bis rechtwinklig.

- Blütenstand: verschiedenährig, aus einer endständigen männlichen Ähre und 2–4 seitlichen weiblichen Ähren bestehend.
- Männliche Ähre: bis 2 cm lang gestielt, schmal walzenförmig, 10–15 (–20) mm lang, 2–4 mm breit. Weibliche Ähren kurz gestielt, länglich, 5–10 mm lang, 1–2 mm breit, 2–5blütig, lockerfrüchtig. Spelzen der

männlichen Blüten breit eiförmig, rotbraun, mit breiten, glänzenden, weißhäutigen Rändern. Spelzen der weiblichen Blüten etwa so lang wie die Schläuche, eiförmig, stachelspitzig oder kurz zugespitzt, hell- bis rotbraun, mit grünem Kiel und breiten, glänzenden, weißlichen, trockenhäutigen Rändern.

- Schläuche: verkehrt eiförmig, stumpf dreikantig, etwa 3 mm lang, am Grund verschmälert, mit undeutlichem, sehr kurzem Schnabel, dicht mit kurzen Haaren besetzt, gelbgrün, oberwärts rotbraun. Narben 3. Frucht verkehrt eiförmig.

Ähnliche Arten: vegetativ ähnlich: *C. montana*.

Ökologisches Verhalten: Lichtpflanze sonniger, warmer Lagen, auf trockenen, basen- und kalkreichen, lockeren Sand- und Lössböden oder feinerdereichen, flachgründigen Steinböden, xerotherme Pflanze.

Zeigerwerte: L7 T6 K5 F2 R8 N3 ***Waldbindung:*** NT K2.1 HB K2.1 A K2.1 ***Ökologische Artengruppe:*** I.5.

Verbreitung: West-, Mittel- und Südeuropa, erreicht in Mitteleuropa die Nordgrenze ihrer Verbreitung, in Mittel- und Süddeutschland ziemlich selten, aber gesellig, in Norddeutschland weitgehend fehlend, planar bis hochmontan (Alpen bis 1460 m), nur in Kalkgebieten. In Trocken- und Steppenrasen, in lichten, trockenen Eichen- und Kiefernwäldern, auf sonnigen Hügeln, an trockenen Böschungen, zwischen Felsen.

Gefährdung und Schutzstatus: Vorwarnliste, BArtSchV: nicht besonders geschützt.

Wissenswertes und Verwendung: Die Art erträgt nach einer Abhärtungsphase bis +65 °C Hitze und −35 °C Frost. Die Samen werden durch Ameisen verbreitet. Die Pflanze ist geeignet für Steingärten und Dachbegrünung.

2

3

4

5

6

Cyperaceae
(Sauergras-/
Riedgrasgewächse)

1 *Habitus*

2 *Stängelblätter mit hohem Blattscheidenhautkragen und häutiger, vorderer Scheidenwand*

3 *Ähren zur Blütezeit: an der Basis mit männlichen Blüten (Staubbeutel), oben weibliche Blüten (Narben)*

4 *zugespitzte, hellbraune Spelzen mit weißlichen Rändern und grünem Kiel*

5 *abgeflachter Schlauch mit feinen Längsnerven, 2 Narben*

Carex leporina L.

C. ovalis Good.
Hasenpfoten-Segge
engl. oval sedge

| I | II | III | IV | V | VI | VII | VIII | IX | X | XI | XII |

Name: *leporinus* = Hasenpfoten-ähnlich, *ovalis* = eiförmig, wegen der gedrängten, reif hellbraunen, Hasenpfoten-ähnlichen Fruchtstände.

Habitus: ausdauernd, in dichten Horsten, oft mit kurzen Rhizomen. (5–) 10–60 (–70) cm hoch

- Stängel: steif aufrecht oder aufsteigend, nach der Samenreife niederliegend, etwa 1,5 mm dick, unterhalb des Blütenstandes an den Kanten rau, nur am Grund beblättert.
- Stängelkanten: im oberen Teil scharf dreikantig, im unteren stumpf dreikantig.
- Blattscheiden: grundständige hellbraun, später faserig aufgelöst. Stängelblätter mit vorne und hinten gleich hohem Blattscheidenhautkragen. Vordere Scheidenwand häutig, die grünlinierten inneren Scheiden schimmern durch.
- Blätter: meist starr aufrecht, flach bis rinnig, 2–3 (–4) mm breit, ½ bis ⅔ so lang wie die Stängel, an den Rändern rau, hellgrün. Hüllblätter des Blütenstandes bis zu 3 cm lang, spelzenartig.
- Blattprofil: gekielt.
- Blatthäutchen: ca. 1 mm, rund, bogig.

- Blütenstand: gleichährig, 2–4 cm lang, aus (2–) 3–7 (–10) gedrängt sitzenden Ähren zusammengesetzt.
- Ähren: eiförmig, dichtblütig, am Grund mit männlichen, an der Spitze

mit weiblichen Blüten, 6–10 mm lang, 5–7 mm breit. Spelzen eiförmig, spitz, 4–5 mm lang, etwa 2 mm breit, meist hellbraun, mit weißlichen Rändern und grünem Kiel, selten ganz weiß.

- Schläuche: aufrecht, länglich eiförmig, abgeflacht, etwa so lang wie die Spelzen, diese nicht überragend, mit feinen Längsnerven und bewimperten, häutigen Flügeln, gelbbraun, allmählich in den 2zähnigen, dunklen Schnabel auslaufend. Narben 2. Frucht eiförmig, flachgedrückt, 2 mm lang, braun, glänzend.

Ähnliche Arten: vegetativ ähnlich: Artengruppe *Carex canescens* Graue Segge *(C. brunnescens, C. canescens, C. echinata, C. leporina)* mittelgroße, horstförmige Seggen in kalkarmen Flachmooren und wechselfeuchten Magerrasen.

Ökologisches Verhalten: Lichtpflanze, auf staunassen, sicker- oder wechselfeuchten, mäßig nährstoffreichen, basenarmen, sauren, oft torfigen Böden. Grundwasser- und Gleyzeiger.

Zeigerwerte: L7 Tx K3 F7~ R3 N3 ***Waldbindung:*** NT K2.2 HB K2.2 A K2.2
Ökologische Artengruppe: III.2.

Verbreitung: in ganz Europa, in Deutschland meist häufig, vor allem in Silikatgebirgen, planar bis subalpin (Alpen bis 1860 m). In Magerrasen, auf Weiden, auf Waldwiesen und Waldschlägen, in Laub- und Nadelwäldern, an Wegrändern. Begleiter, vor allem in Gesellschaften der Borstgras-Rasen und der Eichen-Hainbuchen-Wälder.

Gefährdung und Schutzstatus: nicht als gefährdet angesehen, BArtSchV: nicht besonders geschützt.

Wissenswertes und Verwendung: Diese Segge gehört zu den wenigen ihrer Gattung, die als gute Futtergräser für Wild und Vieh gelten. Gegen Tritt unempfindlich.

Cyperaceae

(Sauergras-/ Riedgrasgewächse)

Carex montana L.

Berg-Segge

engl. mountain sedge

I	II	III	IV	V	VI	VII	VIII	IX	X	XI	XII

1 *Habitus zur Blütezeit: hellgrüne Blätter im Kontrast zu den schwarzbraunen Spelzen*

2 *Blätter bis 2 mm breit, Oberseite fein behaart*

3 *3–5 mm lange, dicht behaarte Schläuche, an der Spitze oft braun, 3 Narben*

4 *lebhaft rot bis purpurfarbene grundständige Blattscheiden*

5 *Blütenstand a: kurz vor der Blüte mit endständiger, keulenförmiger, männlichen Ähre und zwei seitlichen, weiblichen Ähren b: zur Blütezeit*

6 *hexenringartige Anordnung durch Absterben der älteren, inneren Bereiche*

Name: *montanus* = gebirgig.

Habitus: ausdauernd, dichte, feste Rasen bildend, die oft durch Absterben der ältesten, inneren Bereiche hexenringartig oder girlandenartig angeordnet sind, ohne Ausläufer. (5–) 10–40 cm hoch. Sommergrün.

- Stängel: zunächst starr aufrecht, zur Fruchtzeit schlaff überhängend oder niederliegend, etwa 0,5 mm dick, zur Fruchtzeit kürzer als die Blätter, unterhalb des Blütenstandes rau.
- Stängelkanten: stumpf dreikantig.
- Blattscheiden: grundständige lebhaft rot bis purpurn, glänzend, die älteren zerfasert. Vordere Scheidenwand faserig zerfallend.
- Blätter: schlaff, weich, bis 2 mm breit, im oberen Teil schwach rau, hellgrün, Oberseite fein behaart, Hüllblätter spelzenartig, das unterste Hüllblatt mit laubblattartiger Spitze und ohne oder mit sehr kurzer Scheide (0–2 mm), an den Rändern trockenhäutig.
- Blattprofil: flach.
- Blatthäutchen: spitzwinklig.

- Blütenstand: verschiedenährig, gedrungen 3 (–4) cm lang, aus einer endständigen männlichen Ähre und 1–2 (–3) seitlichen weiblichen Ähren bestehend.
- Männliche Ähre: keulenförmig, 1–2 cm lang. Weibliche Ähren kugelig bis oval, sitzend, 6–8 mm lang, etwa 5 mm breit, 4–8blütig. Spelzen der männlichen Blüten eiförmig, stachelspitzig, schwarzbraun, am

Grund heller. Spelzen der weiblichen Blüten eiförmig, stachelspitzig, schwarzbraun, mit hellerem Mittelstreifen und oft auch mit helleren Rändern, kürzer als die Schläuche.

- Schläuche: 3–5 mm lang, verkehrt eiförmig, dreikantig, am Grund stielförmig verschmälert, mit sehr kurzem Schnabel, dicht behaart, hellgrün, am Grund und an der Spitze oft braun. Narben 3. Frucht verkehrt eiförmig, dreikantig, weißlich.

Ähnliche Arten: vegetativ ähnlich: *C. caryophyllea, C. humilis, C. umbrosa.*

Ökologisches Verhalten: Halbschattenpflanze, etwas wärmeliebend, auf mäßig trockenen, basenreichen, kalkreichen bis kalkarmen, milden bis mäßig sauren, oft etwas verdichteten, humosen Lehmböden. Lehmzeiger.

Zeigerwerte: L5 Tx K4 F4 R6 N3 ***Waldbindung:*** NT K1.2 HB K2.1 A K2.1
Ökologische Artengruppe: I.3.

Verbreitung: in Mittel- und Osteuropa, fehlt im größten Teil des Mittelmeergebietes und in Nordskandinavien, in Westeuropa sehr zerstreut, in Deutschland ziemlich häufig und gesellig, vor allem in Kalklehmgebieten, im nordwestdeutschen Flachland und in Silikatgebirgen selten oder fehlend, planar bis hochmontan (Alpen bis 1670 m). In Tieflagen in lichten Laubwäldern, im Gebirge mehr in Halbtrockenrasen.

Gefährdung und Schutzstatus: nicht als gefährdet angesehen, BArtSchV: nicht besonders geschützt.

Wissenswertes und Verwendung: Die oft massenhaft auftretende Segge gilt als Zeiger für Lehm und Bodenverdichtung. Sie ist auch steril leicht erkennbar an den zarten, hellgrünen, rotscheidigen Blättern. Verbreitung der Samen durch Ameisen.

2

3

4

5a

5b

6

Carex nigra (L.) Reichard

Cyperaceae
(Sauergras-/ Riedgrasgewächse)

C. fusca All., *C. goodenowii* J.Gay
Braune Segge, Wiesen-Segge

I	II	III	IV	V	VI	VII	VIII	IX	X	XI	XII

1 *Habitus, Pflanze graugrün*

2 *grundständige Blattscheiden braun*

3 *Blütenstand mit einer endständigen, männlichen Ähre und seitlichen, weiblichen Ähren*

4 *weibliche Ähre: grüne, 2 mm lange Schläuche mit bräunlichen Flecken am oberen Ende*

Name: *nigra* = schwarz.

Habitus: ausdauernd, lockerrasig, mit über 20 cm langen, unterirdischen Ausläufern. 10–30 (–50) cm hoch.

- Stängel: 1–2 mm dick, steif aufrecht oder unten etwas bogig, oberwärts rau.
- Stängelkanten: scharf dreikantig.
- Blattscheiden: grundständige braun, schwach zerfasernd, glänzend, nicht gekielt.
- Blätter: 2–4 mm breit,graugrün, zunächst halb so lang wie der Stängel, später oft länger werdend, steif. Unterstes Hüllblatt länger als die Ähre, aber kürzer als der Blütenstand.
- Blattprofil: flach bis zusammengeklappt.
- Blatthäutchen: bogig.

- Blütenstand: verschiedenährig, 3–13 cm lang, aufrechte, meist traubige Ähre. 1 (–2) endständige, männliche Ähre und 2–4 weibliche Ähren.
- Männliche Ähre: 1–4 cm lang; 2–4 weibliche Ähren, 1–4 cm lang, 4–6 mm dick, kurzwalzlich, aufrecht, meist nur das unterste kurz gestielt, dichtfrüchtig, Spelzen schwarz-grün-scheckig, kürzer und schmaler als die Schläuche.

- Schläuche: kurz geschnäbelt, ca. 2 mm lang, grün, im oberen Teil öfters hell- bis schwarzbraun überlaufen oder fleckig, oft in senkrechten oder steil schraubig verlaufenden Reihen. Narben 2.

Ähnliche Arten: *C. acuta, C. elata;* vegetativ ähnlich: Artengruppe *Carex canescens* agg.

Ökologisches Verhalten: auf nassen, nährstoffreichen, schwach sauren, kalkfreien Torfböden.

Zeigerwerte: L8 Tx K3 F8~ R3 N2 ***Waldbindung:*** NT2.1 HB 2.1 A 2.1 ***Ökologische Artengruppe:*** VI.2.

Verbreitung: in der gemäßigten und kalten nördlichen Zone, vom Tiefland bis in die Hochalpen. Auf nassen Wiesen, in Gräben und an Ufern.

Gefährdung und Schutzstatus: nicht als gefährdet angesehen, BArtSchV: nicht besonders geschützt.

Wissenswertes und Verwendung: Die Art ist sehr veränderlich, vor allem in der Gestaltung des Blütenstandes. In den Alpen häufig mit rein schwarzbraunen Ähren. Dort oft bestandsbildend, aber auch in sehr nassen Wiesen des Tieflandes. Bildet nicht selten Bastarde mit *C. acuta* und *C. elata*.

2

3

4

Carex pallescens L.

Cyperaceae
(Sauergras-/Riedgrasgewächse)

Bleiche Segge
engl. pale sedge

I | II | III | IV | V | VI | VII | VIII | IX | X | XI | XII

1 *Habitus*
2 *vordere Scheidenwand der Stängelblätter v-förmig eingebuchtet*
3 *behaarte Blattoberseite*
4 *«Maulbeerartige» weibliche Ähre*
5 *Blütenstand a: zur Blütezeit mit Staubbeuteln b: zur Reifezeit mit lang gestielten weiblichen Ähren*
6 *2 mm langer, hellgrüner, glatter Schlauch, 3 Narben, länger als die bleichen, häutigen Spelzen*

Name: *pallescens* = bleich werdend wegen des blassen Aussehens.

Habitus: ausdauernd, dichte Rasen bildend, ohne Ausläufer, bis 50 cm tief wurzelnd. (5–) 20–50 (–90) cm hoch. Sommergrün.

- Stängel: aufrecht oder etwas überhängend, meist länger als die Blätter, etwa 1 mm dick, oben rau, meist nur am Grund beblättert.
- Stängelkanten: scharf dreikantig.
- Blattscheiden: grundständige hell- bis rotbraun, matt oder etwas glänzend. Vordere Scheidenwand der Stängelblätter tief und spitz eingebuchtet, lappig zerfallend.
- Blätter: gelbgrün, schlaff, flach, 2–3 (–4) mm breit, allmählich zugespitzt, ebenso wie die Blattscheiden zumindest im Frühjahr an den Rändern und der Oberseite zerstreut mit weißen, abstehenden Haaren besetzt (von den im Wald vorkommenden *Carex*-Arten haben sonst nur noch *C. pilosa, C. hirta* und *C. montana* behaarte Blätter). Hüllblätter der weiblichen Ähren laubblattartig, scheidenlos oder das unterste mit kurzer Scheide und meist den Blütenstand überragend.
- Blattprofil: knickrandig.
- Blatthäutchen: spitzwinklig.

- Blütenstand: verschiedenährig, 3–5 cm lang, aus einer endständigen männlichen Ähre und 2–3 seitlichen weiblichen Ähren bestehend, alle Ähren einander genähert oder die unterste etwas entfernt.
- Männliche Ähre: kurz gestielt, aufrecht, schmal keulenförmig, 1–2 cm

lang, etwa 2 mm breit. Weibliche Ähren kurz gestielt, aufrecht, die unterste Ähre zuletzt nickend an 5–15 (–40) mm langem Stiel, walzenförmig, 1–2 (–3) cm lang, 5 mm breit, dichtblütig. Spelzen der männlichen Blüten etwa 4 mm lang, blassgrün. Spelzen der weiblichen Blüten eiförmig, allmählich in eine kurze Stachelspitze verschmälert, etwa 3 mm lang, oberwärts bewimpert, häutig, bleich, mit grünem Mittelstreifen.

- Schläuche: länglich oval, stumpf, länger als die Spelzen, ohne Schnabel, blassgrün, später braun, glänzend, dicht stehend und dadurch charakteristisches «maulbeerartiges» Aussehen. Narben 3. Frucht verkehrt eiförmig, dreikantig, 2 mm lang, gelbbraun.

Ähnliche Arten: vegetativ ähnlich: *C. caryophyllea*, *C. leporina*.

Ökologisches Verhalten: Licht- bis Halbschattenpflanze, auf mäßig frischen bis wechselfeuchten, basenreichen, kalkarmen, sauren, häufig verdichteten Lehm- und Tonböden. Verhagerungs- und Bodenverdichtungszeiger.

Zeigerwerte: L7 T4 K3 F6~ R4 N3 *Waldbindung:* NT K2.1 HB K2.2 A K2.1
Ökologische Artengruppe: II.2b.

Verbreitung: fast ganz Europa, fehlt gebietsweise im Süden, in ganz Deutschland verbreitet und meist häufig, planar bis subalpin (Alpen bis 1980 m). In lichten Laubmischwäldern, auch im Buchenwald, in Magerrasen, an Wegen, in Sümpfen und auf moorigen Triften.

Gefährdung und Schutzstatus: nicht als gefährdet angesehen, BArtSchV: nicht besonders geschützt.

Wissenswertes und Verwendung: Die Art gehört zu den wenigen Vertretern ihrer Gattung, die gern vom Wild und vom Alpenvieh abgeweidet werden (s. a. *C. leporina*) und somit einen gewissen Futterwert besitzen.

Carex paniculata L.

Cyperaceae
(Sauergras-/Riedgrasgewächse)

Rispen-Segge
engl. greater tussock sedge

1 *großer, dichter Horst*
2 *locker zusammengezogene, rispige Blütenstände*
3 *eiförmige Ähren mit weiblichen Blüten an der Basis*
4 *ca. 4 mm lange Spelzen mit breiten, häutigen, weißlichen Rändern*

I	II	III	IV	**V**	**VI**	**VII**	VIII	IX	X	XI	XII

Name: *paniculatus* = rispig wegen des 5–12 cm langen, rispenartigen Blütenstands.

Habitus: ausdauernd, in großen, dichten, festen, bis über 1 m hohen Horsten (Bülten), ohne Ausläufer. 40–100 (–150) cm hoch. Sommergrün.

- Stängel: steif aufrecht oder etwa bogenförmig überhängend, bis 3–4 mm dick, gerillt, mit flachen Seiten, oberwärts sehr rau.
- Stängelkanten: scharf dreikantig.
- Blattscheiden: grundständige hell- bis schwarzbraun, glänzend, meist nicht zerfasernd. Blattscheiden sehr hoch gehend.
- Blätter: steif, allmählich zugespitzt, oft oberhalb des Spreitengrundes rinnig, 3–7 mm breit, bis 2 m lang, kürzer als der Stängel, an den Rändern schneidend rau, graugrün. Hüllblätter spelzenartig, selten laubblattartig.
- Blattprofil: flach bis rinnig.
- Blatthäutchen: nur angedeutet.

- Blütenstand: gleichährig, locker zusammengezogene, längliche Rispe, aufrecht, selten nickend, 5–10 (–20) cm lang. Rispenäste bis 8 cm lang, abstehend, rau.
- Ähren: eiförmig, am Grund mit weiblichen, an der Spitze mit männlichen Blüten. Spelzen eiförmig, stachelspitzig, annähernd 4 mm lang, 2 mm breit, hellbraun, mit hellerem Kiel und breiten, weißlichen häutigen Rändern.

- Schläuche: schräg abstehend, eiförmig, etwa 3 mm lang und 1,5 mm breit, oberwärts an den Rändern scharf gezähnt, allmählich in den zweizähnigen Schnabel verschmälert, braun, glänzend, beiderseits am Grund schwach nervig. Narben 2. Frucht eiförmig, etwa 2 mm lang, gelbbraun.

Ähnliche Arten: *C. elata* (Blätter knickrandig, verschiedenährig!).

Ökologisches Verhalten: Licht- bis Halbschattenpflanze, auf vorwiegend sickernassen, nährstoff- und basenreichen, meist neutralen Tuff- und Torfböden, seltener auf Kalksinter. Quellmoor-Segge.

Zeigerwerte: L7 Tx K3 F9 R6 N5 ***Waldbindung:*** NT K2.1 HB K2.1 A K2.2 ***Ökologische Artengruppe:*** VI.4–5.

Verbreitung: West-, Mittel- und Osteuropa, fehlt fast überall im Mittelmeerraum und im Norden, in ganz Deutschland verbreitet bis zerstreut und meist gesellig, planar bis hochmontan (Alpen bis 1750 m), vor allem in Kalkgebieten, in Riedwiesen, im Erlenbruch, an Quellen und in Gräben, auf Niedermooren, sehr selten auch auf Hochmoor.

Gefährdung und Schutzstatus: Vorwarnliste, BArtSchV: nicht besonders geschützt.

Wissenswertes und Verwendung: Die Rispen-Segge ist als Verlandungspflanze von Bedeutung.

Carex pendula Huds.

Cyperaceae
(Sauergras-/ Riedgrasgewächse)

C. maxima Scop.
Hängende Segge, Große Segge, Riesen-Segge
engl. great drooping sedge, pendulous sedge

| I | II | III | IV | V | VI | VII | VIII | IX | X | XI | XII |

1 *Die Hängende Segge kann über 2 m hoch werden!*

2 *spitzwinkliges Blatthäutchen*

3 *bis 2 cm breites, knickrandiges Blatt, Blattunterseite blaugrün*

4 *Blütenstand mit dicker, endständiger männlicher Ähre und schlankeren weiblichen Ähren*

5 *a: männliche Blüten mit über 5 mm langen, braunen Spelzen b: weibliche Blüten mit rotbraunen Spelzen mit breitem grünem Mittelstreifen*

6 *etwa 3 mm lange, hellgrüne Schläuche*

Name: *pendulus* = hängend.

Habitus: ausdauernd, in großen, dichten Horsten bis 70 cm Durchmesser, ohne Ausläufer. 50–150 (–240) cm hoch. Sommergrün.

- Stängel: steif aufrecht bis schräg stehend, kräftig, 3–6 mm dick, glatt, gleichmäßig bis unterhalb des Blütenstandes beblättert, die Grundblätter weit überragend.
- Stängelkanten: scharf dreikantig.
- Blattscheiden: grundständige rotbraun, nicht oder nur wenig netzfaserig.
- Blätter: derb, 10–20 mm breit, unterseits durch den Mittelnerv, oberseits durch zwei seitliche Nerven gekielt, an den Rändern oft zurückgerollt und meist stark rau, oberseits dunkelgrün, unterseits blau- bis graugrün. Hüllblätter der weiblichen Ähren laubblattartig, meist länger als der Blütenstand, mit 5–10 cm langer Scheide.
- Blattprofil: knickrandig.
- Blatthäutchen: spitzwinklig, sehr hoch angesetzt.

- Blütenstand: verschiedenährig, bis 50 cm lang, aus 1 (–2) endständigen männlichen Ähre und 3–7 weiblichen Ähren zusammengesetzt.
- Männliche Ähre: 6–15 cm lang, 5–7 mm dick, weibliche Ähren schlank walzenförmig, 7–15 cm lang, etwa 5 mm breit, zuerst aufrecht stehend, zuletzt überhängend herabgebogen, viel- und dichtblütig, die unteren

mit bis 10–35 cm langen, rauen Stielen. Spelzen der männlichen Blüten bis über 5 mm lang, braun, mit grünem Mittelstreifen. Spelzen der weiblichen Blüten bis 2,5 mm lang, rotbraun, mit breitem hellgrünem Mittelstreifen, der oft als kurze Stachelspitze austritt.
- Schläuche: oval, dreikantig, die Spelzen überragend, etwa 3 mm lang, hellgrün, am Grund in ein kurzes Stielchen verschmälert, oberwärts allmählich in einen gerade abgeschnittenen, nur etwa 0,5 mm langen Schnabel auslaufend. Narben 3. Frucht verkehrt eiförmig, etwa 2 mm lang, scharf dreikantig.

Ähnliche Arten: *Scirpus, C. strigosa.*

Ökologisches Verhalten: Halbschattenpflanze, etwas wärmeliebend, auf sickernassen, nährstoff- und basenreichen, meist kalkfreien Ton- oder sandigen Lehmböden mit hochanstehendem Grundwasser oder oberflächennahem Boden- oder Sickerwasser, Zeiger von Sicker- und Quellwasser sowie Wasserzügen, fehlt auf Böden mit stagnierender Nässe.

Zeigerwerte: L5 T5 K2 F8 R6 N6 ***Waldbindung:*** NT K1.1 HB K1.2 A K1.1
Ökologische Artengruppe: IV.4–5.

Verbreitung: West-, Mittel- und Südeuropa, im Norden bis Dänemark, in Norddeutschland selten, sonst zerstreut bis mäßig häufig, planar bis montan (Alpen bis 1300 m), vor allem in Höhenlagen zwischen 300 und 600 m. Im Bach-Erlen-Eschen-Wald, Eschen-Ahorn-Schluchtwald sowie in Buchenwäldern, an quelligen und schattigen Stellen, an nassen Waldböschungen und Waldwegen.

Gefährdung und Schutzstatus: nicht als gefährdet angesehen, BArtSchV: nicht besonders geschützt.

Wissenswertes und Verwendung: Die stattliche Segge wird auch als Zierpflanze kultiviert und in Parks, Grünanlagen und Wildgärten angepflanzt, ist dort aber sehr ausbreitungsfreudig! Die starke Zunahme der Art im Raum Zürich in den letzten Jahrzehnten wird mit der Zunahme stickstoffreicher Böden in Verbindung gebracht.

1

Carex pilosa Scop.

Cyperaceae
(Sauergras-/ Riedgrasgewächse)

Wimper-Segge
engl. hairy sedge

I	II	III	**IV**	**V**	**VI**	**VII**	VIII	IX	X	XI	XII

1 *Habitus*
2 *grundständige Blattscheiden rötlich braun*
3 *spitz dreieckiges Blatthäutchen, Blatt plötzlich zugespitzt*
4 *Blattränder und Nerven auf der Blattunterseite bewimpert*
5 *endständige männliche Ähre mit dunkel rotbraunen Spelzen*
6 *auffallend lockerfrüchtige weibliche Ähre*

2

Name: *pilosus* = behaart, haarig.

Habitus: ausdauernd, mit langen, dünnen Rhizomen, meist gesellig und größere Flächen bedeckend. (20–) 30–40 (–50) cm hoch. Wintergrün.

- Stängel: zusammengedrückt, 1–1,5 mm dick, glatt, nur am Grund beblättert.
- Stängelkanten: stumpf dreikantig.
- Blattscheiden: grundständige spreitenlos, rot bis braun, nicht zerfasernd. Vordere Scheidenwand der Stängelblätter tief eingeschnitten.
- Blätter: bis 50 cm lang, länger als der Stängel, 4–10 mm breit, plötzlich zugespitzt, glänzend, weich, an den Rändern und unterseits auf den Nerven lang bewimpert, im Frühjahr hellgrün, später dunkelgrün. Hüllblätter des Blütenstandes kurz, laubblattartig, mit 2–6 cm langen Scheiden.
- Blattprofil: flach.
- Blatthäutchen: spitz dreieckig.

- Blütenstand: verschiedenährig, 10–20 cm lang, aus einer endständigen männlichen Ähre und 2–4 entfernt stehenden weiblichen Ähren zusammengesetzt.
- Männliche Ähre: lang gestielt, keulenförmig, 15–25 mm lang, dichtblütig, dunkelbraun. Weibliche Ähren aufrecht, 20–50 mm lang, 3–4 mm dick, mit mehr als 6 Blüten, die auffallend locker stehen, mit einem 10–60 (–120) mm langen Stiel. Männliche Spelzen dunkel rotbraun,

stumpf. Weibliche Spelzen eiförmig, zugespitzt, kürzer als die reifen Schläuche, hellbraun bis bleich, mit grünem Mittelstreifen.
- Schläuche: 4–5 mm lang, undeutlich dreikantig, in einen kurzen, 2zähnigen Schnabel verschmälert, grün bis braun, matt. Narben 3. Frucht verkehrt eiförmig, gelbbraun.

Ähnliche Arten: vegetativ ähnlich: *C. hirta*, *Luzula*-Arten.

Ökologisches Verhalten: Schatten- bis Halbschattenpflanze, auf frischen bis wechselfrischen, mehr oder weniger nährstoff- und basenreichen, meist kalkfreien, mäßig sauren, humosen Lehm- und Tonböden.

Zeigerwerte: L4 T6 K5 F5~ R5 N5 ***Waldbindung:*** NT – HB K1.1 A – ***Ökologische Artengruppe:*** II.3b.

Verbreitung: zerstreut bis ziemlich selten, vor allem in Osteuropa, aber auch in Mittel- und Südeuropa, in Nordeuropa fehlend, in Mittel- und Süddeutschland gebietsweise häufig, dann meist größere Flächen bedeckend, u. a. in Nordwestdeutschland, Schleswig-Holstein, Westfalen, Pommern, Sachsen und im mittelrheinischen Bergland fehlend, collin bis montan (Alpenvorland bis 900 m). In Eichen- und Buchenwäldern, selten in Nadelwäldern, auf Lichtungen und Waldwiesen.

Gefährdung und Schutzstatus: nicht als gefährdet angesehen, BArtSchV: nicht besonders geschützt.

Wissenswertes und Verwendung: Im Alpenvorland und im östlichen Mitteleuropa kommen Tieflagen-Buchenwälder vor, denen große und fast reine Herden der Wimper-Segge ein parkartiges Aussehen geben. Wenn solche Massenbestände auftreten, kann die Segge Baumarten und andere Waldpflanzen verdrängen.

3

4

5

6

1

C*a*rex pilulifera L.

Cyperaceae
(Sauergras-/
Riedgrasgewächse)

Pillen-Segge, Pillentragende Segge
engl. pill sedge

I	II	III	**IV**	**V**	**VI**	**VII**	VIII	IX	X	XI	XII

1 *Habitus, Stängel nach der Blütezeit bogenförmig überhängend*

2 *grundständige Blattscheiden netzartig zerfasernd*

3 *Blütenstand zur Blütezeit, unterstes Hüllblatt schräg abstehend*

4 *Schläuche dicht flaumig behaart, 3 Narben, Spelzen rotbraun mit grünem Mittelstreifen*

Name: *piluliferus* = kleine Kugeln tragend.

Habitus: ausdauernd, dichte Horste bildend, ohne Ausläufer, Wurzeln mit intensivem Geruch. 10–40 cm hoch. Wintergrün.

- Stängel: während der Blütezeit aufrecht oder aufsteigend, zur Fruchtzeit bogenförmig überhängend und oft alle Stängel des Horstes kreisförmig niederliegend, nur etwa 1 mm dick, glatt oder unter den Ähren schwach rau.
- Stängelkanten: scharf dreikantig.
- Blattscheiden: grundständige gelbbraun bis violett, glänzend, netzartig zerfasernd.
- Blätter: kürzer als die Stängel, flach oder etwas rinnig, 1,5–3 mm breit, an den Rändern schwach rau, grasgrün bis graugrün. Unterstes Hüllblatt laubblattartig, oft so lang oder länger als der Blütenstand, schmal, ohne oder mit kurzer Scheide (0–2 mm), vom Stängel schräg bis gerade abstehend.
- Blattprofil: gekielt.
- Blatthäutchen: bogig.

- Blütenstand: verschiedenährig, gedrungen, 15–20 mm lang, aus einer endständigen männlichen Ähre und 2–3 (–4) seitlichen weiblichen Ähren bestehend.
- Männliche Ähre: sitzend, schmal keulenförmig, 5–10 mm lang, bis 2 mm breit. Weibliche Ähren sitzend oder höchstens das untere sehr

kurz gestielt, kugelig bis verkehrt eiförmig, bis 8 mm lang, bis 5 mm breit, dichtblütig. Spelzen der männlichen Blüten 4–5 mm lang, etwa 1 mm breit, graubraun mit weißhäutigen Rändern. Spelzen der weiblichen Blüten 3 mm lang, 2 mm breit, eiförmig, stachelspitzig, rotbraun bis dunkelbraun, mit grünem Mittelstreifen und weißhäutigen Rändern.

- Schläuche: kugelig bis verkehrt eiförmig, dreikantig, 1,5–3,5 mm lang, dicht mit flaumigen Haaren besetzt, in einen kurzen Schnabel zusammengezogen, hellgrün bis graugrün. Narben 3. Frucht verkehrt eiförmig, dreikantig, 2 mm lang, hellbraun bis schwarzbraun.

Ähnliche Arten: *C. umbrosa;* vegetativ ähnlich: *C. caryophyllea*, *C. montana*, *C. umbrosa*.

Ökologisches Verhalten: Licht- bis Halbschattenpflanze, auf mäßig trockenen, mäßig nährstoffversorgten, schwach stickstoffhaltigen, basenarmen, sauren Sand-, Lehm- und Tonböden, kalkmeidend. Verhagerungszeiger.

Zeigerwerte: L5 Tx K2 F5~ R3 N3 ***Waldbindung:*** NT K2.1 HB K2.1 A K2.1 ***Ökologische Artengruppe:*** II.2a.

Verbreitung: in fast ganz Europa verbreitet und meist häufig, fehlt in Teilen des Mittelmeergebietes, planar bis hochmontan (Alpen bis 1700 m). In Magerrasen und Heiden, in trockenen Wäldern, vor allem in Kiefern- und Eichenwäldern, auf Schlägen und an Waldrändern.

Gefährdung und Schutzstatus: nicht als gefährdet angesehen, BArtSchV: nicht besonders geschützt

Wissenswertes und Verwendung: Die Angaben für den Geruch der Wurzeln bzw. der Grundachse reichen von Harzgeruch, Terpentingeruch bis zu Baldriangeruch. Die Samen werden durch Ameisen verbreitet, die Keimung beginnt im Juli oder im April nach der Überwinterung.

2

3

4

Carex pseudocyperus L.

Scheinzypergras-Segge, Falsche Zypergras-Segge
engl. cyperus sedge

Cyperaceae
(Sauergras-/ Riedgrasgewächse)

1 *Pflanze hell gelblich-grün*
2 *walzenförmige, dichtblütige, weibliche Ähre*
3 *Blütenstand a: im Anfangsstadium b: zur Fruchtreife mit lang überhängenden Ähren*
4 *Schläuche gleich lang oder kürzer als die gesägte, bis 10 mm lange Granne der Spelzen*
5 *gelbgrün glänzender Schlauch mit tief gespaltenem, 0,5–1 mm langem Schnabel und deutlicher Längsaderung*

I	II	III	IV	V	VI	VII	VIII	IX	X	XI	XII

Name: *pseudocyperus* = falsches Zypergras.

Habitus: ausdauernd, in lockeren Rasen, ohne Ausläufer. 30–100 cm hoch. Wintergrün.

- Stängel: aufrecht, später schräg abstehend, an der Spitze überhängend, bis 3 mm dick, im oberen Teil sehr rau.
- Stängelkanten: scharf dreikantig.
- Blattscheiden: grundständige hellbraun, meist netzfaserig, gitternervig.
- Blätter: hell- bis gelbgrün, länger als die Stängel, flach, 5–10 (–15) mm breit, bis 2 m lang, durch zwei hervorspringende Nerven gekielt, an den Rändern und auf den Nerven scharf rau. Hüllblätter des Blütenstandes laubblattartig, aufrecht, zumindest die unteren den Blütenstand weit überragend, die oberen kürzer, das oberste fast borstenförmig, ohne oder mit nur kurzer Scheide.
- Blattprofil: stark knickrandig.
- Blatthäutchen: schmal, rückseitig hochgehend angesetzt.

- Blütenstand: verschiedenährig, bis 15 cm lang, aus einer endständigen männlichen Ähre und 3–5 (–6) seitlichen weiblichen Ähren bestehend.
- Männliche Ähre: gestielt, aufrecht bis überhängend, schmal, 2–4 (–6) cm lang, 3–5 mm breit. Weibliche Ähren an bis zu 10 cm langen, dünnen Stielchen, anfangs aufrecht, zur Fruchtzeit alle zu einer Seite überhängend, walzenförmig, 3–5 (–10) cm lang, etwa 1 cm breit, sehr

dicht- und vielblütig. Spelzen der weiblichen Blüten länglich eiförmig, in eine lange, gesägte Granne auslaufend, mit Granne 4–7 (–10) mm lang, weißhäutig, mit breitem, grünem Mittelstreifen. Spelzen der männlichen Blüten meist länger als die der weiblichen Blüten, braun.

- Schläuche: spindelförmig, gerade abstehend, 4–5,5 mm lang, etwa 1 mm breit, durch zahlreiche Längsnerven gerippt, in einen bis 2 mm langen, tief gespaltenen, 0,5–1 mm langen Schnabel auslaufend, gelbgrün, glänzend, zuletzt nach rückwärts gerichtet. Narben 3. Frucht verkehrt eiförmig, unter 2 mm lang, braun.

Ähnliche Arten: vegetativ ähnlich: *C. elata*, *C. riparia* Curtis (Blätter 10–25 mm breit, blau- bis graugrün!).

Ökologisches Verhalten: Licht- bis Halbschattenpflanze, sommerwärmeliebend, auf staunassen oder seicht überschwemmten, mäßig nährstoff- und basenreichen, milden bis mäßig sauren Torfbödern.

Zeigerwerte: L7 T6 K3 F9= R6 N5 ***Waldbindung:*** NT K2.1 HB K2.1 A –

Verbreitung: fast ganz Europa, zerstreut in Nord- und Mitteldeutschland, gegen Süden zu seltener werdend, in den Alpen fehlend, planar bis montan. In Großseggen-Beständen an den Ufern stehender oder langsam fließender Gewässer, in Flach- und Dünenmooren, in Gräben, im Erlenbruch.

Gefährdung und Schutzstatus: nicht als gefährdet angesehen, BArtSchV: nicht besonders geschützt.

Wissenswertes und Verwendung: Die wärmebedürftige Scheinzypergras-Segge aus der subtropischen Zone hatte sich, wie Funde belegen, in der klimatisch günstigeren Jungsteinzeit bei uns stark ausgebreitet. Ihre derzeitigen Standorte sind die Reliktstandorte des damaligen Areals. Diese Segge ist mit ihren schlanken, lang gestielten Ähren eine besonders attraktive Art und wird auch als Zierpflanze (auch unter dem Namen Tränen-Segge) für flache Teichränder angeboten.

2

4

3a

3b

5

Carex remota L.

Cyperaceae
(Sauergras-/
Riedgrasgewächse)

Winkel-Segge, Entferntährige Segge
engl. remote sedge

| I | II | III | IV | V | VI | VII | VIII | IX | X | XI | XII |

1 *Habitus*
2 *ausgeprägter Blattscheidenhautkragen*
3 *Blütenstände zur Blütezeit, Hüllblätter und Stängel sehr schmal (bis 2 mm)*
4 *an der Basis nur wenige männlichen Blüten, unterste Spelzen mit Resten der Staubbeutel*

Name: *remotus* = entfernt, auseinandergezogen.

Habitus: ausdauernd, in einzelnen Horsten, die sich oft zu dichten Rasen zusammenschließen. 30–70 (–100) cm hoch. Sommergrün.

- Stängel: schlaff, nach allen Seiten ausgebreitet und nach der Blüte bogenförmig überhängend bis niederliegend, 1–1,5 mm dick, unter dem Blütenstand rau, durch die langen, laubblattartigen Hüllblätter der Ähren bis oben beblättert erscheinend, am Grund von braunen Blattscheiden umgeben.
- Stängelkanten: scharf dreikantig.
- Blattscheiden: grundständige braun, glänzend. Mündung der B. der Stängelblätter mit ausgeprägtem Blattscheidenhautkragen, der am vorderen und hinteren Rand ausgerandet ist, vordere Scheidenwand häutig, lappig zerfallend.
- Blätter: hellgrün, im Schatten dunkelgrün. Blattspreiten schlaff, kürzer als der Stängel, bis 2 mm breit, allmählich zu gespitzt, an den Rändern schwach rau. Unterstes Hüllblatt länger als der ganze Blütenstand.
- Blatthäutchen: bogig.

- Blütenstand: gleichährig, aus 6–9 bis 7 cm voneinander entfernten Ähren bestehend, die in den Achseln der langen Hüllblätter sitzen.
- Ähren: die oberen Blüten weiblich, die unteren männlich, 4–10 mm lang, bis 5 mm breit, weißlich-grün. Spelzen oval, zugespitzt, 2,5 mm lang, weiß bis bräunlich, mit grünem Kiel.

- Schläuche: aufrecht, 2,5–3,5 mm lang, innen flach, außen gewölbt, in einen kurzen Schnabel verschmälert, gelbgrün. Narben 2. Frucht eiförmig, zusammengedrückt, 1,5 mm lang, gelbbraun.

Ähnliche Arten: vegetativ ähnlich: *C. elongata*, *C. brizoides*.

Ökologisches Verhalten: Schattenpflanze, auf sickernassen, nährstoff- und basenreichen, sandig-tonigen Sumpfhumusböden mit hochanstehendem Grund- oder Bodenwasser, besonders an quelligen Stellen. Gley- und Pseudogley-Zeiger.

Zeigerwerte: L3 T5 K3 F8 Rx Nx ***Waldbindung:*** NT K1.1 HB K1.1 A K1.1 ***Ökologische Artengruppe:*** IV.3–4b.

Verbreitung: in ganz Europa verbreitet und meist häufig, planar bis montan (Alpen bis 1300 m). In Laubwäldern, vor allem im krautreichen Erlen- und Eschenwald sowie in Buchenwäldern, an schattigen Quellen, an feuchten Waldwegen und Waldbächen.

Gefährdung und Schutzstatus: nicht als gefährdet angesehen, BArtSchV: nicht besonders geschützt.

Wissenswertes und Verwendung: Diese bereits am Habitus gut kenntliche Segge ist wenig variabel und wächst nur im Wald.

Carex rostrata Stok.

Cyperaceae
(Sauergras-/
Riedgrasgewächse)

C. inflata Huds.
Schnabel-Segge
engl. bottle sedge

① *Habitus, häufig bestandsbildend in Verlandungszonen*
② *rosabraune Blattscheide, leicht gitternervig*
③ *verschiedenähriger Blütenstand*
④ *walzenförmige, dichtblütige weibliche Ähre zur Reifezeit*
⑤ *Schläuche fast kugelig, dann in einen langen, 2zähnigen, gespreizten Schnabel verschmälert*

I	II	III	IV	**V**	**VI**	**VII**	**VIII**	IX	X	XI	XII

Name: *rostratus* = geschnäbelt.

Habitus: ausdauernd, lockerrasig, 30–80 (–100) cm hoch. Pflanze graugrün, lange unterirdische Ausläufer. Bestandsbildend in Verlandungszonen, bildet Großseggen-Wiesen. Wintergrün.

- Stängel: kräftig, steif aufrecht, glatt, zuletzt etwas überhängend.
- Stängelkanten: stumpf dreikantig.
- Blattscheiden: grundständige rosabraun, gitternervig, leicht netzfaserig.
- Blätter: 4–8 mm breit, Mittelnerv an der Unterseite deutlich hervorstehend, graugrün, oberseits blaugrün (glauk), 2–6 cm lange Dreikantspitze, öfters eingerollt. Unterstes Tragblatt laubblattartig, den Blütenstand oft weit überragend.
- Blattprofil: rinnig, flach oder V-Profil.
- Blatthäutchen: 2–3 mm.

- Blütenstand: verschiedenährig, endständige männliche Ähren zu 2–3, weibliche Ähren seitenständig zu 2–5.
- Männliche Ähre: 3–5 cm lang, hellbraun, aufrecht, schlank. Weibliche Ähren 30–75 (–100) mm lang, 6–9 mm dick, aufrecht bis nickend, dichtblütig, dickwalzlich. Spelzen rotbraun, kürzer als die Schläuche.

- Schläuche: 4–7 mm lang, kahl, hellgrüngelblich, viel länger als die Tragblätter, fast kugelig, plötzlich in einen 1–2 mm langen Schnabel verschmälert, Zähne spreizend, fast waagrecht abstehend. Narben 3.

Ähnliche Arten: *C. vesicaria* L. (Blasen-Segge: Stängel scharf 3kantig, oben rau, Blätter breiter, grasgrün, deutlich geaderter Schlauch allmählich in den Schnabel verschmälert), *C. acutiformis.*

Ökologisches Verhalten: auf nassen, auch längere Zeit überschwemmten, kalkarmen, meist nährstoffarmen, mineralischen oder torfigen Böden.

Zeigerwerte: L9 Tx Kx F10 R3 N3 **Waldbindung:** NT K2.1 HB K2.1 A K2.1 **Ökologische Artengruppe:** VI.2.

Verbreitung: circumpolar, in ganz Europa häufig, vom Tiefland bis in die Alpen (über 1600 m), in Röhrichten, Mooren, Großseggen-Wiesen.

Gefährdung und Schutzstatus: Vorwarnliste, BArtSchV: nicht besonders geschützt.

Wissenswertes und Verwendung: Ausgedehnte Bestände an Seen und Teichen sind oft schon von Weitem als bläulich schimmernde Verlandungszone erkennbar. Die Schläuche mit den gespreizten Zähnchen eignen sich zur Klettausbreitung.

2

3

4

5

Carex sylvatica Huds.

Wald-Segge
engl. wood sedge

Cyperaceae (Sauergras-/ Riedgrasgewächse)

I | II | III | **IV** | **V** | **VI** | **VII** | **VIII** | **IX** | X | XI | XII

1 *Habitus*
2 *Schlauch mit bis zu 2 mm langem, 2spaltigem Schnabel, 3 Narben*
3 *praktisch ungeschnäbelter Schlauch der ähnlichen C. strigosa*
4 *Blütenstand mit endständiger männlicher Ähre und lang gestielten weiblichen Ähren*
5 *schlanke, lockerblütige weibliche Ähre*

Name: *sylvaticus* von lat. *silva* = Wald.

Habitus: ausdauerndes Horstgras, lockere bis dichte Bestände bildend, ohne Ausläufer. 20–70 (–150) cm hoch. Wintergrün.

- Stängel: zunächst aufrecht, zur Fruchtzeit an der Spitze überhängend, etwa 1,5 mm dick, gerillt, bis etwa zur halben Stängellänge beblättert, glatt.
- Stängelkanten dreikantig.
- Blattscheiden: grundständige weißhäutig bis hellbraun, nicht zerfasernd. Vordere Scheidenwand der Stängelblätter dünn weißhäutig, sichelförmig ausgebuchtet.
- Blätter: schlaff, kürzer als der Stängel, flach, 3–8 mm breit, in der Mitte am breitesten, beiderseits grün und glänzend, nur die beiden Knickleisten bezahnt. Hüllblätter des Blütenstandes laubblattartig.
- Blattprofil: knickrandig.
- Blatthäutchen: spitzwinklig, 2 mm.

- Blütenstand: verschiedenährig, bis ½ so lang wie der Stängel, aus einer (selten 2) endständigen, aufrechten männlichen Ähre und 2–6 weit voneinander entfernten weiblichen Ähren.
- Männliche Ähre: schmal walzenförmig, 2–4 cm lang, 2 mm breit, gelbgrün. Weibliche Ähren bis 10 cm lang gestielt, anfangs aufrecht, später bogenförmig überhängend, 2–4 cm lang, 3–4 mm breit, lockerblütig, blassgrün. Spelzen der männlichen Blüten 4–6 mm lang, meist ganz

weißhäutig. Spelzen der weiblichen Blüten 3–5 mm lang, hellbraun bis weißhäutig, mit breitem, grünem Mittelstreifen.

- Schläuche: 4–5 mm lang, dreikantig, in einen bis 2 mm langen, dünnen, zweispaltigen Schnabel auslaufend, kahl und glatt, glänzend grün, später braun. Narben 3. Frucht verkehrt eiförmig, dreikantig, 2,5 mm lang, braun.

Ähnliche Arten: *C. strigosa* Huds. (Schlanke Segge, Dünnährige Segge) Im Unterschied zu *C. sylvatica* hat sie kurze Ausläufer, etwas breitere (bis 10 mm), flache, dünn knickrandige Blätter und nur undeutlich kurz geschnäbelte Schläuche. Verbreitung/ökologisches Verhalten: Sie kommt in ganz Deutschland zerstreut, im Westen stellenweise häufig vor und wächst in nassen, quelligen Wäldern, vor allem im Bacheschen-Wald und dessen Übergängen zum Erlenbruchwald und Auenwald. Zeigerwerte: L3 T6 K1 F7 R7 N6 Waldbindung: NT K1.1 HG K1.1 A K1.1 Ökologische Artengruppe V.4–5.

Ökologisches Verhalten: Schattenpflanze, auf sickerfeuchten bis grundfrischen, nährstoff- und basenreichen, neutralen bis mäßig sauren, mittel- bis tiefgründigen Lehmböden, oft auf verdichteten Böden, Mullbodenpflanze. Zeiger für Bodenverdichtung und Wasserzug.

Zeigerwerte: L2 T5 K3 F5 R6 N5 ***Waldbindung:*** NT K1.1 HB K1.1 A K2.1 ***Ökologische Artengruppe:*** II.3b.

Verbreitung: in fast ganz Europa, fehlt im äußersten Norden und Süden, in Süd- und Mitteldeutschland häufig, im Norden seltener und in Küstennähe fast fehlend, planar bis hochmontan (Alpen bis 1600 m). In krautreichen Laub- und Nadelmischwäldern, vor allem im artenreichen Buchenwald sowie im Eichen-Hainbuchen-Wald, an Waldwegen.

Gefährdung und Schutzstatus: nicht als gefährdet angesehen, BArtSchV: nicht besonders geschützt.

Wissenswertes und Verwendung: Die Wald-Segge ist eine der häufigsten Waldpflanzen. An halbschattigen bis schattigen Stellen ist sie auch für Wildpflanzengärten geeignet.

3

4

5

Cyperaceae
(Sauergras-/ Riedgrasgewächse)

Carex umbrosa Host

Schatten-Segge
engl. umbrosa sedge

I	II	III	IV	V	VI	VII	VIII	IX	X	XI	XII

1 *Habitus*
2 *Scheide des untersten Hüllblattes 5–10 mm lang*
3 *Männliche Ähre mit rotbraunen Spelzen*
4 *behaarte Schläuche länger als die Spelzen, kurz geschnäbelt*

Name: *umbrosus* = Schatten liebend.

Habitus: ausdauernd, dicht horstförmig, basale Blattscheiden zu dichten Faserschöpfen verwitternd. 40 (–50) cm hoch. Wintergrün.

- Stängel: 20–45 cm hoch, ca. 1 mm dick, jung aufrecht, später nickend, rau.
- Stängelkanten: stumpf dreikantig.
- Blattscheiden: grundständige schwarzbraun glänzend, B. der Stängelblätter leicht hautkragig.
- Blätter: 2–3 mm breit, Rand scharf rau. Ältere Blätter graugrün, etwas knickrandig, steif, am Boden liegend. Unterstes Hüllblatt laubblattartig, Scheide 5–10 mm lang.
- Blattprofil: flach bis rinnig.
- Blatthäutchen: 1–1,5 mm.

- Blütenstand: verschiedenährig, bis 3 cm lang mit aufrechten Ähren. Eine endständige männliche Ähre und 1–3 weibliche Ähren.
- Männliche Ähre: 10–15 mm lang, keulenförmig. Weibliche Ähren 7–15 mm lang, kurz walzenförmig. Spelzen rotbraun mit grünem Mittelstreifen.
- Schläuche: 2–3 mm lang, grün, länger als die Spelzen, behaart und kurz geschnäbelt. 3 Narben.

Ähnliche Arten: *C. montana* (grundständige Blattscheiden rötlich) und *C. pilulifera* (bei beiden unterstes Hüllblatt ohne oder mit sehr kurzer, 0–2 mm langer Scheide); vegetativ ähnlich: *C. caryophyllea* (rasig, ohne Faserschopf).

Ökologisches Verhalten: etwas Beschattung ertragende Art, auf frischen bis mäßig feuchten, basenreichen, aber oft schon entkalkten, lehmigen bis tonigen Böden.

Zeigerwerte: L4 Tx K4 F5~ R6 N4 ***Waldbindung:*** NT K1.1 HB K1.1 A K1.1
Ökologische Artengruppe: II.3a.

Verbreitung: im gemäßigten Bereich Europas von Ostfrankreich bis nach Mittelrussland, zerstreut in Eichen-Buchen- und Eichen-Hainbuchen-Wäldern der Hügel- und Bergregionen Mitteleuropas, sie fehlt im norddeutschen Flachland.

Gefährdung und Schutzstatus: nicht als gefährdet angesehen, BArtSchV: nicht besonders geschützt.

2

3

4

Carex vulpina L.

Cyperaceae
(Sauergras-/ Riedgrasgewächse)

Carex compacta Lam.
Fuchs-Segge
engl. true fox sedge

1 *Habitus*
2 *Blütenstand*
3 *weibliche Blüten an der Basis der Ähre, sehr dicker Stängel (bis 7 mm)*

I	II	III	IV	**V**	**VI**	**VII**	VIII	IX	X	XI	XII

Name: *vulpinus* = fuchsartig, wegen des traubig-rispigen Fruchtstandes, der später oft fuchs(braun)rot gefärbt ist.

Habitus: ausdauernd, in dichten Horsten, diese oft einzeln stehend oder lockere Bestände bildend, ohne Ausläufer, über 1 m tief wurzelnd. 30–80 (–100) cm hoch. Sommergrün.

- Stängel: steif aufrecht, auffallend dick (bis 7 mm), mit konkaven Seitenflächen, unterhalb des Blütenstandes an den Kanten sehr rau.
- Stängelkanten: scharf dreikantig, geflügelt.
- Blattscheiden: grundständige in dunkel- bis schwarzbraune Fasern aufgelöst. Vordere Scheidenwand an der Mündung querwellig.
- Blätter: meist kürzer als die Stängel, flach, (2–) 4–8 (–10) mm breit, allmählich in die dreikantige Spitze auslaufend, gekielt, an den Rändern und auf dem Kiel sehr rau, grasgrün bis gelbgrün. Hüllblätter der Ähren kurz, steif, borstenförmig, mit deutlichen, dunkelbraunen Öhrchen.
- Blattprofil: knickrandig.
- Blatthäutchen: spitzwinklig.

- Blütenstand: gleichährig, meist sehr dicht, nicht selten am Grund aufgelockert, 3–7 (–10) cm lang, aus 5–8 (–10) Ähren bestehend.
- Ähren: am Grund mit weiblichen Blüten, 2–10 mm lang, eiförmig, vielblütig. Spelzen eiförmig, etwa 3 mm lang, mit 1 mm langer Stachelspitze, rotbraun, mit grünem Kiel.

- Schläuche: die Spelzen überragend, bis 5 mm lang, eiförmig, matt, braun, fast flügelig berandet, außen mit 6–7 deutlichen Nerven. Schnabel des Schlauches auf der Außenseite tiefer gespalten als auf der Innenseite. Narben 2. Frucht linsenförmig, 2 mm lang, hellbraun.

Ähnliche Arten: *C. otrubae* Podp. (= *C. cuprina* Nendtv., Falsche Fuchs-Segge, Hain-Segge) Kenntlich an den ebenen oder nur wenig vertieften Seitenflächen der höchstens undeutlich geflügelten Stängel, den hellbraunen, kaum fasernden unteren Blattscheiden, den längeren, oft schlaffen Hüllblättern und den meist glänzenden, auch innerseits deutlich genervten Schläuchen, deren Schnäbel beiderseits gleich tief gespalten sind. Zeigerwerte: L6 T6 K2 F8 R7 N6.

Ökologisches Verhalten: Lichtpflanze, auf wechselnassen, nährstoff- und basenreichen, milden bis mäßig sauren, humosen, sandigen oder reinen Lehm- und Tonböden mit mehr oder weniger Kalkgehalt.

Zeigerwerte: L9 T6 K5 F8= Rx N5

Verbreitung: fast ganz Europa, in ganz Deutschland zerstreut, bisweilen Bestände bildend (Verbreitung erst unvollständig bekannt, da oft mit *C. otrubae* verwechselt), planar bis montan (Alpen bis 880 m). In Nasswiesen und in Flutmulden größerer Wasserläufe, an Weihern, Waldgräben und nassen Waldwegen, im Kiefernwald und natürlichen Laubholzstandorten.

Gefährdung und Schutzstatus: 3: gefährdet, BArtSchV: nicht besonders geschützt.

Wissenswertes und Verwendung: Im Vergleich zu den anderen Groß-Seggen kann die Fuchs-Segge zeitweiligen Wassermangel gut ertragen. Sie gibt eine gute Streu und wurde früher auch als Polster- oder Verpackungsmaterial verwendet.

Cyperaceae
(Sauergras-/
Riedgrasgewächse)

Eriophorum angustifolium Honck.

Schmalblättriges Wollgras
engl. common cotton-grass

I	II	III	**IV**	**V**	**VI**	VII	VIII	IX	X	XI	XII

1 *lockerer Rasen mit langen Ausläufern*

2 *oberste Blattscheide trichterförmig erweitert, Blattspreite vorhanden*

3 *zur Fruchtreife haben sich die weißen Perigonfäden bis auf 4 cm verlängert*

4 *Blütenstand mit mehreren blühenden Ähren, unterste gestielt und überhängend*

5 *graubraune Spelzen mit je 3 Staubbeuteln und 3 Narben, dazwischen weiße Perigonfäden*

Name: griech. *erion* = Wolle, *eriophorus* = Wolle tragend, wegen der wolligen Perigonfäden, *angustifolius* = schmalblättrig.

Habitus: ausdauernd, lockere Rasen bildend, mit 5–20 cm langen Ausläufern, bis 50 cm tief wurzelnd. 20–60 cm hoch. Wintergrün, die Triebe blühen erst im dritten Jahr, in den beiden ersten Jahren wird eine Rosette aus Grundblättern gebildet, die vor der Blüte verwelken.

- Stängel: stielrund oder im oberen Teil stumpf dreikantig, aufrecht, glatt, im unteren Teil dicht beblättert, im oberen Teil mit 2–3 Blättern. Oberste Blattscheide meist trichterförmig erweitert, Spreite vorhanden (*E. vaginatum* ohne oder kurz borstliche Spreite).
- Blätter: rinnig gekielt, in eine lange, dreikantige Spitze verschmälert, 2–6 mm breit, grundständige Blätter etwa so lang wie die Stängel, Stängelblätter kürzer. Blütenstand mit meist 2 laubblattartigen Hüllblättern, ältere Hüllblätter tiefrot gefärbt.

- Blütenstand: aus 3–5 (–8) teils sitzenden, teils unterschiedlich lang gestielten, zuletzt überhängenden Ähren bestehend (*E. vaginatum* nur mit 1 Ähre!). Ährenstiele glatt.
- Ähren: 10–22 mm lang, mit bis etwa 50 Blüten. Spelzen 6–7 mm lang, spitz, die untersten 1nervig, rot- oder graubraun, hinter jeder Spelze sind 3 Staubblätter und 1 Fruchtknoten mit 3 Narben angeordnet, Spelze von Perigonfäden umgeben, die sich im Verlauf der Samenreife zu bis zu 4 cm langen, weißen Fäden verlängern.

Ähnliche Arten: *E. vaginatum* und *E. latifolium* Hoppe (Breitblättriges Wollgras). Stängel über die ganze Länge stumpf dreikantig, oberste Blattscheide eng anliegend, 4–12 Ähren auf rauen Stielen. Zeigerwerte: L8 Tx K3 F9 R8 N2 Waldbindung: NT O HB O A K2.2.

Ökologisches Verhalten: Lichtpflanze, auf nassen, nährstoffarmen und mäßig sauren Torfböden.

Zeigerwerte: L8 Tx Kx F9= R4 N2 *Waldbindung:* NT K2.1 HB K2.1 A K2.2 *Ökologische Artengruppe:* VI.2.

Verbreitung: in fast ganz Europa ziemlich häufig, fehlt im äußersten Süden, in ganz Deutschland verbreitet, vor allem in den Mittelgebirgen und Alpen (bis 1960 m). In Flach-, Quell- und Hochmooren, an Ufern und in Gräben.

Gefährdung und Schutzstatus: nicht als gefährdet angesehen, BArtSchV: nicht besonders geschützt

Wissenswertes und Verwendung: Der bezeichnende weiße Wollschopf besteht aus den langen Blütenhüllfäden (Perigonfäden), die nach der Reife an der Basis der Karyopse verbleiben und so einen Flugapparat bilden. Die Früchte (Nüsse) sind Schirmchenflieger und werden mit dem Wind verbreitet. Am Ende des 19. Jahrhunderts schreibt Bley (1898) über die Wollgräser: «Dem Landmann sind die Wollgräser auf seinen Wiesen sehr unwillkommen. Sie sind hart und an den Blatträndern rau, sodass das Vieh sie meist verschmäht, was für ihre Existenz natürlich von großem Vorteil ist.»

1

Eriophorum vaginatum L.

Cyperaceae
(Sauergras-/ Riedgrasgewächse)

Scheiden-Wollgras, Einköpfiges Wollgras
engl. tussock cotton grass, hare's-tail cottongrass

I	II	**III**	**IV**	**V**	**VI**	VII	VIII	IX	X	XI	XII

1 *dichter Horst zur Reifezeit*
2 *oberste Blattscheide aufgeblasen und ohne Blattspreite*
3 *blühende Ähre aus bis zu 100 zwittrigen Blüten*
4 *silbergraue Spelzen und weiße Perigonfäden kurz vor der Blüte*
5 *Wollschöpfe – Blütenstand zur Reifezeit*

2

Name: *vaginatus* = mit Scheiden.

Habitus: ausdauernd, dichte Horste bildend, oft in ausgedehnten Beständen, ohne Ausläufer. 10–70 cm hoch. Wintergrün, die grundständigen Blätter entwickeln sich ein Jahr vor der Blüte.

- Stängel: schlank, unten rundlich, oben stumpf dreikantig, zur Blütezeit nur etwa 10 cm hoch, sich während der Samenreife auf bis zu 70 cm verlängernd.
- Blätter: grundständige Blätter borstenförmig und rinnig, etwa 1 mm breit, kürzer oder etwa so lang wie die Stängel, stumpf, an den Rändern meist schwach rau, graugrün. Scheiden der grundständigen Blätter braun oder rot, die der Stängelblätter aufgeblasen und mit verkümmerter oder ohne Spreite.

- Blütenstand: eine endständige, aufrechte Ähre.
- Ähre: zur Blütezeit 1–3 cm lang, länglich bis eiförmig, aus bis zu 100 zwittrigen Blüten zusammengesetzt. Spelzen 10 mm lang, 1nervig, zugespitzt, häutig, silbergrau. Die Hüllfäden des Perigons schneeweiß, bis 2,5 cm lang.

Ähnliche Arten: *E. angustifolium*, *E. latifolium* (beide mit mehreren Ähren).

Ökologisches Verhalten: Lichtpflanze, auf nassen, nährstoff- und basenarmen, sauren Torfböden.

Zeigerwerte: L7 Tx Kx F9~ R2 N1 ***Waldbindung:*** NT K2.1 HB K2.1 A K2.2 ***Ökologische Artengruppe:*** VI.1.

Verbreitung: zerstreut in fast ganz Europa, im Süden nur in Spanien, in ganz Deutschland zerstreut und gesellig, planar bis subalpin (Alpen bis 1980 m), im Süden vor allem in Berglagen, im Norden auch im Tiefland. Im Hochmoor, auch im Kiefern- und Birkenmoor.

Gefährdung und Schutzstatus: Vorwarnliste, BArtSchV: nicht besonders geschützt.

Wissenswertes und Verwendung: Das Scheiden-Wollgras gehört mit seinen faserig verwitternden Scheiden neben den *Sphagnum*-Arten zu den wichtigsten Torfbildnern im Hochmoor. Es gedeiht noch an Stellen, die für die Torfmoose zu trocken sind. In Hochmoor-Renaturierungen nach industriellem Torfabbau übernimmt es eine wichtige Funktion als Erstbesiedler der vegetationslosen Torfflächen. In arktischen Tundrengebieten stellt die Pflanze wegen ihres frühen Austriebs eine wichtige Nahrung für Rentiere und Lemminge dar, die die jungen Triebe im Winter unter der Schneedecke fressen. In der Volksmedizin wurde die «Wolle» der Fruchthaare früher als Wundwatte verwendet, sie diente zum Füllen von Kissen und wurde zu Lampendochten gedreht. Die Wollgräser werden wegen ihrer dekorativen Wollschöpfe als Ziergräser für Sumpf- und Moorbeete angeboten.

Scirpus sylvaticus L.

Cyperaceae
(Sauergras-/ Riedgrasgewächse)

Wald-Simse
engl. wood club rush

I	II	III	IV	V	VI	VII	VIII	IX	X	XI	XII

1 *lichter Rasen im Erlenbruchwald*
2 *Blattscheiden umfassen den Stängel locker*
3 *Blütenstand lockere Spirre*
4 *Ähren schwärzlich grün gescheckt, Blüten mit 6 Perigonborsten*

Name: *Scirpus* lat. Name für binsenartige Pflanzen, *scirpere* = flechten, *sylvaticus* = von lat. *silva* = Wald.

Habitus: ausdauernd, lichte Rasen bildend, mit langen Rhizomen, 30–80 (–120) cm hoch. Sommergrün.

- Stängel: aufrecht oder oft übergebogen, einzeln stehend, stumpf dreikantig, hohl, 2–6 mm dick, glatt oder unter dem Blütenstand etwas rau, bis zum Blütenstand dreizeilig beblättert. Scheiden der Blätter den Stängel locker umfassend, grundständige Blattscheiden gelbgrün bis braun.
- Blätter: Blattspreiten flach, 8–12 (–16) mm breit, deutlich knickrandig, an den Rändern und am Kiel rau, meist hellgrün. Hüllblätter des Blütenstandes 1–3, laubblattartig, kürzer oder wenig länger als der Blütenstand.

- Blütenstand: lockere Spirre, seltener zusammengezogen, bis 25 cm breit, reichverzweigt, mit zahlreichen Ähren, Äste der Spirre bis 20 cm lang.
- Ähren: einzeln oder meist zu 2–9 gebüschelt am Ende der Äste, 3–4 mm lang, schwärzlich-grün gescheckt, 10–20blütig. Die einzelnen Blüten sitzen in den Achseln grünlicher Spelzen. Spelzen stumpf mit kurzer Stachelspitze, 2 mm lang, gekielt. Perigonborsten 6, gerade, rau, so lang wie die Frucht. Staubblätter 3. Frucht dreikantig, gelblich-weiß.

Ökologisches Verhalten: Licht- bis Halbschattenpflanze, auf nassen, nährstoffreichen, locker humosen, gut durchlüfteten, sandigen Lehm- und Tonböden, vor allem auf wasserzügigen Unterhangböden, verträgt keine Staunässe, verlangt bewegtes, nährstoffreiches Grund- oder Rieselwasser.

Zeigerwerte: L6 T5 K4 F8 R4 N4 ***Waldbindung:*** NT K2.1 HB K2.1 A K2.2 ***Ökologische Artengruppe:*** V.3–4.

Verbreitung: in ganz Europa verbreitet und häufig, planar bis hochmontan (Alpen bis 1360 m). In Auenwäldern, vor allem in Erlen- und Eschenbeständen, an wasserzügigen Hängen, in und an Gräben, auf nassen Wiesen und Weiden, in Niedermooren.

Gefährdung und Schutzstatus: nicht als gefährdet angesehen, BArtSchV: nicht besonders geschützt.

Wissenswertes und Verwendung: In lichten Beständen kann die Wald-Simse wegen ihres hohen, oft dichten Wuchses das Auflaufen des Erlen- und Eschenanflugs unterdrücken. Im nassen Erlenwald sorgt sie neben den mit ihr vergesellschafteten *Carex*-Arten für eine natürliche Drainage. Früher wurde sie als Flechtmaterial für Matten und Körbe genutzt. Simse und Binse werden in Volksnamen oft nicht unterschieden.

1

Trichophorum cespitosum (L.) Hartm.

Cyperaceae
(Sauergras-/ Riedgrasgewächse)

Scirpus cespitosus L.
Rasen-Haarsimse, Rasen-Binse, Rasen-Haarbinse
engl. tufted bulrush, deergrass

1 *sehr dichter, fester, igelförmiger Horst*
2 *oberste Blattscheide grün mit 3–10 mm langer, rinniger Spreite*
3 *blühende Ähren, maximal 10 mm lang mit gelblich rostbraunen Spelzen*
4 *untere Spelze umfasst die Ähre*
5 *Blüte mit 6 Perigonborsten*

I	II	III	IV	V	VIII	VII	VIII	IX	X	XI	XII

Name: *trichophorum* = Haare tragend, Borstenträger, wegen der 6 haardünnen Borsten, die jede Blüte umgeben, *cespitosus* = rasig

Habitus: ausdauernd, in sehr dichten, festen Horsten, Bestände bildend, ohne Ausläufer. Zur Blütezeit 10–20 cm hoch, Stängel sich später bis auf 40 (–60) cm verlängernd. Wintergrün.

- Stängel: steif aufrecht oder schräg stehend, nach der Blüte allseitig oder scheitelig nach außen gebogen, rund, etwas gefurcht, glatt, hell- bis dunkelgrün, zur Fruchtzeit auffällig gelblich. Blattscheiden am Stängelgrund glänzend braun, ohne oder mit sehr stark reduzierten Spreiten, oberste Blattscheide grün, mit rinniger 3–10 mm langer Spreite.

- Blütenstand: endständige Ähre.
- Ähre: 3–5 (–10) mm lang, 2–4 mm breit, 3–7 (–20)blütig, gelblich bis rostbraun. Die untersten beiden Spelzen etwa so lang wie die Ähre, mit breitem, stumpfem Kielfortsatz, die unterste Spelze die Ähre oft ganz umfassend, die oberen Spelzen je eine Blüte bedeckend, spitz, 3–4 mm lang, mit grünem Kiel. Blüten zwittrig oder eingeschlechtig. Perigonborsten etwa so lang wie die Spelzen. Staubblätter 3. Frucht dreikantig.

Ähnliche Arten: *T. cespitosum* wird in zwei Unterarten gegliedert: ssp. *cespitosum* (= *austriacum*) ist im ganzen Areal der Art vertreten, vor allem in den Alpen und in kontinentalen Klimazonen, ssp. *germanicum* (Palla) Brodd. hingegen gedeiht nur im atlantischen und subatlantischen Europa, u. a. in Norddeutschland und den Mittelgebirgen. Vegetativ ähnlich: *Eleocharis*.

Ökologisches Verhalten: Lichtpflanze, auf nassen, mehr oder weniger nährstoff- und basenarmen, sauren Torfböden, vor allem auf nicht mehr wachsendendem, offenem Hochmoor, auch auf sauren und neutralen Quellmooren im Gebirge und an den Ufern von Alpenseen.

Zeigerwerte: L8 T4 K3 F9 R1 N1 ***Waldbindung:*** NT K2.2 HB K2.2 A K2.2 ***Ökologische Artengruppe:*** VI.1

Verbreitung: zerstreut, aber gesellig und Bestände bildend, in Nord-, West- und Mitteleuropa, selten in Südeuropa (Alpen bis 2000 m).

Gefährdung und Schutzstatus: 3: gefährdet; BArtSchV, nicht besonders geschützt.

Wissenswertes und Verwendung: Die Rasige Haarbinse ist die kennzeichnende Pflanze nährstoffarmer Moore, von Feucht- und Moorheiden sowie von Moorwäldern. Charakteristisch ist die meist igelförmige Gestalt ihrer dichten, starren Horste.

Juncus acutiflorus Ehrh. ex Hoffm.

Juncaceae
(Binsengewächse)

J. sylvaticus auct.
Spitzblütige Binse, Waldbinse
engl. sharp flowered rush

I	II	III	IV	V	VI	VII	VIII	IX	X	XI	XII

1 *Rasen der Spitzblütigen Binse*
2 *Blattscheidenmündung mit Öhrchen (links: Stängel)*
3 *Blatt mit Querfächern*
4 *reichblütige, ausgebreitete Spirre, Hüllblatt deutlich kürzer*
5 *Blüten mit 6 kastanienbraunen Perigonblättern, 6 Staubblättern und drei rosafarbenen Narben*

Name: *Juncus* ist neben *Scirpus* ein lateinischer Name für Binse, *acutiflorus* = spitzblütig; Binse ist altdeutsch für verschiedene Sumpfpflanzen.

Habitus: ausdauernd, locker angeordnete Stängel, rasiger Wuchs, mit Sprossausläufern. 30–110 cm hoch.

- Stängel: aufrecht, besonders am Grund stark seitlich zusammengedrückt, glatt, glänzend, schwach gerieft, hohl, mit Querwänden, beblättert.
- Blätter: grundständige Blattscheiden kastanienbraun, matt. Stängelblätter steif, glatt, hellgrün, im Querschnitt rundlich, elliptisch, Querfächer deutlich und fühlbar, Blattscheidenmündung mit Öhrchen. Hüllblatt deutlich kürzer als der Blütenstand.

- Blütenstand: endständige, stark verzweigte, ausgebreitete, vielköpfige (50–100 Blütenbüschel) Spirre, bis 15 cm lang.
- Blüten: Köpfchen bis 7 mm breit, meist (3–) 5–8 (–20)blütig. Ohne Vorblätter. Perigonblätter 2–2,7 mm lang, bräunlich, innere länger als die äußeren und leicht nach außen gebogen, innere stachelspitzig, äußere nur

zugespitzt, schmal hautrandig. 6 Staubblätter. Reife Kapsel 2–3 mm lang, auffällig schnabelartig verlängert, kastanienbraun. Samen ohne Anhängsel, durchsichtig rotbraun.

Ähnliche Arten: *J. articulatus* L. (Glanzfrüchtige Binse, Glieder-Binse), weniger als 50 Blütenbüschel, alle Perigonblätter gleich lang, die inneren nicht zugespitzt.

Ökologisches Verhalten: ständig nasse, oft quellig durchsickerte, kalkarme bis saure, oft basenreiche, meist mäßig nährstoffreiche, mineralische bis humose Böden.

Zeigerwerte: L9 T6 K2 F8 R5 N3 ***Waldbindung:*** NT K2.2 HB K2.2 A K2.2

Verbreitung: hauptsächlich in Europa. In Deutschland verbreitet, collin bis montan. Wälder, Gräben, Moorwiesen, Moorwälder, kalkarme Nasswiesen, in der Regel an bewaldeten Stellen.

Gefährdung und Schutzstatus: nicht als gefährdet angesehen, BArtSchV: nicht besonders geschützt.

Wissenswertes und Verwendung: Die Spitzblütige Binse ist eine dominante Art, die das Aussehen ihres Lebensraumes mitprägt. Die Redewendung «das geht in die Binsen» bezieht sich auf Enten, die bei der Jagd ins Röhricht flüchten bzw. fallen und damit aus Sicht des Jägers verloren sind, weil die Jagdhunde sie nicht finden. Eine «Binsenweisheit» ist etwas ebenso Selbstverständliches wie das Fehlen der für Grasartige typischen Stängelknoten bei der Binse!

3

4

5

1

Juncus conglomeratus L.

Juncaceae
(Binsengewächse)

Knäuel-Binse
engl. compact rush

I	II	III	IV	V	VI	VII	VIII	IX	X	XI	XII

1 *Habitus*
2 *kugelig geknäuelter Blütenstand, Stängel matt graugrün, gerillt*
3 *Blüte mit 6 rostfarbenen Perigonblättern, 3 Staubblättern und drei Narben*
4 *Bei der Kapsel steht der Griffel auf einem Höcker*

Name: *conglomeratus* = geknäuelt.

Habitus: ausdauernd, dichtrasig mit kurzkriechender Grundachse. 30–60 cm hoch.

- Stängel: grün bis graugrün, schwach glänzend, zäh, oben fein gestreift, gerillt, markerfüllt.
- Blätter: Blattscheiden der spreitenlosen Niederblätter gelblich bis bräunlich, matt. Scheide des aufgerichteten Hochblattes beim Blütenstand deutlich erweitert.

- Blütenstand: kugelig geknäuelte Spirre.
- Blüten: 2 Vorblätter. Perigonblätter 2,5–3,5 mm lang, rotbraun bis rostfarben, etwas länger als die Kapsel. Staubblätter 3 (selten bis 6), Antheren länger als die Filamente, der Griffel steht eingesenkt zwischen den 3 Zipfeln des Fruchtknotens auf einem Höcker (bei *J. effusus* ohne Höcker!), reife Kapsel glänzend braun.

Ähnliche Arten: *J. inflexus*, *J. effusus* (die Unterscheidung von der Flatter-Binse ist nicht immer einfach, da diese sehr veränderlich ist. Als sicheres Unterscheidungsmerkmal gilt die Position des Griffels auf einem Höcker!).

Ökologisches Verhalten: ähnliche Standortansprüche wie *J. effusus*, jedoch geringere ökologische Amplitude. Bevorzugt basenärmere, stärker saure Böden.

Zeigerwerte: L8 T5 K3 F7~ R4 N3 ***Waldbindung:*** NT K2.2 BH 2.2 A 2.2 ***Ökologische Artengruppe:*** IV.2–3.

Verbreitung: in fast ganz Europa verbreitet. In Deutschland häufig, vom Tiefland bis in die Voralpenregion (selten über 1000 m). In feuchten Wiesen, Gräben, Sümpfen und an nassen Waldstellen.

Gefährdung und Schutzstatus: nicht als gefährdet angesehen, BArtSchV: nicht besonders geschützt.

Wissenswertes und Verwendung: Die Knäuel-Binse (ebenso *J. effusus*) kommt auf feuchten Böden nach Kahlschlag und Bodenbearbeitung oft massenhaft vor, ebenso bei Bodenverdichtung, z. B. nach Stockrodung und an Wegen. Die Binsen drainieren den Boden. Da sie keinen Wurzelfilz ausbilden und bei zunehmender Licht- und Wasserkonkurrenz durch den heranwachsenden Bestand verdrängt werden, stellen die Binsen-Arten kein starkes Verjüngungshindernis dar.

Juncus effusus L.

Juncaceae
(Binsengewächse)

Flatter-Binse
engl. common rush, soft rush

I	II	III	IV	V	**VI**	**VII**	**VIII**	**IX**	X	XI	XII

1 *Habitus*
2 *bräunliche, matte Blattscheiden der Niederblätter*
3 *Blütenstand, mehr oder weniger ausgebreitete Spirre*
4 *Blüte mit lang zugespitzten weißlich grünen Perigonblättern und drei Staubblättern (Antheren kürzer als die Filamente)*
5 *J. effusus (rechts) und J. inflexus am selben Standort*

Name: *effusus* = ausgebreitet, frei, flatternd wegen der (meist) lockeren Blütenstände.

Habitus: ausdauernd, in dichten, runden Horsten, nicht selten Bestände bildend, wenig tiefreichender, kompakter Wurzelstock. 30–120 cm hoch. Sommergrün.

- Stängel: bis 6 mm dick, sehr dicht stehend, Grundachse kurz kriechend, dann aufrecht, glänzend, grasgrün, ohne knotige Verdickungen, glatt, undeutlich fein längsgestreift, mit zusammenhängendem Mark (Mark bei *J. inflexus* fächerig unterbrochen).
- Blätter: blühende Stängel am Grund mit spreitenlosen Niederblättern mit gelblich bis bräunlichen, matten Blattscheiden. Blätter rund, dem Stängel ähnlich. Tragblatt des Blütenstandes rund, den Stängel scheinbar fortsetzend, kürzer als der Stängel, zugespitzt, mit schmaler Scheide (bei *J. conglomeratus* erweitert).

- Blütenstand: locker ausgebreitete oder gedrängte Spirre (bei *J. conglomeratus* kugelig-gedrängt), mit mehreren Ästen von unterschiedlicher Länge, vielblütig. Die Spirren überwintern.
- Blüten: am Grund mit 2 kleinen Vorblättern. Perigonblätter 1,5–2,5 mm lang, meist grünlich, mit breitem Hautrand, lang zugespitzt, kürzer als die Kapsel. Staubblätter 3 (selten bis 6), Antheren kürzer als ihre Filamente, Griffel in einer Vertiefung der Kapsel, nicht auf einem Höcker sitzend.

Ähnliche Arten: *J. inflexus*, *J. conglomeratus* (Griffel sitzt auf einem Höcker!).

Ökologisches Verhalten: Lichtpflanze, auf sicker- und staunassen, nährstoffreichen, meist kalkarmen, mäßig sauren Lehm- und Torfböden, erträgt geringe Bodendurchlüftung, Anzeiger für Staunässe, Bodenverschlämmung und Bodenverdichtung.

Zeigerwerte: L8 T5 K3 F7 R3 N4 ***Waldbindung:*** NT K2.1 HB K2.1 A K2.1 ***Ökologische Artengruppe:*** IV.2–3.

Verbreitung: in ganz Europa verbreitet und meist häufig, planar bis hochmontan (Alpen bis 1500 m). In Nasswiesen und -weiden, an Wegen und Kahlschlägen, in Flachmooren und Waldsümpfen.

Gefährdung und Schutzstatus: nicht als gefährdet angesehen, BArtSchV: nicht besonders geschützt.

Wissenswertes und Verwendung: Die Flatter-Binse diente früher als Flechtmaterial für Matten, Körbe, Fischreusen usw. Das weiße Mark wurde als Lampendocht genutzt. Als Futterpflanze ist sie wertlos, sie wird durch Beweidung gefördert und gilt als «Weideunkraut». Sie findet Verwendung als Zierpflanze für Gartenteiche und Sumpfbeete, zu diesem Zweck auch mit spiralig gedrehten Stängeln als Spiralen-Flatterbinse (*Juncus effusus* ‚Spiralis‘). Die Rhizome wurden in der Volksmedizin für Blutreinigungskuren verwendet, heute nur noch selten in der Homöopathie bei Nierensteinleiden.

Juncus inflexus L.

Juncaceae
(Binsengewächse)

J. glaucus Sibth., *J. longicornis* Bast.
Blaugrüne/Graugrüne Binse
engl. hard rush

1 *Habitus, Pflanze auffallend graublau*
2 *Blattscheiden der Niederblätter schwarzbraun*
3 *Stängel mit deutlich gekammertem Mark*
4 *Blütenstand locker ausgebreitet*
5 *Perigonblätter rotbraun mit breitem grünen Mittelstreifen, kürzer als die zugespitzte Kapsel*

| I | II | III | IV | V | VI | VII | VIII | IX | X | XI | XII |

Name: *inflexus* = gebogen.

Habitus: ausdauernd, dicke Horste bildend. 30–70 cm hoch. Meist wintergrün.

- Stängel: durch deutlichen Wachsüberzug außen matt graublau, dünn und hart, kantig gestreift (12–16 Längsrippen) mit deutlich gekammertem Mark.
- Blätter: Blattscheiden der spreitenlosen Niederblätter schwarzbraun glänzend, keine Stängelblätter, Tragblatt des Blütenstandes mit schmaler Scheide, den Stängel geradlinig fortsetzend, der Blütenstand daher scheinbar seitenständig.
- Blütenstand: lockere, vielblütige Spirre.
- Blüten: 2 Vorblätter. Perigonblätter (2,5–) 3–4 mm lang, rotbraun mit breitem, grünem Mittelstreifen und schmalem, hellem häutigen Rand, etwas kürzer als die Kapsel. Staubblätter 6, Kapsel dreikantig-eiförmimt, zugespitzt.

Ähnliche Arten: *J. conglomeratus, J. effusus.*

Ökologisches Verhalten: in sonniger Lage, bevorzugt auf wechselfeuchten (bis nassen), verdichteten, betretenen oder gestörten Standorten, auf nährstoffreichen, im Gegensatz zu *J. effusus* meist kalkhaltigen und stickstoffreichen Lehm- und Tonböden, aber auch auf sandigen Böden und auf salzhaltigem Substrat.

Zeigerwerte: L8 T5 K3 F7~ R8 N4 ***Waldbindung:*** NT O HB K2.2 A K2.2

Verbreitung: in ganz Europa verbreitet, in Deutschland in der Norddeutschen Tiefebene weitgehend fehlend. An Rändern von Kalkflachmooren, in Feuchtwiesen, an Ufern, Gräben und in aufgelichteten Wäldern.

Gefährdung und Schutzstatus: nicht als gefährdet angesehen, BArtSchV: nicht besonders geschützt.

Wissenswertes und Verwendung: Die Blaugrüne Binse wird zur Bepflanzung von Teichrändern angeboten.

Juncus tenuis Willd.

Juncaceae
(Binsengewächse)

J. macer Gray
Zarte Binse
engl. slender rush

I | II | III | IV | V | **VI** | **VII** | **VIII** | **IX** | **X** | XI | XII

1 Habitus, lockerer Rasen am Wegrand

2 Blütenstand lockere, armblütige Spirre

3 Blüten am Grund mit zwei Vorblättern, die drei inneren Perigonblätter mit breitem häutigem Rand

4 Kapsel mit kurzer Stachelspitze

Name: *tenuis* = zart, wegen der zarten Stängel und Blätter.

Habitus: ausdauernd mit kurzen Rhizomen, lockerrasig. 15–40 cm hoch.

- Stängel: aufrecht, oft unbeblättert, gelbgrün.
- Blätter: deutlich ausgeprägt, schmal grasartig, nur im unteren Teil des Stängels und höchstens fast so lang wie dieser, am Grund mit braunen Scheiden. Blattscheidenmündung mit deutlichen 1–3 mm langen, zarten, trocken-weißlichen, stumpfen Öhrchen.

- Blütenstand: endständige, lockere, armblütige Spirre, bis 8 cm lang, von 2–3 Hüllblättern überragt.
- Blüten: am Grund mit zwei Vorblättern. Perigonblätter grünlich gelbbraun, spitz, länger als die reife Kapsel, die drei inneren mit breitem häutigen Rand. 6 Staubblätter, 3 aufrechte lange Narben, Kapsel eiförmig-kugelig mit kurzer Stachelspitze.

Ähnliche Arten: *J. compressus* Jacq. (Zusammengedrückte Binse), Blütenstand nur von einem Hüllblatt überragt, kalkreiche Trittfluren.

Ökologisches Verhalten: liebt mäßig feuchte, kalkarme, stickstoffhaltige, schwere, verdichtete, offene Böden.

Zeigerwerte: L6 T6 K3 F6 R5 N5 ***Waldbindung:*** NT K2.2 HB K2.2 A K2.2

Gefährdung und Schutzstatus: nicht als gefährdet angesehen, BArtSchV: nicht besonders geschützt.

Verbreitung: in Europa seit 1824 (in Deutschland 1834 zuerst bei Dickenreishausen bei Memmingen im Allgäu) aus Nordamerika eingeschleppt und heute allgemein eingebürgert (Neophyt). Vom Tiefland bis in Höhen von etwa 1000 m. Kulturbegleiter. Nasse Wald- und Wiesenwege, Trittrasen und Pflasterritzen.

Wissenswertes und Verwendung: Der erste Ausbreitungsschub erfolgt durch Trittausbreitung und durch an Wagenrädern anhaftende Erde. Benetzt man reife Kapseln mit Wasser, treten nach wenigen Minuten die Samen froschlaichartig aus, ähnlich wie bei der danach benannten Kröten-Binse (*J. bufonius* L.) und bedecken die ganze Pflanze mit Schleimbällchen.

Luzula luzuloides (Lam.) Dandy et Wilm.

Juncaceae
(Binsengewächse)

Luzula albida (Hoffm.) DC., *Luzula nemorosa* (Poll.) E. H. F. Meyer
Weiße Hainsimse, Weißliche H., Schmalblättrige H.
engl. oak forest wood rush

1. *Habitus zur Reifezeit*
2. *Blattscheidenöffnung büschelig bewimpert*
3. *locker ausgebreitete Spirre*
4. *Stängel links und bewimperter Blattrand rechts*
5. *Blüten mit 2,5–3,5 mm langen schmutzig weißen oder rötlichen Perigonblättern, sechs Staubblätter, untere Bildhälfte geschlossen, obere Bildhälfte geöffnet*
6. *glänzende, kastanienbraune, zugespitzte Kapsel*

I	II	III	IV	V	VI	VII	VIII	IX	X	XI	XII

Name: *luzuloides* = *Luzula*-ähnlich (der an sich paradoxe Name hainsimsenähnliche Hainsimse rührt daher, dass die Pflanze (von Lamarck) zuerst als Binse *(Juncus luzuloides)* angesprochen wurde).

Habitus: ausdauernd, in lockeren Rasen, mit kriechender Grundachse, seltener kurze Rhizome treibend, im oberen Bodenbereich dichten Wurzelfilz bildend. 30–70 cm hoch. Sommergrün.

- Stängel: aufrecht oder aufsteigend, bis zum Blütenstand beblättert.
- Blätter: die untersten bis auf braune Scheiden reduziert, die folgenden mit einer büschelig bewimperten Scheide. Blattspreiten hellgrün, flach, schmal-lineal, allmählich zugespitzt, 3–4 (–6) mm breit, an den Rändern lang und dicht bewimpert, Haare weißlich. Unterstes Tragblatt im Unterschied zu *L. sylvatica* länger als der Blütenstand.

- Blütenstand: endständige, doldenförmige Spirre, mehrfach verzweigte Äste, zunächst schmal zusammengezogen, später locker ausgebreitet, weiß bis rötlich.
- Blüten: zu 3–8 gebüschelt, meist 2–3 mm lang. Vorblätter häutig, spitz, oft zerschlitzt, kaum halb so lang wie die Blüten. Perigonblätter spelzenähnlich, spitz, 2,5–3,5 mm lang, schmutzig weiß oder (kupferrot) rötlich. Staubblätter 6. Fruchtknoten 3narbig, wächst bei der Fruchtreife zu einer einfächerigen, zugespitzten, glänzenden, kastanienbraunen Kapsel aus. Samen etwa 1 mm lang, mit einem undeutlichen, sehr kleinen, weißlichen Anhängsel.

Ähnliche Arten: *L. nivea* (Pflanze mit Ausläufern, Blütenstand stärker zusammengezogen).

Ökologisches Verhalten: Halbschatten- bis Schattenpflanze, auf mäßig frischen bis trockenen, nährstoffärmeren, kalkfreien, sauren bis mäßig sauren, sandig-lehmigen Böden, meidet starke Rohhumusauflage, gern an Süd- und Westhängen.

Zeigerwerte: L4 Tx K4 F5 R3 N4 ***Waldbindung:*** NT K1.1 HB K2.1 A K1.1
Ökologische Artengruppe: II.2b.

Verbreitung: in weiten Gebieten Europas verbreitet und gesellig, fehlt im atlantischen Europa und fast überall im Mittelmeergebiet, im deutschen Hügel- und Gebirgsland verbreitet, im nördlichen Flachland und im Oberrheingebiet selten oder fehlend, planar bis hochmontan (Alpen bis 1850 m). Im Laub- und Nadelwald, vor allem in artenarmen Buchenwäldern, auch in bodensauren Eichen- und Eichenmischbeständen sowie auf Lücken und an Rändern von Fichtenbeständen.

Gefährdung und Schutzstatus: nicht als gefährdet angesehen, BArtSchV: nicht besonders geschützt.

Wissenswertes und Verwendung: Die Art ist namengebend für den Hainsimsen-Buchenwald. In Bezug auf den pH-Wert des Bodens hat sie jedoch in Reinkultur eine sehr weite Amplitude, ist also potentiell bodenvag. In Wäldern findet man sie aber fast immer auf recht sauren Böden und kann sie daher als Säurezeiger gebrauchen, aber nicht als säureliebend bezeichnen. Im Stammfußbereich ist sie auch im Braunmull-Buchenwald konkurrenzfähig. Die Weiße Hainsimse wird als Schattengras angeboten und ist im Handel häufig Bestandteil von Waldgrasmischungen.

1

Luzula multiflora (Ehrl.) Lej.

Juncaceae
(Binsengewächse)

Vielblütige Hainsimse
engl. manyflowered wood rush

| I | II | III | IV | V | VI | VII | VIII | IX | X | XI | XII |

1 *Habitus*
2 *Blattscheidenöffnung bewimpert*
3 *aufrechte, lange Äste des Blütenstandes*
4 *Kapsel*
a: geschlossen
b: geöffnet, Samen mit weißem Anhängsel
5 *Samen mit bis zu 0,5 mm langem Anhängsel*
6 *L. campestris, äußere Spirrenäste zuletzt überhängend*

Name: *multiflora* = vielblütig.

Habitus: ohne Ausläufer, dichtrasig. 30–55 cm hoch.

- Stängel: meist zahlreich, starr aufrecht, beblättert.
- Blätter: grundständige Blätter grasartig, 3–4 mm breit, locker bewimpert, am Ende stumpf. Unterstes Tragblatt länger oder kürzer als der Blütenstand.

2

3

4a

- Blütenstand: aufrechte Spirre mit fast doldigen, unverzweigten Ästen, aus 5–10 ellipsoiden bis eiförmigen Blütenknäueln zusammengesetzt, das mittlere oft sitzend, die äußeren auf schräg aufwärtsgerichteten Stielen, Stiele teilweise länger als 3 cm.
- Blüten: 6–18blütig, Perigonblätter bis 3 mm lang, lanzettlich, zugespitzt, etwa gleich groß, rötlich bis blass braun mit weißem Hautrand. Antheren 1–2 Mal so lang wie das Filament. Kapsel stumpf-eiförmig mit kurzer Spitze, braun, etwa so lang wie die Blütenblätter. Samen mit großem, 0,3–0,5 mm langem, zugespitzem Anhängsel.

Ähnliche Arten: *L. campestris* (L.) DC. agg. (Feld-Hainsimse, Gewöhnliche Hainsimse, Hasenbrot, Gemeine Marbel), fast weltweit verbreitet (von *L. multiflora* durch das Vorhandensein von mehreren cm langen, unterirdischen Ausläufern unterschieden, unterste Spirrenäste zuletzt überhängend, Antheren 3 Mal so lang wie das Filament, Samenanhängsel stumpf) Zeigerwerte L7 Tx K3 F4 R3 N3 Waldbindung: NT K2.1 BH K2.2 A K2.2

Ökologisches Verhalten: auf mäßig trockenen (wechseltrockenen) bis feuchten, meist kalkarmen, basenarmen bis basenreichen, nährstoffarmen Sand-, Lehm- oder Torfböden. Magerkeitszeiger.

Zeigerwerte: L7 Tx K4 F5~ R5 N3 ***Waldbindung:*** NT K2.1 HB K2.1 A K2.1 ***Ökologische Artengruppe:*** II.2b.

Verbreitung: in ganz Europa. In sauren Magerrasen, Flachmooren, an Waldrändern und in lichten Wäldern (dort häufiger als *L. campestris*).

Gefährdung und Schutzstatus: nicht gefährdet, BArtSchV: nicht besonders geschützt.

Wissenswertes und Verwendung: Das öl- und zuckerhaltige Samenanhängsel (Elaiosom) lockt Ameisen an und ist allein für den Verzehr durch die Ameisen bestimmt. Der Transport durch die Ameisen sorgt dann für die Verbreitung der Samen (Myrmekochorie).

4b

5

6

Juncaceae
(Binsengewächse)

Luzula nivea (L.) DC.

Schnee-Hainsimse, Schneeweiße Hainsimse, Schnee-Marbel
engl. snowy wood rush

I	II	III	IV	V	**VI**	**VII**	**VIII**	**IX**	X	XI	XII

1. *Habitus*
2. *Blattscheidenöffnung lang bewimpert*
3. *Blatt 3–4 mm breit, Blattrand bewimpert*
4. *dicht zusammengezogener Blütenstand*
5. *schneeweiße Perigonblätter bis 5 mm lang*
6. *Kapsel nur halb so lang wie die Perigonblätter*

Name: *niveus* = schneeweiß.

Habitus: ausdauernd, lockere Rasen bildend, Grundachse kriechend, bis zu 10 cm lange Stolonen treibend. 30–60 (–90) cm hoch. Wintergrün.

- Stängel: aufrecht oder aufsteigend, glatt, bis zum Blütenstand beblättert.
- Blätter: die unteren auf braune bis braunrote Scheiden reduziert. Stängelblätter mit enger, an der Öffnung lang bewimperter Scheide. Blattspreiten flach, 15–20 (–30) cm lang, 3–4 (–5) mm breit, die oberen allmählich schmaler werdend und oft eingerollt, an den Rändern dicht bewimpert. Unterstes Tragblatt laubblattartig, oft länger als der Blütenstand.

- Blütenstand: endständige, aufrechte, dichte, doldenförmige Rispe, seltener eine Spirre. Rispenäste meist aufrecht, mehrfach verzweigt, mit 6–20 Blütenknäueln.
- Blüten: Vorblätter viel kürzer als die Blüten. Innere Perigonblätter 5–5,5 mm lang, die äußeren deutlich kürzer, spitz, schneeweiß, häutig, in der Mitte etwas derber. Staubblätter 6. Kapsel etwa halb so lang wie das Perigon, glänzend, kastanienbraun. Samen etwa 1,5 mm lang, mit kleinem, weißlichem Anhängsel.

Ähnliche Arten: *L. luzuloides* (ohne Ausläufer, Blütenstand lockerer).

Ökologisches Verhalten: Halbschatten- bis Schattenpflanze, auf mäßig frischen, basenhaltigen, kalkarmen, neutralen bis mäßig sauren, humosen (Moder), steinigen Lehmböden, in luftfeuchten Klimalagen.

Zeigerwerte: L4 T5 K4 F5 R3 N3 ***Waldbindung:*** NT–HB K1.1 A K1.1

Verbreitung: Alpen, Alpenvorland, Pyrenäen, Zentral-Frankreich, Apennin, montan bis subalpin (Alpen-Südtirol bis 2200 m), selten unter 800 m herabsteigend. In artenarmen Buchen- und Eichen-Buchen-Wäldern, auch in Nadelmischwäldern und in Kastanienwäldern.

Gefährdung und Schutzstatus: nicht als gefährdet angesehen, BArtSchV: nicht besonders geschützt.

Wissenswertes und Verwendung: Die Schnee-Hainsimse wird als Zierpflanze vorwiegend in Schattengärten kultiviert. Die dekorativen Blütenstände sind für Trockensträuße geeignet.

1

Luzula pilosa (L.) Willd.

Juncaceae
(Binsengewächse)

Behaarte Hainsimse, Haar-Marbel, Frühlings-Hainsimse
engl. hairy wood rush

I	II	III	IV	V	VI	VII	VIII	IX	X	XI	XII

1 Habitus
2 grundständige Blattscheiden weinrot bis violettrot
3 Blatter bis 10 mm breit, in der Mitte am breitesten, Scheidenmündung büschelig bewimpert
4 untere Blütenäste zur Reifezeit zurück geschlagen
5 Perigonblätter 3–4 mm lang, kastanienbraun mit weißen, häutigen Rändern
6 gelbgrün glänzende Kapsel

2

Name: *pilosus* = behaart, haarig.

Habitus: ausdauerndes Horstgras, lockere bis dichte Bestände bildend, bisweilen mit kurzen Ausläufern, bis 50 cm tief wurzelnd. 15–30 (–40) cm hoch. Wintergrün. Frühblüher.

- Stängel: aufrecht oder schwach gebogen, glatt, im unteren Teil dicht, im oberen Teil locker beblättert.
- Blätter: die untersten auf weinrote bis violette Scheiden reduziert. Grund- und Stängelblätter mit an ihrer Öffnung schwach büschelig bewimperter Scheide. Grundblätter bis 20 cm lang, 5–10 mm breit, in der Mitte am breitesten, zugespitzt, glänzend grün, vor allem an den Rändern dicht weiß bewimpert. Stängelblätter meist nur 2–3 cm lang, schmal. 1 oder seltener 2 Tragblätter, diese laubblattartig und kürzer als der Blütenstand.

- Blütenstand: meist eine Spirre, seltener eine doldenförmige Traube, endständig, locker, aufrecht. Die dünnen, aufrechten Äste des Blütenstandes mit einer, seltener mit 3 Blüten, zur Fruchtzeit zurückgeschlagen.
- Blüten: Vorblätter der Blüten etwa ⅓ so lang wie die Blüten, häutig. Perigonblätter kastanienbraun, 3–4 mm lang, zugespitzt, mit weißen, häutigen Rändern. Staubblätter 6. Kapsel gelbgrün, glänzend, reif 3–4 mm lang, deutlich länger als das Perigon. Samen über 3 mm lang, mit sichelförmigem, weißlichem, 0,8–1,7 mm langem Anhängsel.

Ähnliche Arten: *L. forsteri* (Sm.) DC. (Forsters Hainsimse), (Unterscheidungsmerkmale sind die nur 1,5–4 mm breiten Blattspreiten, die auch zur Fruchtzeit aufrechten Äste des Blütenstandes und das kurze, gerade Anhängsel des Samens. Sie ist eine südeuropäische Art der collinen Stufe, in warmen Lagen auf mäßig trockenen, nährstoffarmen, sauren, aber basenreichen, sandigen bis lehmigen Böden. Besonders in Eichen- und Eichen-Hainbuchen-Wäldern sowie in mediterranen Tockenwäldern.

Ökologisches Verhalten: Schattenpflanze, auf mäßig trockenen bis frischen, nährstoffreichen, mäßig sauren, humosen, lockeren, lehmigen bis lehmig-sandigen Böden, vor allem auf Moder.

Zeigerwerte: L2 Tx K3 F5 R5 N4 ***Waldbindung:*** NT K1.1 HB K1.1 A K1.1 ***Ökologische Artengruppe:*** II.3a.

Verbreitung: in fast ganz Europa, südliche Grenze auf der Linie Nordspanien, Toskana, Griechenland. In ganz Deutschland verbreitet und häufig, planar bis hochmontan (Alpen bis 1900 m). In krautreichen Laub- und Nadelwäldern. Gesellschaftsvag, Verbreitungsschwerpunkte in Buchen-Eichen-Wäldern und in weiteren Gesellschaften der Buchen- und Edellaubmischwälder, der Eichenmischwälder sowie in Kiefernwäldern.

Gefährdung und Schutzstatus: nicht als gefährdet angesehen, BArtSchV: nicht besonders geschützt.

Wissenswertes und Verwendung: Zur Fruchtreife sinken die Stängel auf den Boden und die Samen werden dann durch Ameisen verbreitet. Die Art wird für Frühlingsgärten empfohlen.

1

Luzula sylvatica (Huds.) Gaud.

Juncaceae
(Binsengewächse)

Luzula maxima (Reich.) DC.
Wald-Hainsimse, Große Hainsimse, Waldmarbel
engl. great wood rush

1 *Habitus*
2 *Horst mit bis 3 cm breiten, glänzenden Blättern*
3 *Blattränder spärlich langhaarig bewimpert*
4 *unterstes Tragblatt viel kürzer als der Blütenstand*
5 *glänzend kastanienbraune Kapseln mit langer Stachelspitze*

2

I	II	III	IV	**V**	**VI**	**VII**	VIII	IX	X	XI	XII

Name: *sylvaticus* = von lat. *silva* = Wald.

Habitus: ausdauernd, in dichten Horsten, selten mit Ausläufern, oft in ausgedehnten Beständen, dichten Wurzelfilz bildend. 30–100 cm hoch. Wintergrün.

- Stängel: aufrecht, kräftig, am Grund bis 3 mm dick, glatt, bis zum Blütenstand beblättert.
- Blätter: Scheiden der grundständigen Blätter braun bis graubraun. Unterste Blattspreiten 1–2 (–3) cm breit, bis 30 cm lang, allmählich zugespitzt, glänzend dunkelgrün, an den Rändern spärlich langhaarig bewimpert. Stängelblätter nur bis 5 mm breit und bis 10 cm lang. 1 oder 2 aufrechte, laubblattartige Tragblätter, diese kürzer als der Blütenstand (bei *L. luzuloides* länger als der Blütenstand).

- Blütenstand: endständige, große Spirre, aufrecht, ausgebreitet, reich verzweigt.
- Blüten: zu 3–4 gebüschelt. Vorblätter der Blüten viel kürzer als die Blüten. Perigonblätter 2–4 mm lang, die inneren deutlich länger als die äußeren, braun mit grünem Mittelstreifen und weißen Hauträndern. Staubblätter 6. Kapsel glänzend kastanienbraun, etwa so lang wie das Perigon, stachelspitzig. Samen etwa 1,5 mm lang, mit kleinem, gelblichem, basalem Anhängsel.

Ähnliche Arten: *L. luzuloides*, *L. sieberi* Tausch (Siebers Hainsimse). *L. sylvatica* wird in höheren Lagen der Alpen (bis 2100 m) durch *L. sieberi* ersetzt. Unterscheidungsmerkmale sind die nur 3–6 mm breiten Blattspreiten, der kleinere, lockere Blütenstand und das dicht weiß bewimperte Tragblatt. Hauptverbreitung in Fichtenwald- und Zwergstrauch-Gesellschaften der Westalpen, auf kalkfreien, sauren Böden. Zeigerwerte L3 T3 K2 F5 R2 N3 Waldbindung: NT – HB – A K2.1 Ökologische Artengruppe III.1.

Ökologisches Verhalten: Halbschatten- bis Schattenpflanze, bevorzugt an sehr luftfeuchten Standorten, auf frischen, sauren bis mäßig sauren, humosen, sandig-lehmigen Silikatverwitterungsböden, oft auf oberflächlich verdichteten und verschlämmten Standorten.

Zeigerwerte: L4 T4 K2 F5 R4 N4 **Waldbindung:** NT K1.1 HB K2.1 A – **Ökologische Artengruppe:** III.1.

Verbreitung: in fast ganz Europa verbreitet bis zerstreut, fehlt nur im äußersten Norden und im südlichsten Mittelmeergebiet. In Deutschland meist häufig, vor allem im westlichen Gebiet, im nordwestdeutschen Flachland meist nur sehr zerstreut bis selten, planar (selten) bis montan, vor allem in mittleren Gebirgslagen. In Fichten- und Tannenwäldern sowie in artenarmen Buchen- und Buchen-Eichen-Wäldern. Vor allem in Gesellschaften der Hainsimsen-Buchenwälder.

Gefährdung und Schutzstatus: nicht als gefährdet angesehen, BArtSchV: nicht besonders geschützt.

Wissenswertes und Verwendung: Die Wald-Hainsimse wächst oft in so ausgedehnten Beständen, dass sie verjüngungshemmend wirkt. Sie wird vom Wild (und Vieh) nicht gern gefressen. Im Handel wird sie unter dem Namen Wald-Marbel als dekorative Zierpflanze für Anlagen angeboten und ist auch für Wildgärten, vor allem für Nordlagen zu empfehlen (Vorsicht: sehr ausbreitungsfreudig).

3

4

5

Forstliche Bedeutung und Verwendung

1 *Dichter Rasen von Carex brizoides*

Forstliche Bedeutung und Verwendung

Noch in der ersten Hälfte des 20. Jahrhunderts verhalfen Gräser und Seggen Forstbetrieben in einigen Regionen als **Nebennutzungen** zu beträchtlichen Einnahmen. In süddeutschen Wäldern war es vor allem *Carex brizoides* (im Handel als Seegras oder Alpengras bezeichnet, Abb. 1), das bis in die Mitte des vorigen Jahrhunderts in großen Mengen geerntet wurde, um es zum Polstern von Matratzen oder als Packmaterial zu verwenden, bevor es zunächst durch Palmfasern und dann durch chemische Produkte ersetzt wurde. Die Segge wurde mit der Hand ausgerupft, seltener auch abgeschnitten, und an der Sonne getrocknet. Zur Füllung von Matratzen wurden aus dem Heu in einer sogenannten Seegrasspinnerei etwa 3 cm starke und bis zu 15 m lange Stränge zusammengedreht. Dabei wird das Material gekräuselt und ist dadurch dem zuvor als **Matratzenfüllung** verwendeten Stroh deutlich überlegen (Sand 1956, Merk 2013). In geringerer Menge benutzte man die Segge auch zu Flechtarbeiten wie Tragbändern, Schuhen und Matten. Hierfür wurden die Halme nicht zusammengesponnen, sondern glatt verarbeitet. Längenwachstum und Biomasseertrag der Segge sind stark von der Witterung abhängig. Viel Schnee, ein nasses und zugleich warmes Frühjahr bei Ausbleiben von Spätfrost lassen die Halme bei dichtem Stand lang werden (bis annähernd 2 m). An luftgetrocknetem Seegras wurden je Hektar vollbestandener Fläche zwischen 500 und 2 500 kg geerntet. Hierbei verarmt der Boden an Nährstoffen stärker als bei der Streunutzung (Rebel 1926). Die Nutzung der Zittergras-Segge auf Verjüngungsflächen kann für die Baumverjüngung den Vorteil haben, dass die jungen Forstpflanzen vor Überschirmung und Verdämmen durch die Halme bewahrt werden.

Vor allem in Hessen und im unteren Maingebiet wurden früher durch kleinere Unternehmer die Samen zahlreicher Waldgräser gesammelt, die zur Anlage von Wiesen und Rasen in großen Mengen benötigt wurden. Als **Ziergräser** werden Waldgräser heute vielfach in Gärten und Parkanlagen auch unter Bäumen im lichten Schatten eingesetzt, u. a. *Deschampsia cespitosa, Luzula nivea, Luzula sylvatica* und *Briza media*. Bei der Festlegung beweglicher Sandböden vor der Aufforstung sind *Carex arenaria, Corynephorus canescens* und *Festuca ovina* wesentlich beteiligt. *Leymus arenarius* und *Ammophila arenaria* werden zur **Dünensicherung** angepflanzt. *Brachypodium pinnatum* ist zur Befestigung von kalkreichen, trockenen Böschungen und *Deschampsia cespitosa* für feuchte Böschungen geeignet.

Die Verpachtung des Heuschnittes nach Holzernte im Kahlschlag und an Wegen war früher oft möglich. Wo das Gras als **Viehfutter** nicht geeignet war, wurde es als Streu verwendet. Im Gebirge hatte die Viehweide lange eine große Bedeutung, wobei der durch die Weidetiere verursachte Schaden an den Forstgehölzen den Nutzen häufig übertraf (Hesmer und Meyer 1959).

Heute erbringen Waldgräser vor allem einen indirekten Nutzen. An exponierten Stellen, z. B. an steinigen Südhängen, bieten Gräser den jungen Forstpflanzen **Schutz** gegen Überhitzung, austrocknende Winde und Strahlungsfrost, mindern den Ablauf des Oberflächenwassers und die Erosion. Auf zur Vernässung und Verdichtung neigenden Böden kann sich die Dränage durch Graswurzeln von *Molinia caerulea, Scirpus sylvaticus* und *Juncus*-Arten günstig auswirken.

Der Abbau von Auflagehumus in aufgelichteten Beständen und auf Kahlflächen wird durch Gräser, besonders durch *Deschampsia flexuosa und Carex brizoides,* gefördert (Rebel 1926). Zudem speichern sie Nährstoffe, die durch Mineralisierung im Boden frei werden, und verhindern so deren Auswaschung. Wenn die Gräser bei Dickungsschluss infolge Lichtmangels absterben, werden diese Nährstoffe wieder freigesetzt und können zu höheren Zuwachsleistungen der Bäume führen. In bodenbiologischer Hinsicht kann eine Grasdecke fast wie ein Laubholzunterstand wirken. Unter Baumarten mit ungünstiger Streu wie Kiefer, Lärche und Fichte verbessert sie den **Bodenzustand**, unter solchen mit günstiger Streu wie Esche und Robinie verschlechtert sie ihn (Wittich 1948). Auf leicht degradierten Standorten kann eine Schlagvegetation bereits in wenigen Jahren zu einer gewissen Sanierung führen (Passarge 1970).

Obwohl Gräser im Allgemeinen für das Reh- und Rotwild nur mäßig attraktiv sind (v. a. aufgrund ihres hohen Kieselsäuregehalts), können einige Waldgräser in der **Wildäsung** v. a. für Rotwild (Storms et al. 2006) eine gewisse Bedeutung erlangen, indem sie vom Verbiss der Forstpflanzen ablenken. Auf geräumten Windwurfflächen in der Schweiz war *Luzula luzuloides* die im Winter und im Frühling am meisten von Rehen gefressene Pflanzenart, gefolgt von *Carex brizoides* (Angst et al. 2004). In Mischung mit stickstoff- und eiweißhaltigeren Pflanzen (Lupine, Klee u. a.) werden

Gräser zur Anlage von Wildäsungsflächen ausgesät, die den Äsungsdruck durch das Wild auf Kulturflächen verringern sollen. Wildverbiss an Holzpflanzen kann die Ausbreitung von Gräsern fördern, indem die Gehölzverjüngung verhindert oder verzögert wird. Hinweise hierfür gibt es für *Calamagrostis epigejos, Deschampsia cespitosa, Molinia caerulea, Brachypodium sylvaticum* (Kirby 2001, Nessing und Zerbe 2002, Schmidt 2004) und für verschiedene Seggen, für die sich aber auch abweichende Zusammenhänge zeigten (Pellerin et al. 2010).

Nicht zu unterschätzen ist die Bedeutung der grasartigen Pflanzen als **Indikator** für die Einschätzung der Standorteigenschaften. Aufgrund der sehr unterschiedlichen Standortansprüche der einzelnen Arten ist es möglich, Bodenart und -zustand sowie andere Standortfaktoren, wie z. B. die Wasserversorgung, aber auch die Holzertragsleistung eines Standorts (Bonität) insgesamt nach den vorkommenden grasartigen Pflanzen einfach anzusprechen und damit für die Baumartenwahl und die Verjüngungsverfahren wichtige Hinweise zu erhalten. Auch für die Bestandespflege und die Schlagstellungen zur Verjüngung (z. B. Schirmschlag und Femelschlag) geben Dichte und Zusammensetzung des Graswuchses Anhaltspunkte.

Forstliche Bedeutung und Verwendung

Grasartige Pflanzen können für forstliche Verjüngungspflanzen eine starke **Konkurrenz** sein. Durch Hiebsmaßnahmen entstehen zur Einleitung von Naturverjüngungen aufgelichtete Altbestände oder als Vorbereitung zur künstlichen Verjüngung durch Pflanzung oder Saat größere Bestandeslücken oder Freiflächen, durch die ein hoher Lichtanteil auf den Boden fällt und somit die Voraussetzung für die Entwicklung eines mehr oder weniger dichten Bodenbewuchses aus krautigen und grasartigen Pflanzen gegeben ist. Diese Begleitvegetation auf den Verjüngungsflächen kann die frühen Jugendstadien der Bäume auf verschiedene Weise beeinflussen: durch Konkurrenz um Wachstumsfaktoren, insbesondere Licht, Wasser und Nährstoffe, durch Abscheidung wachstumshemmender Substanzen (Allelopathie), durch mechanische Behinderungen im Wurzelbereich und bei der oberirdischen Entwicklung (Überwachsen, Überlagern), durch indirekte Einflüsse, indem sie günstige Lebensbedingungen für Schädlinge (Mäuse, Insekten, Pilze) schafft (Röhrig 1964, Bartsch und Röhrig 2016).

Übermäßige Konkurrenz der Begleitvegetation lässt sich durch eine geeignete Schirmstellung des Bestandes und einen Unterstand verhindern. Eine mechanische oder chemische Bodenvorbereitung kann zur Minderung der schädigenden Pflanzen in forstlichen Jungwüchsen beitragen. Diese Verfahren kommen heute nur bei sehr dichten Pflanzendecken und nur auf Teilflächen (streifen- oder plätzeweise) zum Einsatz, weil sie zu erheblichen Nährstoffverlusten führen können. Dennoch können in den ersten Jahren nach der Bestandesbegründung in bestimmten Situationen Maßnahmen zur Unterdrückung oder Beseitigung einer schädigenden Begleitvegetation notwendig sein.

2 *Rasen von Agrostis capillaris in einer Fichtenkultur*

Zu den entscheidenden Grundlagen einer rationellen und ökologisch vertretbaren Unterdrückung der Konkurrenzvegetation gehören Kenntnisse der wichtigsten kulturschädigenden Pflanzen und ihres Entwicklungsgangs sowie der Vegetationsabfolge auf der Kulturfläche und des zeitlichen Ablaufs der Sukzession.

Nach Passarge (1970), der die Sukzession auf unterschiedlichen Standorten in Brandenburg untersuchte, beginnt die **Vegetationsabfolge** auf Freiflächen nach Nutzung des Baumbestandes mit einem hohen Anteil einjähriger bis kurzlebiger Pionierpflanzen. Dieses Stadium kennzeichnen mehr oder weniger reichlich auftretende Ackerunkräuter oder waldeigene Arten, die nach Vollumbruch die gesamte Fläche, ansonsten die verwundeten Bodenstellen (Pflanzplätze, Pflugstreifen, Balken) oder die durch Ausfall von Waldpflanzen, für die die Wuchsbedingungen auf der Freifläche zu ungünstig geworden sind, freigewordenen Lücken in der Bodenvegetation rasch besiedeln. Es handelt sich meist um Kräuter mit relativ kurzer Entwicklungs- und Lebensdauer und leichter Samenverbreitung. Viele von ihnen sind nitrophile Arten und bauen die vom Altbestand angereicherten Humusauflagen ab. Zu diesen humuszehrenden Schlagpflanzen zählen vor allem *Epilobium angustifolium* (Weidenröschen), *Senecio sylvaticus* (Kreuzkraut), *Galeopsis tetrahit* (Hohlzahn), *Moehringia trinerva* (Nabelmiere) und aus der Gruppe der Gräser *Deschampsia flexuosa.* Am Ende der ersten Vegetationsperiode nach der Holzernte haben sich wenige grasartige Pflanzen mit sehr geringen Deckungsgraden angesiedelt. Es sind dies auf armen Sandböden anspruchslose Arten wie *Deschampsia flexuosa, Festuca ovina, Agrostis capillaris, Holcus mollis* und *Carex arenaria.*

Forstliche Bedeutung und Verwendung

3 *Molinia caerulea in einem Birkenmoor*

Zu Beginn der zweiten Vegetationsperiode nimmt die Vergrasung zu. Vor allem *Agrostis capillaris* (Abb. 2) und *Holcus mollis* können bereits ausgedehnte Bestände bilden. Dazu gesellt sich oft schon in diesem Entwicklungsstadium *Calamagrostis epigejos.* Auf mittleren Böden, wie lehmigen Sanden, ist die Begleitvegetation artenreicher und läuft die Sukzession im allgemeinen schneller ab. So hält das Pionierstadium meist nur bis zu zwei Jahren an.

Auf mittelmäßig oder reich mit Nährstoffen versorgten Böden und bei guter Wasserversorgung wird dieses Stadium nach spätestens einem Jahr von einem Stadium mehrjähriger, überwiegend hochwüchsiger Gräser, Kräuter und Sträucher, meist *Rubus*-Arten (Brombeere, Himbeere), abgelöst. Von den grasartigen Pflanzen sind in diesem Hochkrautstadium die anspruchsvollen Gräser der Gattungen *Dactylis*, *Brachypodium* und *Bromus* sowie *Festuca gigantea* vertreten, z.T. auch noch *Calamagrostis epigejos*, *Calamagrostis canescens*, *Juncus effusus* und *Deschampsia flexuosa.* Auf mittleren Standorten spielen in diesem Sukzessionsstadium *Calamagrostis epigejos, Deschampsia flexuosa, Carex pilulifera, Agrostis capillaris,* z.T. auch *Poa nemoralis* eine wichtige Rolle. Auf armen Standorten ist das Hochkrautstadium weniger deutlich ausgeprägt. Häufig sind es hier Grasfluren der bereits in der ersten Vegetationsperiode auftretenden Arten, seltener von *Calamagrostis epigejos,* bei stärkerem Grund- oder Stauwassereinfluss auch von *Molinia caerulea* (Abb. 3).

Die Entwicklung der Bodenvegetation nach einem Kahlschlag und einem Schirmschlag (Bestockungsgrad: 0,7) in einem Buchenaltholz auf mittlerem Buntsandstein im südniedersächsischen Bergland wurden von von

4 *Calamagrostis epigejos auf einer Kulturfläche mit Eichenpflanzen in Wuchshüllen nach Windwurf eines Fichtenbestandes*

Lüpke (1982) beobachtet. Die Kahlfläche wurde sehr rasch von Bodenvegetation überzogen, obwohl sie im Vorbestand nur sehr gering vertreten war. Im Spätsommer der ersten Vegetationsperiode waren zwei Drittel des Bodens bedeckt, in der zweiten Vegetationsperiode bereits die ganze Fläche. Die Schirmfläche wies mit 22 % in der ersten und 54 % in der zweiten Vegetationsperiode wesentlich geringere Deckungsgrade auf. Auf der Freifläche herrschten in allen vier Beobachtungsjahren die Gräser vor. Vor allem *Calamagrostis epigejos* breitete sich stark aus. Zusammen mit *Agrostis capillaris* bedeckte *Calamagrostis* in der vierten Vegetationsperiode drei Viertel der Freifläche und verdrängte alle anderen Arten, besonders typische Waldpflanzen wie *Festuca gigantea* und *Luzula luzuloides.* Auf der Schirmfläche hingegen sank der Anteil der Gräser nach einer anfänglich sehr ähnlichen Entwicklung in der dritten und vierten Vegetationsperiode drastisch bis zu einem Deckungsgrad von 6 % ab.

In Mitteleuropa ist es eine begrenzte Anzahl von grasartigen Pflanzen, die häufig und auf großen Flächen als **schädigende Konkurrenz** in Jungwüchsen auftritt. Es sind dies vor allem Arten, die durch die Bildung von Ausläufern befähigt sind, dichte reine Bestände zu bilden. Zu ihnen gehören *Calamagrostis epigejos, C. villosa, Deschampsia flexuosa, Agrostis capillaris, Brachypodium pinnatum* und *Carex brizoides.*

Calamagrostis epigejos (das in höheren Lagen durch *Calamagrostis villosa* abgelöst wird) ist auf Kahlschlägen (Abb. 4) und in verlichteten Kiefernalthölzern überaus verjüngungshemmend. Erst einzeln auftretend, überzieht es aufgrund seiner starken vegetativen Ausbreitungsfähigkeit bald ausgedehnte Flächen in dichten Rasen mit einem bis in 60 cm Bodentiefe

Forstliche Bedeutung und Verwendung

5 *Dichter Bestand aus Calamagrostis epigejos unter alten Kiefern*

reichenden Wurzelfilz, in dem keine anderen Pflanzen aufkommen können. Durch diesen Wurzelfilz vermag C. *epigejos* die Niederschläge abzufangen und intensiv auszunutzen. Dies führt zu einer so starken Wurzelkonkurrenz, dass Forstkulturen bis zu einer Höhe von zwei Metern absterben können (Wetzel 1958). Der Wasserverbrauch dieser Art liegt nach Transpirationsmessungen von Müller (1963) noch um ein Drittel höher als bei der Birke, die zu den Baumarten mit dem höchsten Wasserverbrauch zählt. Seit den 1970er-Jahren breitet sich *C. epigejos* in den östlichen Kieferngebieten stark aus (Abb. 5). Als Ursachen werden hohe Stickstoff- und Staubeinträge sowie überhöhte Wilddichten angesehen (Eberhardt 1995, Bolte und Bilke 1998). Verbiss führt zu einer Begünstigung von *C. epigejos*, da das Gras vom Wild nicht angenommen wird (Bergmann 1993). Mit von *C. epigejos* überzogene Flächen lassen sich nach tiefem Vollumbruch aufforsten, da nur so die Ausläufer in derart tiefe Bodenschichten gelangen, dass die neugebildeten Triebe kaum noch die Bodenoberfläche erreichen. Weil der Vollumbruch nur nach einem Kahlschlag erfolgen kann, wird er heute nicht mehr empfohlen. Als waldbauliche Alternative bietet sich die Unterpflanzung lichter Kiefernwälder mit Buche, Eiche, Winterlinde und Hainbuche an, die langfristig *C. epigejos* durch Beschattung zurückdrängen können (Eberhardt 1995).

Deschampsia flexuosa ist bei starker Beschattung und auf sauren Böden in ihrer Konkurrenzkraft allen sie begleitenden Arten der Bodenvegetation überlegen (Abb. 6). In dunklen Bestandsteilen, vor allem unter Fichten und Kiefern, ist *D. flexuosa* bei lockerem Auftreten als Rohhumuszehrer und Bodenlockerer sogar nützlich. Mit zunehmender Auflichtung

6 Steriler Rasen von Deschampsia flexuosa unter alten Fichten

entwickelt sich ein flächendeckender Bewuchs aus dichtem Rasen. Bedrohlich für die Baumverjüngung wird das Gras besonders durch seinen hohen Wasserverbrauch (Collet et al. 1996). Für eine Naturverjüngung besteht eine entscheidende Behinderung in dem bis in 15 cm Bodentiefe reichenden extrem dichten Wurzelfilz, der den Jungpflanzen ein Vordringen in den Mineralboden und damit die Wasserversorgung erschwert (Nilsson und Örlander 1999).

Neben diesen Arten, die in fast jeder Verjüngung schädigend vorkommen können, gibt es eine Anzahl von grasartigen Pflanzen, die nur unter besonders ungünstigen Verhältnissen oder für bestimmte Baumarten verjüngungshemmend wirken. Zu diesen zählt *Holcus mollis,* das in Fichtenkulturen toleriert werden kann, Kiefern jedoch auf trockenen Standorten durch Wasserkonkurrenz hemmt und sich auf Laubholzstandorten derart üppig entwickeln kann, dass es die Baumverjüngung verhindert. Kleinflächige Rasen von *Luzula luzuloides,* die an sich für die Verjüngung kein Hindernis darstellen, können als Biotope für rindenfressende Mäuse ausreichen, die häufig schwere Schäden in Laubholzverjüngungen anrichten. Borstgraswiesen *(Nardus stricta)* in den Alpen hemmen durch Wurzelkonkurrenz die Verjüngung von Lärche und Kiefer stark (Leibundgut 1964). Unter den Rasen einiger Gräser, z. B. unter *Melica uniflora,* kann der Boden eine für die Naturverjüngung ungünstige Dichtlagerung aufweisen. Bei den *Juncus*-Arten, die staunasse bis wechselfeuchte Böden besiedeln, lässt sich nur im Einzelfall entscheiden, ob ihre dichten Horste der Forstkultur schaden. Durch Wasserentzug dränieren die Binsen den Boden und schaffen so günstigere Startbedingungen für die Kultur. Auf Freiflächen bilden sie aber oft ausgedehnte Bestände, die das Wachstum der jungen Forstpflanzen hemmen können. Da die Binsen mit steigender Licht- und Wasserkonkurrenz durch den heranwachsenden Bestand nach und nach verschwinden, sind Maßnahmen meist nicht notwendig.

Von *Molinia caerulea*, *Holcus mollis* und besonders von *Elymus repens* ist bekannt, dass sie allelopathisch wirkende Stoffe aus den Wurzeln an den Boden abgeben (Röhrig 1964). Inwieweit diese Stoffe die Entwicklung der Kulturpflanzen fördern oder hemmen, ist nicht zuletzt wegen der schwierigen Trennung der Einflüsse von Konkurrenz und Allelopathie bisher nicht geklärt. Über die Notwendigkeit von Pflegeeingriffen in die Begleitvegetation von Waldverjüngungen gibt es umfangreiche forstliche Erfahrungen und eine Anzahl wissenschaftlicher Untersuchungen. Zusammenfassende Darstellungen finden sich bei Huss (1978a, b), Burschel und Huss (2003) und Röhrig et al. (2006).

Forstliche Bedeutung und Verwendung

Die **Zurückdrängung** schädlicher Begleitpflanzen stellt einen wichtigen waldbaulichen Arbeitsbereich dar. Wegen der hohen Kosten, der möglichen Schäden an den Kulturpflanzen oder der Entwicklung nicht weniger unerwünschter Folgevegetationen sollte immer nur eine Wuchsregulierung oder -hemmung erfolgen, die sich zudem nur auf solche Fälle beschränkt, in denen erhebliche Schäden an den Forstpflanzen zu erwarten sind. Bei der künstlichen Verjüngung von konkurrenzempfindlichen Baumarten wie Kiefern oder Eichen auf graswüchsigen Freiflächen, der Aufforstung von verwilderten Schadflächen, z.B. nach Windwurf, der Umwandlung früherer Niederwaldflächen und der Erstaufforstung von bisher landwirtschaftlich genutzten Flächen sind Maßnahmen gegen die Konkurrenzvegetation oft unvermeidlich (Burschel und Huss 2003). Zur Regulierung des Wachstums schädlicher Begleitpflanzen stehen mechanische und chemische Verfahren zur Verfügung. Näheres über die Grasbekämpfung durch Bodenbearbeitung, Freischnitt oder Herbizideinsatz findet sich bei Burschel und Röhrig (1960), Huss (1982), Reinecke (1985), Bergmann (1986), Burschel und Huss (2003) sowie Röhrig et al. (2006).

Mechanische Zurückdrängung des Graswuchses (mit Sense oder durch motorgetriebene Geräte) ist zwar das in der Praxis am meisten angewandte Verfahren, doch ist die Wirkung in Forstkulturen nicht häufig exakt untersucht worden. Bei vielen Gräsern mit dichtem Wurzelsystem wie *Calamagrostis epigejos*, *Deschampsia flexuosa* und *Agrostis capillaris*, die auf Forstkulturen wegen ihres starken Wasserentzugs bis in größere Bodentiefen besonders schädigend sind, ist die Wirkung des Freischneidens nur sehr gering, da diese Gräser schnell wieder nachwachsen. Versuche von Huss (1969), Straub (1971) sowie Huss und Wachendorff (1977) bestätigen diese oft gemachte Erfahrung. *Juncus effusus*, *J. conglomeratus* und einige *Carex*-Arten erwiesen sich in den Versuchen von Straub (1971) als sehr empfindlich gegenüber Freischneidemaßnahmen. *Holcus mollis*, *H. lanatus* und *Luzula luzuloides* erholten sich hingegen rasch wieder. In den Untersuchungen von Huss und Wachendorff (1977) auf Kiefernkulturen war das Abschneiden der oberirdischen Teile der Begleitvegetation völlig wirkungslos und eine Bodenbearbeitung zwischen den Reihen, z.B. mit

Fräsen oder schmalen Scheibeneggen, oft nicht ausreichend, da die Gräser in den Reihen stehen bleiben. Die wenig anhaltende Wirkung des Fräsens auf den Zwischenstreifen in Kiefernpflanzungen mit *Calamagrostis* hatte schon Hanschke (1968) beschrieben. Für *Deschampsia flexuosa*, *Holcus mollis* und *Poa*-Arten bestätigt Bergmann (1976) die Unwirksamkeit des Mähens für die Wachstumsförderung der Kulturpflanzen, während die von ihm angewandten chemischen Verfahren erfolgreich waren. Dennoch kann, vor allem bei rechtzeitiger Anwendung, die mechanische Grasbekämpfung in manchen Fällen, zumindest vorübergehend, übermäßige Licht- und Wasserkonkurrenz stark vermindern.

Der Vorteil gegenüber den mechanischen Verfahren liegt bei der Anwendung von Herbiziden darin, dass nicht nur die Licht- sondern auch die Wurzelkonkurrenz für zumindest eine Vegetationszeit stark vermindert wird. Ein gezielter chemischer Eingriff ist deshalb einer mechanischen Bekämpfung wie dem Freischneiden meist überlegen. Dies konnte Huss (1969) durch Versuche in Fichtenkulturen bestätigen. Er stellte eine starke Förderung des Sprossdurchmessers nach Herbizidausbringung fest, während das Freischneiden keinen Mehrzuwachs erbrachte.

Die Wirkungen chemischer Mittel auf die Begleitvegetation und die Kulturpflanzen sowie ihre Umweltverträglichkeit, Dosierung, Einsatzmöglichkeiten und -grenzen werden in amtlichen Prüfverfahren vom Bundesamt für Verbraucherschutz und Lebensmittelsicherheit untersucht. Nur die im jährlich herausgegebenen Pflanzenschutzmittelverzeichnis (Teil 4 Forst) zugelassenen Präparate dürfen gehandelt und verwendet werden. In diesem sind auch die Aufwandmengen und Verfahren aufgeführt.

Im Gegensatz zur Landwirtschaft werden Herbizide in der Forstwirtschaft sehr sparsam eingesetzt. In der Bundesrepublik Deutschland wurden von 1965 bis 1978 jährlich 26 000 Hektar, das sind 0,4 % der Waldfläche, behandelt (Wellenstein 1978). Dieser Anteil hat sich bis 2006 auf 0,08 % der Waldfläche verringert (Ammer et al. 2009). Das Ziel der Herbizidanwendung in Naturverjüngungen und Forstkulturen liegt keineswegs in der totalen Ausschaltung der Begleitvegetation, sondern in deren Wuchshemmung zur Entlastung des jungen Baumwuchses. Darauf sind die Wahl selektiver Herbizide und deren Dosierung abzustellen.

Anhang

Glossar

Adventivwurzeln	Sprossbürtige Wurzeln, s. auch Homorrhizie.
Agrostologie	(engl. agrostology) Gräserkunde.
Ährchen	(engl. spikelet) Grundeinheit der Blütenstände der *Poaceae*, alle Blätter innerhalb des Ährchens werden Spelzen genannt, da sie sehr klein und nicht auffällig gefärbt sind, an der Basis gewöhnlich zwei Hüllspelzen, morphologisch ist das Ährchen eine einfache Traube.
Ähre	Blütenstand mit ungestielten Blüten oder Ährchen, die längs einer Hauptachse sitzen.
Ährenrispe	Rispenförmiger Blütenstand mit sehr kurzen Rispenästen.
alpin	Höhenstufe von ca. 2200 m bis ca. 2800 m. Rasenstufe.
Anemochorie	Ausbreitung der Samen durch Wind.
Anemogamie	Windbestäubung.
Anthere	Staubbeutel.
Assoziation	Gesellschaft, Grundeinheit des pflanzensoziologischen Systems.
ausdauernde (perennierende)	Pflanzen, in vielen Vegetationsperioden blühend und fruchtend.
Ausläufer	Horizontale, ober- oder unterirdisch kriechende Seitensprosse, oft mit Niederblättern, s. auch Rhizom, Stolon.
Bauchscheidenwand	Vordere Seite der drei Seiten der Blattscheiden um den dreikantigen Stängel der *Carex*-Arten, der Blattspreite gegenüberliegend, meist häutig und verschiedenfarbig, bei den *Carex*-Arten verschiedene Ausprägungen als Erkennungsmerkmal (gelappt oder mit Hautkragen).
Bestäubung	Übertragung des Blütenstaubs (Pollen) auf die Narbe, bei den grasartigen Pflanzen erfolgt die Bestäubung durch den Wind (Anemogamie).
Blattgrund	Bei den grasartigen Pflanzen meist zur Blattscheide verlängert.
Blatthäutchen (Ligula)	Meist häutiger Fortsatz der Blattscheide am Spreitengrund.

Blattprofil Aufsicht auf den Blattquerschnitt (z. B. flach, rinnig, knickrandig).

Blattscheide Verlängerter, scheidenförmiger Blattgrund der grasartigen Pflanzen.

Blattscheidenhautkragen Verlängerung der vorderen Blattscheidenbauchwand (Bauchscheidenwand), röhrig verwachsen mit dem Blatthäutchen einen Hautkragen bildend, bei den *Carex*-Arten (besonders ausgeprägt bei *Carex brizoides*).

Blattspreite Der meist flache ausgebreitete, oft vom Halm bzw. Stängel abstehende obere Teil des Blattes.

Blattstellung Stellung der Blätter an der Sprossachse
grundständig Blätter am Grund des Halms / Stängels entspringend.
wirtelig An einem Knoten entspringen mehr als zwei Blätter.
wechselständig Von jedem Knoten geht nur ein Blatt aus.
zweizeilig (distich) Wechselständige Blattstellung, Winkel zwischen zwei aufeinander folgenden Blättern beträgt 180 Grad (Poaceae).
dreizeilig Wechselständige Blattstellung, Winkel zwischen zwei aufeinander folgenden Blättern beträgt 120 Grad (Cyperaceae).

Blüte Gestauchter Spross mit begrenztem Wachstum, dessen umgewandelte Blätter der geschlechtlichen Fortpflanzung dienen.

Blütenhülle s. Perigon.

Blütenstand (Infloreszenz) Mehrblütiges Sprosssystem, bei den *Poaceae* aus Ährchen zusammengesetzt.

Blütenstaub s. Pollen.

Bülte (Bult) Bezeichnung für eine mit Gräsern bewachsene Bodenerhebung, einige *Carex*-Arten auf sumpfigen Standorten bilden im Lauf der Zeit sehr dichthorstige, hohe, fast stockwerkartig aufgebaute, über die Mittelwasserhöhe ragende Bulte (z. B. *Carex paniculata*).

collin Höhenstufe bis ca. 300 m, Hügelland.

Deckspelze (engl. lemma) Schuppenförmiges Tragblatt der *Poaceae*-Blüte.

Dolde	Blütenstand, bei dem die Seitenäste von einem Punkt ausgehen; einfache Dolde: Seitenäste unverzweigt, Doppeldolde oder zusammengesetzte Dolde: jeder Seitenast trägt wiederum eine kleine Dolde.
Doppelrille	Zwei dicht neben der Mittelrippe verlaufende Rillen auf der Blattoberseite (Gattung *Poa*).
Doppeltraube	Rispe, die nur 2 Ordnungen von Ästen aufweist.
dreizeilig	s. Blattstellung.
einjährige (annuelle)	Pflanzen benötigen von der Keimung bis zur Fruchtreife weniger als 12 Monate und sterben nach der Fruchtreife ab.
Endosperm	Nährgewebe im Samen, das dem Keimling (Embryo) als Nahrung dient.
extravaginal	Wuchstyp bei den *Poaceae*: Der junge Seitentrieb durchbricht die ihn umgebende Blattscheide an deren Basis.
Faserschopf	Die grundständigen Blattscheiden zerfasern ± stark und es überdauern nur die Gefäßbündel jahrelang, sodass sich nach und nach ein ± dichter Faserschopf bildet.
Filament	Staubfaden, fadenförmiger Träger des Straubbeutels.
Fruchtblatt (Karpell)	Blattumbildung der Samenpflanzen, die die Samenanlage trägt, bei den Angiospermen (Bedecktsamer) zu einem geschlossenen Hohlraum, dem Fruchtknoten, zusammengewachsen.
Fruchtknoten	Bei den Bedecktsamern aus dem unteren Teil der Fruchtblätter gebildeter Hohlraum, der die Samenanlagen trägt.
Gefäßbündel	Leitbündel, strangartige Gewebebündel für den Stofftransport der höheren Pflanzen.
gitternervige	Blattscheiden oder -spreiten: Längs verlaufende Leitbündel weisen wenigstens einige Querverbindungen (Queradern) auf (z. B. *Glyceria*), vordere gitternervige Blattscheidenwände bei den *Carex*-Arten verwittern häufig netzfaserig (z. B. *Carex acutiformis*).
glauk	Blaugrüne Bereifung (z. B. Blattunterseite bei *Carex flacca*).

Granne (engl. awn) Verlängerung des Mittelnervs (Mittelrippe) der Deckspelze bei vielen *Poaceae*, ihr Anzahl entspricht meist der Anzahl fruchtbarer Blüten des Ährchens, sehr selten sind die Kiele der Hüllspelzen in grannenartige Spitzen verlängert (z. B. *Phleum*).

Griffel Stielartiger Abschnitt zwischen Fruchtknoten und Narbe.

Habitus Erscheinungsbild der Pflanze.

Halm In den Internodien hohler, in den Knoten (Nodien) mit einer Querwand versehener Stängel der *Poaceae*.

heterostachysch Verschiedenährig: Sowohl Ähren mit nur weiblichen Blüten, als auch Ähren mit nur männlichen Blüten sind auf ein und derselben Pflanze ausgebildet (Gattung *Carex*).

hochmontan Höhenstufe: Bergstufe zwischen 900 m und der Waldgrenze bei ca. 1700 m im Süden, nach Norden absinkend.

Homorrhizie Wurzelsystem aus nur sprossbürtigen Wurzeln, bei der sekundären Homorrhizie der Monokotylen wird die zunächst sich entwickelnde Primärwurzel bald durch sprossbürtige Wurzeln ersetzt.

homostachysch Gleichährig: Innerhalb einer Ähre sind immer weibliche und männliche Blüten vorhanden, bei manchen Arten sind die weiblichen Blüten am oberen Ende der Ähren konzentriert (die Ähren sind dann nach der Reifezeit scheinbar gestielt), bei anderen Arten an der Basis (Gattung *Carex*).

Horst Wuchsform mit nur sehr geringer horizontaler Ausbreitung, bei der die Seitentriebe zahlreich dicht neben- und übereinander entspringen.

Hüllblatt Laubblatt- oder spelzenartiges Tragblatt des gesamten oder eines Teils des Blütenstandes.

Hüllspelze (engl. glume) Schuppenförmiges Blatt an der Basis eines Ährchens, ohne Blüte in seiner Achsel, gewöhnlich umgeben 2 Hüllspelzen 1 Ährchen der *Poaceae*.

Infloreszenz Blütenstand.

Internodium	Stängelglied, Sprossabschnitt zwischen 2 Knoten.
intravaginaler	Wuchstyp, Seitentriebe wachsen innerhalb der Blattscheiden nach oben und durchbrechen diese nicht.
Karyopse	Nussartige, einsamige Schließfrucht, bei der Samenschale und Fruchtwand verwachsen sind (Poaceae).
Keimblatt	Erste Blattanlage am pflanzlichen Embryo (Keimling).
Keimung	Entfaltung des bereits im Samen angelegten Keimlings.
Kiel	± erhabene Mittelrippe der Unterseite der Blattspreite bzw. Spelze.
Klasse	Systematische Einheit, in der Ordnungen mit gemeinsamen Merkmalen zusammengefasst sind.
knickrandig	Ausprägung des Blattquerschnitts, bei der die Blattspreite in Längsrichtung doppelt gefaltet ist mit einem Kiel auf der Blattunterseite und (meist) 2 Kielen auf der Blattoberseite (häufig bei *Carex*-Arten).
Knospenlage	Stellung der jungen Blattspreite, gerollt oder gefaltet.
Knoten (Nodus)	Verdickte Ansatzstelle der Blattscheide, der Halm wird in den Knoten durch Scheidewände unterbrochen.
Kotyledon	Keimblatt.
Kumarin (Cumarin)	Sekundärer Pflanzenstoff mit «Waldmeister-Geruch», Heugeruch, der erst beim Welken der Pflanze freigesetzt wird (u. a. bei *Anthoxanthum odoratum* Ruchgras, *Galium odoratum* Waldmeister, *Melilotus officinalis* Gelber Steinklee).
Ligula	Blatthäutchen.
Lodicula	Schwellkörper, kleines schuppenförmiges, schwellfähiges Organ in der Blüte der *Poaceae*, bewirkt das Öffnen der Deck- und Vorspelze in der Blütezeit, Umbildungsorgan aus Blütenhüllblättern.
Markgewebe	Parenchymatisches Speichergewebe.

montan	Höhenstufe: Bergstufe zwischen 500 m und 900 m.
Mykorrhiza	Ernährungssymbiose, bei der höhere Pflanzen mit Pilzen an oder in ihren Wurzeln zusammenleben.
Myrmekochorie	Ausbreitung der Samen durch Ameisen (Variante der Zoochorie).
Narbe	Oberer, klebriger Abschnitt des Fruchtblatts, dient dem Auffangen des Pollens.
Nektarien	Honigdrüsen, Organe, die Nektar zur Anlockung von Insekten ausscheiden.
Nervatur	Anordnung der Leitbündel, grasartige Pflanzen sind ± parallelnervig.
Nerven (Adern)	Leitbündel, parallel zum Blattrand verlaufende Gefäßbündel, bei manchen Arten (z. B. *Glyceria*) in Blattscheide und -spreite durch Querverbindungen (Quernerven) ergänzt.
netzfaserig	Bauchscheidenwand bei den *Carex*-Arten verwittert, sodass die Leitbündel mit ihren Querverbindungen hervortreten.
Niederblätter	Einfacher gestaltete, kleinere Blätter als die typisch ausgeprägten Folgeblätter, an Rhizomen und Stolonen oft schuppenförmig.
Nodium	Knoten.
Nuss	Schließfrucht mit trockener (verholzter) Fruchtwand.
Öhrchen	Krallenförmige oder lappige, oft den Stängel ± umfassende Anhängsel des Spreitengrundes (Poaceae), bei *Carex*-Arten öhrchenförmige Lappen der vorderen Blattscheidenwand links und rechts der oberen Blattscheidenmündung.
Ordnung	Systematische Einheit, in der Familien mit gemeinsamen Merkmalen zusammengefasst sind.
Perigon	Blütenhülle aus einfachen, gleichförmigen Blütenblättern ohne oder ohne deutliche Differenzierung in Kelch und Krone.
Perigonblatt	Blütenhüllblatt.
Perigonborsten	Zu Borsten reduzierte Perigonblätter.
planar	Höhenstufe der Tieflagen.

Pollen	Blütenstaub, mehrkernige Mikrospore mit männlichen Vorkeimen.
Primärwurzel	Die die Sprossachse unmittelbar nach unten fortsetzende, aus der Keimwurzel entstandene Wurzel, stirbt bei den Monokotylen bald ab.
proterogyne Blüte	Zwittrige Blüte, bei der die Samenanlagen befruchtungsreif sind, bevor die Staubblätter ausgereift sind, dient der Verhinderung der Selbstbefruchtung (Autogamie).
Proterogynie	Vorweiblichkeit.
Rhizom	Unterirdischer, meist horizontal wachsender und ± verdickter Spross mit schuppenförmigen Niederblättern, der sich an den Knoten bewurzelt, Tochterpflanzen bildet und damit zu ± ausgedehnten Rasen führt.
Rille	Längliche Vertiefung zwischen Blattrippen.
Rippe	Erhabene Längsleiste (Nerv, Ader) auf Blattspreite und -scheide.
Rispe	Blütenstand mit mehrfach verzweigten Ästen, in der Regel sind die unteren Äste länger als die oberen, sodass der Blütenstand kegelförmig aussieht.
Rückenscheidenwand	Rückwärtige, in der Regel krautige Wand der Blattscheide bei den *Carex*-Arten.
Same	Aus der Samenanlage entstandene Verbreitungseinheit, enthält den Keimling und ± umfangreiches Nährgewebe, wird von der Samenschale (Testa) umgeben.
Scheide	s. Blattscheide.
Scheinähre	Dichter, ährenähnlicher Blütenstand mit im Gegensatz zur Ähre ± deutlich gestielten Ährchen (Stiel länger als 2 mm).
Schlauch (Utriculus)	Blasenförmig verwachsenes Vorblatt der weiblichen Blüte der *Carex*-Arten, umhüllt den Fruchtknoten.
Schließfrucht	Frucht, bei der sich die Fruchtwand bei der Reife nicht öffnet und die somit geschlossen abfällt.
Schnabel	± langer Fortsatz, in den sich der Schlauch der weiblichen *Carex*-Blüte an seinem oberen Ende verschmälert, kann gestutzt oder ± tief gespalten (zweizähnig) sein.

Schwellkörper s. Lodicula.

Spelze Schuppenförmiges, später trockenes Blatt der Blütenstände der *Poaceae* und *Cyperaceae*, Blütenhüllorgan.

Spindel Hauptachse des Blütenstandes.

Spirre Rispe mit verkürzter, von den unteren Seitenachsen übergipfelter Hauptachse, sodass der Blütenstand trichterförmig aussieht (Rispe kegelförmig).

Spreite s. Blattspreite.

Spreitengrund Unterer Teil der Blattspreite am Übergang zur Blattscheide.

Spross Grundorgan der Samenpflanzen mit Sprossachse, Blättern, Leitbündeln und einem durch Blattanlagen bzw. Blätter geschützten Vegetationskegel.

Sprossachse Stängel, Achse mit Vegetationskegel, gegliedert in Blattansatzstellen (Knoten) und blattfreie Abschnitte (Internodien), s. auch Halm.

Staubbeutel (Anthere) Pollen enthaltender Doppelbeutel.

Staubblatt (Stamen) Blattumbildung der Samenpflanzen, besteht aus dem stielartigen Staubfaden (Filament) und dem Staubbeutel (Anthere), bildet die männlichen Fortpflanzungszellen (Blütenstaub, Pollen).

Stängel s. Sprossachse und Halm.

Stolon (Stolo) Oberirdisch kriechender Seitenspross, an den Knoten (Nodien) können sich aufrecht wachsende Triebe entwickeln.

Strohtunica Abgestorbene, strohige Blattscheiden, die mehrere oder viele Jahre erhalten bleiben und z. T. mit charakteristischer Färbung den Triebgrund umhüllen.

subalpin Höhenstufe von ca. 1700 m bis ca. 2200 m, Knieholz- und Zwergstrauchstufe.

submontan Höhenstufe bis ca. 500 m.

Tragblatt Blatt, das ein Seitenorgan, z. B. Ährchen, Blüte, in seiner Achsel trägt.

Traube Blütenstand mit unverzweigten Ästen.

Utriculus Flaschenförmige Vorblatthülle, die den Fruchtknoten einschließt, s. Schlauch.

Verband Pflanzensoziologische Einheit aus mehreren Assoziationen, selten aus einer Assoziation.

Vorspelze (engl. palea) Schuppenförmiges oder häutiges, zweikieliges Blatt der *Poaceae*, gegenüber der Deckspelze, Verwachsungsprodukt aus zwei Blütenhüllblättern.

Wirtel Ring von Organen, z. B. Blättern, Staubblättern, auf gleicher Höhe, d. h. am selben Knoten.

Wurzel Grundorgan der höheren Pflanzen ohne Blätter, mit Leitbündeln und einem durch ein eigenes Gewebe (Wurzelhaube, Kalyptra) geschützten Vegetationskegel.

zweizeilig s. Blattstellung.

zwittrig Zweigeschlechtige Blüte mit sowohl männlichen (Staubblätter) als auch weiblichen (Fruchtknoten) Blütenorganen.

Literatur

Allgemeine Biologie der grasartigen Pflanzen

Bastine W. 1963. Brandenburgisches Manna (*Glyceria fluitans* (L.) R. Br.) – Ein Beitrag zur Monographie eines Wildgetreides. Jahrbuch für brandenburgische Landesgeschichte 14, 53–71

Chapman G. P. 1996. The biology of grasses. CAB International, Wallingford

Chapman G. P. (ed.) 1992. Grass evolution and domestication. Cambridge University Press, Cambridge

Pfadenhauer J. S. Klötzli F. A. 2014. Vegetation der Erde. Springer-Spektrum, Heidelberg

Kadereit J. W. Körner C. Kost B. Sonnewald U. 2014. Strasburger – Lehrbuch der Pflanzenwissenschaften. 37. Auflage. Springer-Spektrum, Heidelberg

Kellogg E. 2015. The families and genera of vascular plants. Vol. 13: Flowering plants – Monocots – Poaceae. Springer-Spektrum, Heidelberg

Stützel T. 2015. Botanische Bestimmungsübungen. 3. Auflage. Ulmer, Stuttgart

Wang X. 2010. The dawn angiosperms – Uncovering the origin of flowering plants. Springer, Berlin

Weber E. 2012 Das kleine Buch der botanischen Wunder. C. H. Beck, München

Willis K. J., McElwain J. C. 2014. The evolution of plants. Oxford University Press, Oxford

Nomenklatur und Systematik

APG (Angiosperm Phylogeny Group) 2009. An update of the Angiosperm Phylogeny Group classification for the orders and families of flowering plants: APG III. Botanical Journal of the Linnean Society 161, 105–121

Baltisberger M., Nyffeler R., Widmer A. 2013. Systematische Botanik – Einheimische Farn- und Samenpflanzen. 4. Auflage. Hochschulverlag, Zürich

Bresinsky A., Körner C., Kadereit J. W., Neuhaus G., Sonnewald U. 2008 Strasburger – Lehrbuch der Botanik. 36. Auflage. Springer-Spektrum, Heidelberg

Erhardt W., Götz E., Bödeker N., Seybold S. 2008. Der große Zander – Enzyklopädie der Pflanzennamen. Band 2: Arten und Sorten. Ulmer, Stuttgart

Erhardt W., Götz E., Bödeker N., Seybold S. 2014 Zander – Handwörterbuch der Pflanzennamen. 19. Auflage. Verlag, Stuttgart

Kellogg E. 2015. The families and genera of vascular plants. Vol. 13: Flowering plants – Monocots – Poaceae. Springer-Spektrum, Heidelberg

Linné C. von 1753. Species plantarum. Stockholm. (http://www.botanicus.org/page/358012)

Stevens P. F. 2001 onwards. Angiosperm phylogeny. (www.mobot.org/MOBOT/research/APweb)

Wisskirchen R., Haeupler H. 1998. Standardliste der Farn- und Blütenpflanzen Deutschlands. Ulmer, Stuttgart

Bestimmungsbücher für grasartige Pflanzen

Aeschimann D., Lauber K., Moser D. M., Theurillat J.-P. 2004. Flora Alpina. Band 2. Haupt, Bern

Aichele D., Schwegler H. W. 2011. Unsere Gräser. 12. Auflage. Kosmos, Stuttgart

Bartsch N. 1994. Waldgräser. 2. Auflage. Schaper, Hannover

Bley F. 1898. Botanisches Bilderbuch für Jung und Alt. Erster Teil: Die Flora der ersten Jahreshälfte. Adolph Schumann, Leipzig

Christiansen M. S., Hancke V. 1983. Gräser. 2. Auflage. BLV, München

Conerth H. J. 1998. Poaceae (Echte Graeser oder Suessgraeser). In: Hegi G. (Begr.) Illustrierte Flora von Mitteleuropa, Band I, Teil 3. Parey, Berlin

Eggenberg S., Möhl A. 2013. Flora Vegetativa. 3. Auflage. Haupt, Bern

Eisele W., Zähringer E. 1998. Vorläufiger Schlüssel zur Bestimmung der Seggen (*Carex* spec.) Baden-Württembergs nach vegetativen Merkmalen. Floristische Rundbriefe Beiheft 5, 1–26

Foerster E. 1982. Bestimmungshilfe für Seggen nur anhand vegetativer Merkmale. Göttinger Floristische Rundbriefe 16, 3–21

Foerster E. 2008. Seggen, Binsen, Simsen und andere Scheingräser des Grünlandes – Ein Schlüssel zum Bestimmen während der ganzen Vegetationszeit. LANUV-Arbeitsblatt 5. Landesamt für Natur, Umwelt und Verbraucherschutz Nordrhein-Westfalen, Recklinghausen

Jäger E. J. 2011. Rothmaler – Exkursionsflora von Deutschland: Grundband. Spektrum Akademischer Verlag, Heidelberg

Jäger E. J. 2013. Rothmaler – Exkursionsflora von Deutschland: Atlasband. Spektrum Akademischer Verlag, Heidelberg

Graf U. 2004. Provisorischer Schlüssel zur Bestimmung von nichtblühenden Seggen, Binsen und anderen Sauergräsern (Cyperaceen, Juncaceen, Juncaginaceen, Scheuchzeriaceen) in der Schweiz. Eidgenössische Forschungsanstalt WSL, Birmensdorf

Grau J., Kremer B. P., Möseler B. M., Rambold G., Triebel D. 1996. Steinbachs Naturführer – Gräser. Süßgräser, Sauergräser, Binsengewächse und grasähnliche Familien Europas. Mosaik, München

Hegi G. 1939. Illustrierte Flora von Mitteleuropa. Band II: Monocotyledones (II. Teil). 2. Auflage. J. F. Lehmanns, München

Hegi G. 1980. Illustrierte Flora von Mitteleuropa. Band II.1. 3. Auflage. Parey, Berlin und Hamburg

Hesmer H., Meyer J. 1969. Waldgräser. 4. Auflage. Schaper, Hannover

Klapp E., Boberfeld W. O. von 2013. Taschenbuch der Gräser. 14. Auflage. Ulmer, Stuttgart

Krüsi B. O. 2012. Schlüssel zum Bestimmen von Gräsern und Grasartigen im vegetativen Zustand. ZHAW, Wädenswil

Lauber K., Wagner G. 2012. Flora Helvetica. 3. Auflage. Haupt, Bern

Mertz P. 2008. Alpenpflanzen in ihren Lebensräumen. Haupt, Bern

Oberdorfer E., Schwabe A. Müller T. 2001. Pflanzensoziologische Exkursionsflora für Deutschland und angrenzende Gebiete. 8. Auflage. Ulmer, Stuttgart

Petersen A. 1988. Die Gräser als Kulturpflanzen und Unkräuter auf Wiese, Weide und Acker. Akademie, Berlin

Petersen A. 1989: Die Sauergräser – Schlüssel zu ihrer Bestimmung im blütenlosen Zustand. Akademie, Berlin

Sebald O., Seybold S., Philippi G., Wörz A. (Hrsg.) 1998. Die Farn- und Blütenpflanzen Baden-Württembergs. Band 7: Spezieller Teil (Spermatophyta, Unterklassen Alismatidae, Liliidae Commelinidae Teil 1) Butomaceae bis Poaceae. Ulmer, Stuttgart

Sebald O., Seybold S., Philippi G., Wörz A. (Hrsg.) 1998. Die Farn- und Blütenpflanzen Baden-Württembergs. Band 8: Spezieller Teil (Spermatophyta, Unterklassen Commelinidae Teil 2, Arecidae, Liliidae Teil 2): Juncaceae bis Orchidaceae. Ulmer, Stuttgart

Seybold S. 2011 Schmeil/Fitschen – Die Flora Deutschlands und der angrenzenden Länder. 95. Auflage. Quelle & Meyer, Weinheim

Porträts der Arten

AKS (Arbeitskreis Standortskartierung in der Arbeitsgemeinschaft Forsteinrichtung) 2016. Forstliche Standortsaufnahme. 7. Auflage. IHW, Eching (in Druck)

Bastine W. 1963. Brandenburgisches Manna (*Glyceria fluitans* (L.) R. Br.) – Ein Beitrag zur Monographie eines Wildgetreides. Jahrbuch für brandenburgische Landesgeschichte 14, 53–71

Darke R. 2010. Enzyklopädie der Gräser. Ulmer, Stuttgart

Düll R., Kutzelnigg H. 2011. Taschenlexikon der Pflanzen Deutschlands. 7. Auflage. Quelle & Meyer, Weinheim

Ellenberg H. 2001. Zeigerwerte von Pflanzen in Mitteleuropa. 3. Auflage. Goltze, Göttingen

Ellenberg H., Leuschner C. 2010. Vegetation Mitteleuropas mit den Alpen. 6. Auflage. Ulmer, Stuttgart

Foerster K. 1998. Einzug der Gräser und Farne in die Gärten. Ulmer, Stuttgart

Haberer M. 2014. Taschenatlas Ziergräser. Ulmer, Stuttgart

Ludwig G., May R., Otto C. 2007. Verantwortlichkeit Deutschlands für die weltweite Erhaltung der Farn- und Blütenpflanzen – vorläufige Liste. BfN-Skripten 220

Korneck D., Schnittler D. M., Vollmer I. 1996. Rote Liste der Farn- und Blütenpflanzen (Pteridophyta et Spermatophyta) Deutschlands. Schriftenreihe für Vegetationskunde 28, 21–187

Mabey R. 2013. Essbar – Wildpflanzen, Pilze, Muscheln für die Naturküche. Haupt, Bern

Polomski J., Kuhn N. 1998. Wurzelsysteme. Haupt, Bern

Sauerhoff F. 2003. Etymologisches Wörterbuch der Pflanzennamen. Wissenschaftliche Verlagsgemeinschaft, Stuttgart

Schmidt M., Ewald J., Fischer A., Oheimb G. von, Kriebitzsch W.-U., Schmidt W., Ellenberg H. 2003. Liste der in Deutschland typischen Waldgefäßpflanzen. Mitteilungen BfN 212

Schmidt M., Kriebitzsch W.-U., Ewald J. 2011. Waldartenlisten der Farn- und Blütenpflanzen, Moose und Flechten Deutschlands. BfN-Skripten 299. (http://www.floraweb.de/pdf/Skript299.pdf)

Seybold S. 2005. Die wissenschaftlichen Namen der Pflanzen und was sie bedeuten. Ulmer, Stuttgart

Stinglwagner G., Haseder I., Erlbeck R. 2005. Das Kosmos Wald und Forst Lexikon. Kosmos, Stuttgart

Weber E. 2012 Das kleine Buch der botanischen Wunder. C. H. Beck, München

Forstliche Bedeutung und Verwendung der grasartigen Pflanzen

Ammer C., Blaschke M., Muck P. 2009. Germany. In: Willoughby I., Balandier P., Bentsen N., McCarthy N., Claridge J. (Hrsg.) Forest vegetation management in Europe – Current practice and future requirements. COST Office, Brussels, 43–50

Angst C., Bürgi A., Duelli P., Egli S., Heiniger U., Hindenlang K., Kuhn M., Lässig R., Lüscher P., Moser B., Nobis M., Polomski J., Reich T., Wermelinger B., Wohlgemuth T. 2004. Waldentwicklung nach Windwurf in tieferen Lagen der Schweiz 2000–2003. Schlussbericht eines Projektes im Rahmen des Programms «Lothar Evaluations- und Grundlagenprojekte». Eidgenössische Forschungsanstalt für Wald, Schnee und Landschaft (WSL), Birmensdorf

Bartsch, N., Röhrig, E. 2016. Waldökologie. Springer, Heidelberg

Bergmann J. 1976. Der Einfluß intensiver Pflegemaßnahmen und verschiedener Unkrautfloren auf das Wachstum junger Kiefernkulturen. Beiträge für Forstwirtschaft und Landschaftsökologie 10, 55–61

Bergmann J. 1986. Herbizide in der Forstwirtschaft. 2. Auflage. VEB Deutscher Landwirtschaftsverlag, Berlin

Bergmann J. 1993. Das Sandrohr (*Calamagrostis epigejos* (L) ROTH). Forschungsbericht, Forstliche Forschungsanstalt Eberswalde

Bolte A., Bilke A. 1998. Wirkung der Bodenbelichtung auf die Ausbreitung von *Calamagrostis epigeijos* in den Kiefernforsten Nordostdeutschlands. Forst und Holz 53, 232–236

Burschel P., Huss J. 2003. Grundriß des Waldbaus. 3. Auflage. Ulmer, Stuttgart

Burschel P., Röhrig E. 1960. Unkrautbekämpfung in der Forstwirtschaft. Parey, Hamburg und Berlin

Collet C., Frochot H., Guehl J. 1996. Growth dynamics and water uptake of two forest grasses differing in their growth strategy and potentially competing with forest seedlings. Canadian Journal of Botany 74, 1555–1561

Eberhardt E. 1995. Exzessive Vergrasung in den Kiefernwäldern im Tiefland Sachsen-Anhalts. Der Wald 45, 226–230

Hanschke D. 1968. Über den Einfluß der Bodenbearbeitung auf die Wirksamkeit von Grasherbiziden. Forstarchiv 39, 121–130

Hesmer H., Meyer J. 1969. Waldgräser. 4. Auflage. Schaper, Hannover

Huss J. 1969. Kombination von Düngung und Herbizideinsatz in Fichtenkulturen. Forstarchiv 40, 107–114

Huss J. 1978a. Erprobung neuer Herbizide zur Vorbereitung von Kiefernkulturen. Forst und Holzwirt 33, 215–218

Huss J. 1978b. Die Wirkung von Unkrautbekämpfungen auf die Entwicklung von Waldverjüngungen. Allgemeine Forstzeitung (Wien) 89, 120–125

Huss J. 1982. Die Bekämpfung der Konkurrenzvegetation von Waldverjüngungen in der forstlichen Praxis. Allgemeine Forstzeitschrift 37, 398–400

Huss J., Wachendorff R. 1977. Leisten mechanische oder chemische Pflegemaßnahmen eine wesentliche Hilfe bei der Entwicklung von Fichten und Kiefernkulturen ? Forsttechnische Informationen 29, 9–13

Kirby K. J. 2001. The impact of deer on the ground flora of British broadleaved woodland. Forestry 74, 219–229

Leibundgut H. 1964. Einfluß von Borstgras und Heidelbeere auf die Ansamung von Föhre und Lärche. Schweizerische Zeitschrift für Forstwesen 115, 331–336

Lüpke B. von 1982. Versuche zur Einbringung von Lärche und Eiche in Buchenbestände. Schriften aus der Forstlichen Fakultät der Universität Göttingen und der Niedersächsischen Forstlichen Versuchsanstalt 74. Sauerländer's, Frankfurt a. M.

Merk W. 2013. Seegrasspinnerei in Warthausen. Seegras und seine Verbreitung – Geschichte eines alten Gewerbes. 2. Auflage. Arbeitskreis Heimatgeschichte Warthausen, Warthausen

Müller H. 1963. Standortsökologische Transpirationsuntersuchungen an *Calamagrostis epigeijos* (L.) Roth auf drei Waldstandorten des norddeutschen Diliviums unter besonderer Berücksichtigung des Bodenwasserhaushaltes und der Bewurzelungsverhältnisse. Dissertation, Universität Rostock

Nessing G., Zerbe S. 2002. Wild und Waldvegetation – Ergebnisse des Monitorings im Biosphärenreservat Schorfheide-Chorin (Brandenburg) nach 6 Jahren. Allgemeine Forst- und Jagdtzeitung 173, 177–185

Nilsson U., Örlander G. 1999. Vegetation management on grass-dominated clearcuts planted with Norway spruce in southern Sweden. Canadian Journal of Forest Research 29, 1015–1026

Passarge H. 1970. Zur Kenntnis der Vegetationsfolge nach Kahlschlag, eine Voraussetzung für die rationelle Unkrautbekämpfung. Archiv für Forstwesen 19, 269–276

Pellerin M., Saïd S., Richard E., Hamann J.-L., Dubois-Coli C., Hum P. 2010. Impact of deer on temperate forest vegetation and woody debris as protection of forest regeneration against browsing. Forest Ecology and Management 260, 429–437

Rebel K. 1926. Waldbauliches aus Bayern. Band 2. Hubers, Diessen bei München

Reinecke H. 1985. Begleitwuchsregulierung. Selbstverlag, Göttingen

Röhrig E. 1964. Über die gegenseitige Beeinflussung der höheren Pflanzen. Forstarchiv 35, 25–39

Röhrig E., Bartsch N., Lüpke B. von 2006. Waldbau auf ökologischer Grundlage. 7. Auflage. Ulmer, Stuttgart

Sand 1956. Seegrasnutzung im Roggenburger Forst. Allgemeine Forstzeitschrift 11, 482

Schmidt W. 2004. Äsungskapazität des Waldes in Abhängigkeit von Standort und Überschirmung im Vergleich zu Grünlandflächen. In: Bundesanstalt für alpenländische Landwirtschaft Gumpenstein (Hrsg). Tagungsband «Tagung für die Jägerschaft», 16. u. 17. 2. 2004, Irdning, 47–56

Storms D., Said S., Fritz H., Hamann J.-L., Saint-Andrieux C., Klein F. 2006. Influence of hurricane Lothar on red and roe deer winter diets in the Northern Vosges, France. Forest Ecology and Management 237, 164–169

Straub R. 1971. Die Entwicklung der Kahlschlagflora und ihre Beeinflussung durch mechanische Bodenbearbeitung, chemische Unkrautbekämpfung und Düngung. Dissertation, Universität Göttingen

Wellenstein G. 1978. Zum Problem der Biozidanwendung in der Forstwirtschaft. Deutscher Rat für Landespflege, Bonn

Wetzel P. 1958. Warum ist das Sandohr (*Calamagrostis epigeios* Roth) ein so schlimmes Waldunkraut und wie läßt es sich bekämpfen? Die Deutsche Landwirtschaft 9, 498–500

Wittich W. 1948. Die heutigen Grundlagen der Holzartenwahl – Dargestellt am Beispiel des nordwestdeutschen Waldgebietes. Schaper, Hannover

Internet-Adressen

Stevens P. F. 2001. onwards APG III Systematik. www.mobot.org/MOBOT/research/APweb

IPNI (International plant names index). http://www.ipni.org/index.html

ICBN (International Code of Botanical Nomenclature). http://www.iapt-taxon.org/nomen/main.php

Rote Liste der Pflanzen Deutschlands (Ludwig G. Schnittler D. M. 1996) http://www.bfn.de/fileadmin/MDB/documents/RoteListePflanzen.pdf

Daten und Informationen zu Wildpflanzen und zur Vegetation Deutschlands (Bundesamt für Naturschutz BfN) http://www.floraweb.de/index.html

Nationales Daten- und Informationszentrum der Schweizer Flora. http://www.infoflora.ch/de/

Sauergräser – Provisorischer Schlüssel zur Bestimmung von nichtblühenden Seggen, Binsen und anderen Sauergräsern in der Schweiz (Cyperaceen, Juncaceen, Juncaginaceen, Scheuchzeriaceen). Eidgenössische Forschungsanstalt für Wald, Schnee und Landschaft (WSL), Birmensdorf. http://www.wsl.ch/staff/ueli.graf/cx/welcome-de.ehtml

Verzeichnis der wissenschaftlichen Namen

D

E

F

G

H

J

Verzeichnis der deutschen Namen

Anhang

T

V

W

Z

Bitte beachten Sie auch die folgenden Seiten!